普通高等教育机电类"十三五"规划教材

单片机技术及C51程序设计

（第2版）

唐　颖　阮　越　主　编

程菊花　任条娟　谭保华　副主编

黄震梁　参　编

U0210416

电子工业出版社

Publishing House of Electronics Industry

北京·BEIJING

内 容 简 介

全书分为11章，内容包括单片机的基本概念、MCS-51系列单片机内部结构、指令系统和汇编语言程序设计、Keil C51语法及程序设计、MCS-51系列单片机内部硬件资源及应用、系统功能的扩展、键盘与显示接口、A/D与D/A转换接口、单片机的其他接口、综合应用实例、单片机应用系统设计等。第1～4章主要介绍MCS-51单片机的内部结构、指令系统和C51结构，从第5章开始介绍MCS-51系列单片机的接口及应用。

本书除了在第1～9章中给出许多相关实例，还专门在第10、11章，给出了大量的设计性实例和系统设计实例。本书中的实例一般采用汇编语言与C语言编程对照的方式编写，仅在第10、11章较复杂的实例中采用C语言编程。力求通过应用实例，使读者在学习中既可以进行类比编程，又可以开阔思路，提高实际编程效率和工作能力。

本书按照培养应用型本科人才的教学要求编写，语言通俗易懂，内容翔实、实用性强。适合作为各类普通高校相关专业、相关课程的教材或教学参考书，也可作为需要使用单片机技术的工程技术人员的实用参考书。

图书在版编目（CIP）数据

单片机技术及C51程序设计/唐颖，阮越主编．—2版．—北京：电子工业出版社，2017.1
普通高等教育机电类"十三五"规划教材
ISBN 978-7-121-30503-0

Ⅰ. ①单… Ⅱ. ①唐…②阮… Ⅲ. ①单片微型计算机—C语言—程序设计—高等学校—教材
Ⅳ. ①TP368.1 ②TP312.8

中国版本图书馆CIP数据核字（2016）第287103号

责任编辑：郭穗娟
印　　刷：北京七彩京通数码快印有限公司
装　　订：北京七彩京通数码快印有限公司
出版发行：电子工业出版社
　　　　　北京市海淀区万寿路173信箱　邮编　100036
开　　本：787×1 092　1/16　印张：20.5　字数：525千字
版　　次：2012年6月第1版
　　　　　2017年1月第2版
印　　次：2022年7月第7次印刷
定　　价：45.00元

凡所购买电子工业出版社图书有缺损问题，请向购买书店调换。若书店售缺，请与本社发行部联系，联系及邮购电话：(010)88254888，88258888。

质量投诉请发邮件至zlts@phei.com.cn，盗版侵权举报请发邮件至dbqq@phei.com.cn。

本书咨询方式：(010)88254502，guosj@phei.com.cn

第 2 版前言

随着单片机制造技术的飞速发展及其开发条件的普及,单片机开发的产品已广泛地应用在家电、通信、医疗设备、工业控制、航空航天和军事方面。其中,MCS-51 系列单片机是各高校进行单片机教学的典型机型,在我国得到了较广泛的应用。为了适应本科单片机课程的应用性教学改革及缩小学校教学和企业应用之间的距离,2012 年编者在电子工业出版社的大力支持下,出版了本书第 1 版。第 1 版教材以传统的汇编语言与单片机 C 语言对照编程的方式,介绍了 MCS-51 系列单片机的原理、结构及应用设计,较好地达到了通过汇编程序设计帮助学生更好地理解单片机的内部结构与特性,并通过 C 语言程序设计提高学生的综合设计与实际应用能力的教学目的。

本书第 1 版经过在 4 年多的使用,编者也感到了原内容在单片机接口应用和多方位实例介绍等方面还存在不足。因此,借《单片机技术及 C51 程序设计(第 2 版)》教材出版的机会,针对原教材的不足之处进行了修订,具体修改内容如下:

(1)为了加强大部分初学者对数字、字符等信息在计算机内存储方式的认知,在第 1 章 "基础知识" 中增加了一节 "信息在计算机中的表示方法",重点介绍补码在计算机运算中的应用特点。

(2)在实际应用中,常常会碰到需要汇编语言与 C 语言和混合编写的问题。因此在第 4 章中增加了一节 "汇编语言与 C 语言混合编程",重点介绍汇编语言与 C 语言混合编程的编程规则。

(3)为了加强读者对单片机内部硬件资源的理解和应用,在第 5 章中对中断系统和定时/计数器的实例进行了增加与修改,以求更全面、更详尽地介绍它们的设计和应用方式。

(4)为使教学内容更符合学生的认知过程,在对第 4、7 章中的内容进行局部修改的基础上对部分小节的顺序进行了调整。

(5)为了加强对单片机外部接口应用的教学,使学生更多地接触各类常用的接口器件,在介绍基本接口(按键、LED 数码管、A/D 转换器、D/A 转换器)的基础上,增加了第 9 章 "MCS-51 系列单片机的其他接口" 的内容。在这章中主要介绍了常用的单片机与液晶显示器、时钟日历芯片、I^2C 总线芯片的接口及编程方法,为开展单片机综合设计及接口应用的实践教学提供了方便。

（6）注重实践能力的培养是本教材编写的出发点。为使读者更好地掌握各章节的内容和知识点，对每章后的习题进行了精心的编排，增加一些章节的习题量，使其能尽量涵盖所学的知识点，起到复习和巩固知识的作用。

本书由浙江树人大学的唐颖、阮越、程菊花、任条娟、黄震梁和湖北工业大学的谭保华共同编写。全书由唐颖、阮越主编并统稿。在本书的编写过程中，借鉴了许多教材的宝贵经验，在此谨向这些作者表示诚挚的感谢。

由于编者水平有限，时间仓促，不妥之处在所难免，衷心希望广大读者批评指正。

编　者

2016 年 10 月

第1版前言

MCS-51 系列单片机是各高校进行单片机教学的典型机型，在我国得到了较广泛的应用。以往单片机原理及应用课程的教学基本上都是采用汇编语言进行讲解和设计程序的，虽然汇编语言编写程序具有对硬件操作方便，编写的程序代码短、实时性强等优点，但可读性和可移植性都较差。

当前，单片机的种类很多，企业选用的单片机也不尽相同，而各大学所讲授的大多是 51 系列单片机。由于不同种类单片机的指令系统不同，汇编语言不能通用，且编程繁杂。为培养能尽快适应社会需求的应用型技术人才，使毕业生到企业后，面对各种不同类型的单片机，不需要经过再学习就能直接上手，我们对单片机的教学进行了改革，根据掌握知识结构的规律和实际应用的要求，在单片机的教学内容中增加了用 C 语言程序设计实现单片机应用的内容，使教学能更紧密地与企业人才需求相结合。

单片机技术是一门应用性很强的专业课，其理论和实践技能是从事电类专业技术人员所不可缺少的。作者多年从事"单片机原理及应用"课程的教学与实践指导，因此希望能将其教学积累加入教材，对教材进行重新改编。本教材中单片机的机型选用 51 系列单片机，结合目前应用非常广泛的 C51 程序设计及 Keil C51 编译器，在汇编程序设计的基础上，增加了用 C 语言进行单片机程序设计的内容，且加入 C51 编程方法的教学与实践，以配合教学内容的改革。

在教材的编写中，作者非常重视理论与实践的密切结合。书中给出了很多应用实例，且采用汇编语言与 C 语言对照编程的方法，力图通过汇编程序设计来帮助学生更好地理解和掌握单片机的内部结构与特性，同时通过 C 语言程序设计来提高学生的综合设计和实际应用能力。

本教材的特点主要体现在：

（1）深入浅出地介绍单片机内部结构和指令系统，通过简单的汇编程序理解和加深对单片机内部结构，特别是存储器和并行口的理解。

（2）增加单片机 C 语言应用程序设计内容，注重实例的引导。在程序设计的编写中，采用由实例引导，总结、归纳语法的方式，轻松地引导读者进入 C 语言编程的环境，尽量减少枯燥和压力感。

（3）在单片机接口、应用等章节中，同一示例的讲解分别采用汇编和 C 语言两种编程方式进行对比，以达到能同时兼顾汇编语言和 C 语言两个方面的教学目的。

（4）注重实践能力的培养。本书除了在每个应用章节中给出许多的相关实例，还专门组织了第 9、10 章，给出大量的设计性实例和系统设计实例，作为前几章学习后的综合应用，供实验、课程设计及学生课外设计时参考。

　　本书由浙江树人大学的唐颖、程菊花、任条娟、谭保华、黄震梁、阮越共同编写。其中第1、2、7、8 章由唐颖编写，第 5、6 章由程菊花编写，第 3 章由任条娟编写，第 4 章及 10 章的部分章节由黄震梁编写，第 9、10 章的部分章节由阮越编写，由唐颖主编并统稿完成。在本书的编写过程中，借鉴了许多教材的宝贵经验，在此谨向这些作者表示诚挚的感谢。

　　由于编者水平有限，时间仓促，不妥之处在所难免，衷心希望广大读者批评指正。

编　　者

2012 年 2 月

目　　录

第1章 基础知识

▶ 学习目标 ◀

通过本章学习，熟悉信息在计算机内的表示方法；了解单片机的基本概念、发展历史、常用型号、基本特点及应用范围，为单片机的选用和设计打下基础。

1.1 信息在计算机中的表示方法

单片机又称为微控制器，是微型计算机的一个分支。和所有计算机一样，其内部按二进制数进行运算，即计算机只认识 0、1。任何信息，不管是数字还是字符，在计算机中都是以二进制编码的形式表示和处理信息的。在学习计算机内部信息的处理及表示之前，我们先学习计算机中信息的表示方法。

1.1.1 数在计算机内的表示

数通常有两种：无符号数和有符号数。在计算机中这两种数的表示方法是不一样的。

无符号数：由于无符号数不带符号，表示时比较简单，直接用它对应的二进制形式表示即可。例如：假设计算机的机器字长为 8 位，则十进制数 100 表示为 01100100B。

有符号数：有符号数带有正负号，数学上用"+"表示正数，用"-"表示负数。由于计算机只能识别二进制符号，不能识别正、负号，因此在计算机中只能将正、负号数字化，用二进制数字来表示。通常，在计算机中表示有符号数时，在数的前面加一位作为符号位。0 表示正数，1 表示负数，其余的位用以表示数的大小。

这种连同一个符号位在一起作为一个数，称为机器数，它的数值称为机器数的真值。机器数的表示如图 1-1 所示。

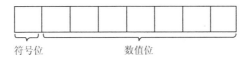

符号位　　　　　数值位

图 1-1　机器数的表示

为了运算方便，机器数在计算机中有三种表示法：原码、反码和补码。

1. 原码

用原码表示时，最高位是符号位，正数用 0 表示，负数用 1 表示，其余的位用于表示数的绝对值。原码的表示如图 1-2 所示。

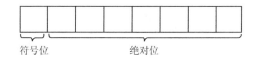

图 1-2　原码的表示

用原码表示时，由于最高位用作符号位，剩下的位就作为数的绝对值位。对正数来说，正数的符号位为 0，因此正数的表示与它对应的无符号数表示是相同的。但对负数来说，负数的符号位为 1，负数的表示就与其对应的无符号数的表示是不相同的。

对于一个 n 位的二进制数，其原码表示范围为 $-(2^{n-1}-1) \sim +(2^{n-1}-1)$。例如：若用 8 位二进制表示原码，则数的范围是 $-127 \sim +127$。

要注意的是对 0 的表示，用原码表示时，对于-0 和+0 的编码是不一样的。假设机器的字长是 8 位，则-0 的编码是 10000000B，+0 的编码是 00000000B。

【例 1-1】　求带符号数+83、−34 的原码（设机器字长为 8 位）。

解：因为 $\qquad$ |+83|=83=01010011B

$\qquad\qquad\qquad$ |−34|=34= 00100010B

所以 $\qquad\qquad$ [+83]$_{原}$=01010011B

$\qquad\qquad\qquad$ [−34]$_{原}$=10100010B

2. 反码

用反码表示时，最高位为符号位，正数用 0 表示，负数用 1 表示。正数的反码与原码相同，而负数的反码在原码的基础上，符号位不变，对其余位取反而得到。

反码数的表示范围与原码相同，对一个 n 位的二进制，它的反码表示范围是 $-(2^{n-1}-1) \sim +(2^{n-1}-1)$。

要注意的是对 0 的表示，用反码表示时，对于-0 和+0 的编码是不一样的。假设机器的字长是 8 位，则-0 的反码是 11111111B，+0 的反码是 00000000B。

【例 1-2】　求带符号数+83、−34 的反码（设机器字长为 8 位）。

解：因为 $\qquad\qquad$ [+83]$_{原}$=01010011B

$\qquad\qquad\qquad$ [−34]$_{原}$=10100010B

所以 $\qquad\qquad$ [+83]$_{反}$=01010011B

$\qquad\qquad\qquad$ [−34]$_{反}$=11011101B

3. 补码

补码的概念：我们把一个计量系统的计数范围称为"模"。如时钟的计量范围是 1～12，模=12。表示 n 位的计算机计量范围是 $0 \sim 2^n-1$，模=2^n。"模"实质上是计量器产生"溢出"的量，它的值在计量器上表示不出来，计量器上只能表示出模的余数。任何有"模"的计量器，均可化减法为加法运算。

例如：设当前时针指向 10 点，而准确时间是 6 点，调整时间可有以下两种拨法：一种是逆时针拨 4 小时，即 10-4=6；另一种是顺时针拨 8 小时：10+8=12+6=6。在模"12"的系统中，加 8 和减 4 效果是一样的，因此凡是减 4 运算，都可以用加 8 来代替（不计溢出）。对"模"12 而言，8 和 4 互为补数。实际上在以模为 12 的系统中，11 和 1，10 和 2，9 和 3，7 和 5，6

和 6 都有这个特性。共同的特点是两者相加等于模。

对于计算机，其概念和方法完全一样。计算机也可以看成一个计量机器，它也有一个计量范围，即都存在一个"模"。例如有一个 n 位计算机，设 $n=8$，所能表示的最大数是 11111111 加 1 称为 100000000（9 位），但因为只有 8 位，最高位 1 自然丢失。又回了 00000000，所以 8 位二进制系统的模是 2^8。在这样的系统中减法问题也可以化成加法问题，只需把减数用相应的补数表示就可以了。

用补码表示时，最高位为符号位，正数用 0 表示，负数用 1 表示。正数的补码与原码相同，而负数的补码则在原码的基础上，符号位不变，其余位取反，末位加 1 得到。

【例 1-3】 求带符号数+83、-34 的补码（设机器字长为 8 位）。

解：因为 $[+83]_原 = 01010011B$

       $[-34]_原 = 10100010B$

 所以 $[+83]_补 = 01010011B$

       $[-34]_补 = 11011110B$

对于一个负数 X，X 的补码也可以用 $2n - |X|$ 得到，其中 n 为计算机的字长。

例如： $[+34]_补 = [+34]_原 = 00100010B$

       $[-34]_补 = 2^8 - |-34| = 100000000 - 00100010 = 110011110B$

另外，对于计算补码，还可以用一种求补运算的方法求得。

求补运算法：一个二进制数，符号位和数值位一起取反，末位加 1。

求补运算具有以下特点：

对于一个数 X，

$$[X]_补 \xrightarrow{\ 求补\ } [-X]_补 \xrightarrow{\ 求补\ } [X]_补$$

那么，已知正数的补码，则可以通过求补运算求得对应负数的补码。反之，已知负数的补码也可以通过求补运算求得对应正数的补码。

【例 1-4】 已知+34 的补码是 00100010B，用求补运算求-34 的补码。

因为

$$[34]_补 \xrightarrow{\ 求补\ } [-34]_补$$

所以

$$[-34]_补 = 11011101 + 1 = 11011110B$$

补码数的表示范围：对一个 n 位的二进制，其补码的表示范围是 $-(2^{n-1}) \sim +(2^{n-1}-1)$。

补码表示时，对于-0 和+0 的补码是相同的，设机器的字长为 8 位，则 0 的补码是 00000000B。

在计算机中，有符号数的表示都用补码表示，补码表示时运算简单。

补码的加法运算规则：

$$[X+Y]_补 = [X]_补 + [Y]_补$$

$$[X-Y]_补 = [X]_补 + [-Y]_补$$

对于 $[-Y]_补$ 只要求 $[Y]_补$ 就可以得到。由此，通过补码进行加减运算非常简单，而且能把减法转换成加法，得到正确的结果。

4. 十进制数的表示

计算机内部是按二进制方式对信息进行处理的，但人们在生活中习惯使用十进制。为了处理方便，在计算机中也提供了针对十进制的编码形式。针对十进制的编码又称为"二-十进制编码"，简称 BCD 码，分为压缩 BCD 码和非压缩 BCD 码。

1）压缩 BCD 码

用四位二进制来表示十进制中的 0～9 共十个数码。8421 BCD 码是最基本、最常用的压缩 BCD 码，它和自然的二进制码相似，各位的权值（二进制数码每位的值称为权或位权）分别为 8，4，2，1，故称为有权码。和自然二进制码不同的是，它只选了四位二进制码中的前十组代码，即用 0000～1001 分别表示它所对应的十进制数的十个码元 0,1,2～9；余下的 1010～1111 六种组合不使用。压缩 BCD 码编码情况见表 1-1。

表 1-1 压缩 BCD 编码

十进制符号	压缩 BCD 编码	十进制符号	压缩 BCD 编码
0	0000	5	0101
1	0001	6	0110
2	0010	7	0111
3	0011	8	1000
4	0100	9	1001

用压缩 BCD 码表示十进制数，只要把每个十进制符号用对应的四位二进制编码代替即可。例如：十进制数 234 的压缩 BCD 码为 0010 0011 0100。十进制数 6.78 的压缩 BCD 码为 0110.0111 1000。

2）非压缩 BCD 码

用一个字节（8 位二进制）来表示一位十进制符号，其中高 4 位的内容不做规定（也有部分书籍要求为 0，二者均可），低 4 位二进制编码表示该位十进制数。即每一位十进制符号须用八位二进制数表示。例如，5 的非压缩型 BCD 码是 0000 0101；十进制数 56 的非压缩型 BCD 码是 00000101 00000110。

在下节中介绍的数字符号的 ASCII 码（American Standard Code for Information Interchange）也是一种非压缩的 BCD 码。例如数字字符"7"的 ASCII 码 37H（00110111）就是数 7 的非压缩 BCD 码（高 4 位的内容不做规定）。非压缩 BCD 码的编码情况见表 1-2。

表 1-2 压缩 BCD 编码

十进制数字	ASCII 码	非压缩 BCD 码
0	0011 0000	0000 0000
1	0011 0001	0000 0001
2	0011 0010	0000 0010
3	0011 0011	0000 0011
4	0011 0100	0000 0100
5	0011 0101	0000 0101
6	0011 0110	0000 0110
7	0011 0111	0000 0111
8	0011 1000	0000 1000
9	0011 1001	0000 1001

1.1.2　字符在计算机内的表示

在计算机信息处理中，除了处理数字数据，还会涉及大量的字符数据，例如，从键盘上输入的信息或打印输出的信息都是以字符方式进行输入/输出的。字符数据包括字母、数字、一些控制字符和专用字符等，这些字符在计算机中也是用二进制编码表示的。在计算机中字符数据的编码通常采用的是美国信息交换标准代码 ASCII 码。基本 ASCII 码标准定义了 128 个字符，用七位二进制来编码，包括英文 26 个大写字母、26 个小写字母、10 个数字符号 0～9，还有一些控制符号（如换行、回车、换页等）及专用符号（如 "："、"！"、"%" 等）。

计算机中一般以一个字节为单位，而 8 位二进制表示一个字节，字符 ASCII 码通常放于低 7 位，最高位一般补 0，在通信时，最高位作奇偶校验位。常用字符的 ASCII 码见附录 B。

1.2　单片机的基本概念和特点

自从 20 世纪 70 年代推出单片机以来，作为微型计算机的一个分支，经过四十多年的发展，单片机已经在各行各业得到了广泛的应用。由于单片机可靠性高、体积小、干扰能力强、能在恶劣的环境下工作，有较高的性价比，因此广泛应用于工业控制、仪器仪表智能化、机电一体化、家用电器等领域。

1.2.1　基本概念

计算机是应数值计算要求而诞生的。长期以来，电子计算机技术都是沿着满足海量高速数值计算要求的道路发展的。直到 20 世纪 70 年代，电子计算机在数字逻辑运算、推理、实际控制方面显露出非凡能力后，在工业控制领域开始对计算机技术发展提出了与传统海量高速数值计算完全不同的要求，这些要求如下所述。

（1）面对控制对象。面对物理量传感变换的信号输入；面对人机交互的操作控制，面对对象的伺服驱动控制。

（2）嵌入工控应用系统中的结构形态。

（3）能在工业现场环境中可靠运行的可靠性品质。

（4）突出控制功能。对外部信息及时捕捉；对控制对象能灵活地实时控制；有突出控制功能的指令系统，例如 I/O 接口控制、位操作、丰富的转移指令等。

将满足海量高速数值计算的计算机称为通用计算机系统；而将面对工控领域对象，嵌入到工控应用系统中，实现嵌入式应用的计算机称为嵌入式计算机系统，简称嵌入式系统（Embedded System）。

与通用计算机系统相比，嵌入式系统最显著的特点是面对工控领域的测控对象。工控领域测量对象都是一些物理参量，例如力、热、速度、加速度、位移等；控制对象都是一些机械参量，这些参量要求嵌入式计算机系统采集、处理、控制的速度是有限的，而控制方式与控制能力的要求是无限的。在涉及 DSP（Digital Signal Processor）领域的嵌入式系统也要求有高速处理能力，涉及多媒体技术的外设管理的通用计算机系统也要求有良好的控制能力，但两者的本质差别则是显而易见的，这从典型嵌入式系统——单片微机的 "8 位机现象" 中得到了证实。

从 1976 年 8 位单片微机诞生以来，在单片微机领域中一直是以 8 位机为主流机型的，预计这种情况还将继续下去。而与之相对应的通用计算机的 CPU 却迅速从 8 位过渡到 16 位、32 位、64 位。

嵌入式系统的出现，特别是单片微机的出现，是计算机技术发展史上的一个里程碑。嵌入式计算机系统与通用计算机系统形成了计算机技术发展的两大分支，通用计算机系统全力实现海量高速数据处理，兼顾控制功能；嵌入式系统全力满足测控对象的测控功能，兼顾数据处理能力。

单片机是将 CPU、存储器（RAM 和 ROM）、定时器/计数器，以及 I/O 接口等主要部件集成在一块芯片上的微型计算机。单片机是单片微机（Single Chip Microcomputer）的简称，但准确反映单片机本质的叫法应是微控制器 MCU（Micro Controller Unit）。目前国外已普遍称为微控制器。鉴于它完全作为嵌入式应用，故又称为嵌入式微控制器（Embedded Microcontroller）。

单片微机从体系结构到指令系统都是按照嵌入式应用特点专门设计的，它能最好地满足面对控制对象、应用系统的嵌入、现场的可靠运行，以及非凡的控制品质要求。

目前，单片微机中尚没有固化软件，不具备自开发能力，因此，常需要有专门的开发工具。

1.2.2　单片机的主要特点

单片机作为微型计算机的一个分支，与一般的微型计算机没有本质上的区别，同样具有快速、精确、记忆功能和逻辑判断能力等特点。但单片机是集成在一块芯片上的微型计算机，它与一般的微型计算机相比，在硬件结构和指令设置上均有独到之处，主要特点有以下几个方面。

（1）目前大多数单片机采用哈佛（Harvard）结构体系，存储器 ROM 和 RAM 是严格区分、相互独立的。ROM 称为程序存储器，只存放程序、固定常数及数据表格。RAM 则为数据存储器，用做工作区及存放用户数据。这是因为考虑单片机主要用于控制系统中，面向测控对象，通常有大量的控制程序和较少的随机数据，需较大的程序存储器空间，把开发的程序固化在 ROM 中，而把少量的随机数据存放在 RAM 中。这样，小容量的数据存储器能以高速 RAM 形式集成在单片机内，以加速单片机的执行速度，同时程序在只读存储器 ROM 中运行，不易受外界侵害，可靠性高。

（2）I/O 引脚通常是多功能的。由于单片机芯片上引脚数目有限，为了解决实际引脚和需要的信号线的矛盾，采用了引脚功能复用的方法。引脚处于哪种功能可由指令来设置或由机器状态来区分。

（3）有面向控制的指令系统。为满足控制的需要，一般单片机的指令系统中有极丰富的转移指令、I/O 接口的逻辑操作及位处理指令。因此，单片机有更强的逻辑控制能力，特别是具有很强的位处理能力。

（4）外部扩展能力强。在内部的各种功能部分不能满足应用需求时，均可在外部进行扩展，例如扩展存储器、I/O 接口、定时/计数器、中断系统等，可与许多通用的微机接口芯片兼容，系统设计方便灵活。

1.3　单片机的发展概况及应用领域

1.3.1　发展概况

1. 第一代：单片机探索阶段（1974—1978 年）

工控领域对计算机提出了嵌入式应用要求，首先是实现单芯片形态的计算机，以满足构成大量中小型智能化测控系统要求。因此，这阶段的任务是探索计算机的单芯片集成。单片机（Single Chip Microcomputer）的定名即缘于此。

在计算机单芯片的集成体系结构的探索中有两种模式，即通用 CPU 模式和专用 CPU 模式。

（1）通用 CPU 模式。采用通用 CPU 和通用外围单元电路的集成方式。这种模式以 MOTOROLA 的 MC6801 为代表，它将通用 CPU、增强型的 6800 和 6875（时钟）、6810（128B RAM）、2X6830（1 KB ROM）、1/2 6821（并行 I/O）、1/3 6840（定时器/计数器）、6850（串行 I/O）集成在一个芯片上，且使用 6800CPU 的指令系统。

（2）专用 CPU 模式。采用专门为嵌入式系统要求设计的 CPU 与外围电路集成的方式。这种专用方式以 Intel 公司的 MCS-48 为代表，其 CPU、存储器、定时器/计数器、中断系统、I/O 口、时钟，以及指令系统都是按嵌入式系统要求专门设计的。

2. 第二代：单片微机完善阶段（1978—1983 年）

计算机的单芯片集成探索，特别是专用 CPU 型单片机探索取得成功，肯定了单片微机作为嵌入式系统应用的巨大前景。典型代表是 Intel 公司将 MCS-48 迅速向 MCS-51 系列的过渡。MCS-51 是完全按照嵌入式应用而设计的单片微机，在以下几个重要技术方面完善了单片微机的体系结构。

（1）面向对象、突出控制功能、满足嵌入式应用的专用 CPU 及 CPU 外围电路体系结构。

（2）寻址范围规范为 16 位和 8 位的寻址空间。

（3）规范的总线结构。有 8 位数据总线、16 位地址总线，以及多功能的异步串行接口 UART（移位寄存器方式、串行通信方式及多机通信方式）。

（4）特殊功能寄存器（SFR）的集中管理模式。

（5）设置位地址空间，提供位寻址及位操作功能。

（6）指令系统突出控制功能，有位操作指令、I/O 管理指令及大量的转移指令。

以 MCS-51 系列 8 位单片机为代表，在片内其配置为 CPU 有 8 位；ROM 有 4KB 或 8KB；RAM 有 128B 或 256B；有串/并行接口；有 2 个或 3 个 16 位的定时/计时器；中断源有 5～7 个。在片外：寻址范围有 64KB；芯片引脚有 40 个。

3. 第三代：微控制器形成阶段

作为面对测控对象，不仅要求有完善的计算机体系结构，还要有许多面对测控对象的接口电路，如 ADC、DAC、高速 I/O 接口、计数器的捕捉与比较；保证程序可靠运行的 WDT（程序监视定时器）；保证高速数据传输的 DMA 等。这些为满足测控要求的外围电路，大多数已超出了一般计算机的体系结构。为了满足测控系统的嵌入式应用要求，这一阶段单片微机的主要技术发展方向是满足测控对象要求的外围电路的增强，从而形成了不同于 Single Chip Microcomputer 特点的微控制器。微控制器 MCU（Micro Controller Unit）一词缘于这一阶段，至今微控制器是国际上对单片机的标准称呼。

这阶段微控制器技术发展的主要方面有以下几个方面。

（1）外围功能集成。满足模拟量输入的 ADC，满足伺服驱动的 PWM，满足高速 I/O 控制的高速 I/O 接口，以及保证程序可靠运行的程序监视定时器 WDT。

（2）出现了为满足串行外围扩展要求的串行扩展总线及接口，如 SPI、I^2C BUS、Microwire、1-Wire 等。

（3）出现了为满足分布式系统、突出控制功能的现场总线接口，如 CAN BUS 等。

（4）在程序存储器方面则迅速引进 OTP 供应状态，为单片机单片应用创造了良好的条件，随后 FlashROM 的推广，为最终取消外部程序存储器扩展奠定了良好的基础。

4．第四代：微控制器百花齐放

（1）电气商、半导体商的普遍投入。

（2）满足各种类型要求。

（3）大力发展专用型单片机。

（4）致力于提高单片微机综合品质。

第四代单片微机的百花齐放将单片微机用户带入了一个可广泛选择的时代。

5．单片机技术发展方向

1）主流机型发展趋势

在未来较长一段时期内，8 位单片机仍是主流机型；在满足高速数字处理方面，32 位机则会发挥重要作用（如 ARM7 处理器系列），16 位机空间有可能被 8 位机、32 位机挤占。

2）全盘 CMOS 化趋势

从第三代单片微机起开始淘汰非 CMOS 工艺。单片微机 CMOS 化给单片微机技术发展带来了广阔天地。最显著的变革是本质低功耗和低功耗管理技术的飞速发展。

3）RISC 体系结构的大发展

早期单片微机大多是 CISC 结构体系，指令复杂，指令代码、周期数不统一；指令运行很难实现流水线操作，大大阻碍了运行速度的提高。如果采用 RISC 体系结构，那么精简指令后绝大部分成为单周期指令，而且通过增加程序存储器的宽度（如从 8 位增加到 10 位、12 位、14 位等），实现一个地址单元存放一条指令。在这样的体系结构中，很容易实现并行流水线操作，其结果大大提高了指令运行速度。目前在一些 RISC 结构的单片微机已实现了一个时钟周期执行一条指令。

4）大力发展专用型单片微机

专用单片微机是专门针对某一类产品系统要求而设计的。使用专用单片机可最大限度地简化系统结构；资源利用效率最高。在大批量使用时有可观的经济效益和可靠性效益。

5）OTPROM、FlashROM 成为主流供应状态

早期程序存储器的供应状态主要是 ROM（掩模）、EPROM 和 ROMLess 三种型式。ROM 周期长、投资大，无法更改；EPROM 型的芯片成本高；ROMLess 型的系统电路复杂。目前

绝大多数单片微机系列都可提供 OTPROM 型式，其价格逐渐逼近掩模 ROM。OTP ROM 可由用户编程，软件升级、修改十分方便。FlashROM 则由于可多次编程，系统开发阶段使用十分方便，在小批量应用系统中广泛使用。

6）ISP 及基于 ISP 的开发环境

FlashROM 的发展，推动了系统可编程 ISP（In System Programmable）技术的发展。在 ISP 技术基础上，首先实现了目标程序的串行下载，促使模拟仿真开发方式的重新兴起；在单时钟、单指令运行的 RISC 结构单片机中，可实现 PC 通过串行电缆对目标系统的仿真调试。

7）单片微机中的软件嵌入

随着单片微机程序空间的扩大，会有许多空余空间，在这些空间上可嵌入一些工具软件，这些软件可大大提高产品开发效率，提高单片微机性能。单片微机中嵌入软件的类型主要有以下几个方面。

（1）实时多任务操作系统 RTOS（Real Time Operating System）。在 RTOS 支持下，可实现按任务分配的规范化应用程序设计。

（2）平台软件。可将通用子程序及函数库嵌入，以供应用程序调用。

（3）虚拟外设软件包。

（4）其他用于系统诊断、管理的软件等。

8）实现全面功耗管理

采用 CMOS 工艺后，单片微机具有极佳的本质低功耗和功耗管理功能。它包括以下几个方面。

（1）传统的 CMOS 单片微机低功耗运行方式，即休闲方式（IDle）、掉电方式（Power Down）。

（2）双时钟技术。配置有高速（主时钟）和低速（子时钟）两个时钟系统。在不需要高速运行时，转入子时钟控制下，以节省功耗。

（3）高速时钟下的分频或低时钟下的倍频控制运行技术。

（4）外围电路的电源管理。

（5）低电压节能技术。

低功耗是便携式系统重要的追求目标，是绿色电子的发展方向。低功耗的许多技术措施会带来许多可靠性效益，也是低功耗技术发展的推动力。因此，低功耗应是一切电子系统追求的目标。

9）推行串行扩展总线

目前，外围器件接口技术发展的一个重要方面是串行接口的发展。随着外围电路串行接口的发展，单片微机串行扩展接口（移位寄存器接口、SPI、I^{2}C BUS、Microwire、1-Wire）设置越来越普遍化、高速化，采用串行总线接口方式越来越方便，从而大大减少引脚数量，简化系统结构。

10）ASMIC 技术的启动与发展

专用单片机的巨大优势会推动 ASMIC 技术的发展。ASMIC（Application Specific Mcrocontroller Integrated Curcuit）是以 MCU 为核心的专用集成电路（ASIC），与 ASIC 相比，由于 ASMIC 是基于 MCU 的系统集成，有较好的柔性，是单片微机应用系统实现系统集成的重要途径。

1.3.2　单片机的应用

1．单片机的应用特点

（1）体积小，成本低，运用灵活，性能价格比高，易产品化；研制周期短，能方便地组成各种智能化的控制设备和仪器。

（2）可靠性高，抗干扰性强：BUS 大多在内部，易采取电磁屏蔽；适用温度范围宽，在各种恶劣的环境下都能可靠地工作。

（3）实时控制功能强：实时响应速度快，具有可直接操作的 I/O 接口。

（4）可方便地实现多机和分布式控制，以提高整个控制系统的效率和可靠性。

2．单片机的主要应用领域

单片机具有功能强、体积小、成本低、功耗小及配置灵活等特点，在工业控制、智能仪表、自动化装置、通信系统、信号处理等领域，以及家用电器、高级玩具、办公自动化设备等方面均得到了广泛的应用。

（1）工业测控。对工业设备（例如机床、汽车、高档中西餐厨具、锅炉、供水系统、生产自动化、自动报警系统、卫星信号接收等）进行智能测控，大大地降低了劳动强度和生产成本，提高了产品质量的稳定性。

（2）智能设备。用单片机改造普通仪器、仪表、读卡机等，使其（集测量、处理、控制功能为一体）智能化、微型化，例如智能仪器、医疗器械、数字示波器等。

（3）家用电器。例如高档的洗衣机、空调器、电冰箱、微波炉、彩电、DVD、音响、手机及高档电子玩具等电器，用单片机做自动控制。

（4）商用产品。例如自动售货机、电子收款机及电子台称等。

（5）网络与通信的智能接口。在大型计算机控制的网络或通信电路与外围设备的接口电路中，用单片机来控制或管理，可大大提高系统的运行速度和接口的管理水平。例如图形终端机、传真机、复印机、打印机、绘图仪及磁盘/磁带机等。

1.4　单片机主要类型介绍及分类

1.4.1　常用系列单片机产品及性能简介

自 1976 年 Intel 公司推出 MCS-48 系列单片机以来，单片机经过了四十多年的迅猛发展，拥有了繁多的系列和五花八门的机种，现介绍几种主要的机型。

1）8051 单片机

8051 单片机最早由 Intel 公司推出，其后，多家公司购买了 8051 的内核，使得以 8051 为内核的 MCU 系列单片机在世界上产量最大，应用也最广泛。

51 系列单片机源于 Intel 公司的 MCS-51 系列，在 Intel 公司将 MCS-51 系列单片机实行技术开放政策之后，许多公司（例如 Philips、Dallas、Siemens、Atmel、华邦、LG 等）都以 MCS-51 中的基础结构 8051 为基核推出了许多各具特色、具有优异性能的单片机。这样，把这些厂家以 8051 为基核推出的各种型号的兼容型单片机统称为 51 系列单片机。Intel 公司 MCS-51 系列单片机中的 8051 是其中最基础的单片机型号。

2）WINBOND 单片机

华邦公司的 W77，W78 系列 8 位单片机的脚位和指令集与 8051 兼容，但每个指令周期只需要 4 个时钟周期，速度提高了 3 倍，工作频率最高可达 40MHz。同时增加了 WatchDog Timer，6 组外部中断源，2 组 UART，2 组 Data pointer 及 Wait state control pin。W741 系列的 4 位单片机带液晶驱动，在线烧录，保密性高，低操作电压（1.2V～1.8V）。

3）LG 公司生产的 GMS90 系列单片机

与 Intel MCS-51 系列，Atmel 89C51/52，89C2051 等单片机兼容，CMOS 技术，高达 40MHz 的时钟频率。应用于以下方面：多功能电话，智能传感器，电度表，工业控制，防盗报警装置，各种计费器，各种 IC 卡装置，DVD，VCD，CD-ROM。

4）MSP430 单片机

TI 的 MSP430 单片机是最近引进中国的品种。它在超低功耗方面有突出的表现，经常被电池应用设计师所选用，被业界称为绿色 MCU。同时它内部有丰富的片内外围模块，是一个典型的片上系统（SOC），又是 16 位的精简指令结构，功能相当强大。

5）Motorola 单片机

Motorola 是世界上最大的单片机厂商。从 M6800 开始，开发了广泛的品种，4 位、8 位、16 位、32 位的单片机都能生产。其中典型的代表有 8 位机 M6805/M68HC05 系列、8 位增强型 M68HC11/M68HC12、16 位机 M68HC16 和 32 位机 M683XX。Motorola 单片机的特点之一是，在同样的速度下所用的时钟频率较 Intel 类单片机低得多，因而使得高频噪声低，抗干扰能力强，更适合工控领域及恶劣的环境使用。

6）MicroChip 单片机

MicroChip 单片机的主要产品是 PIC 16C 系列和 17C 系列 8 位单片机，CPU 采用 RISC 结构，分别有 33、35、58 条指令，采用 Harvard 双总线结构，运行速度快，低工作电压，低功耗，有较大的输入/输出直接驱动能力，价格低，一次性编程，小体积。适用于用量大、档次低、价格敏感的产品。在办公自动化设备、消费电子产品、电信通信、智能仪器仪表、汽车电子、金融电子、工业控制不同领域都有广泛的应用，PIC 系列单片机在世界单片机市场份额排名中逐年提高，发展非常迅速。

7）ATMEL 公司的 AVR 单片机

ATMEL 公司的 AVR 单片机是增强型 RISC 内载 Flash 的单片机，芯片上的 Flash 存储器附在用户的产品中，可随时编程，再编程，使用户的产品设计容易，更新换代方便。AVR 单片机采用增强的 RISC 结构，使其具有高速处理能力，在一个时钟周期内可执行复杂的指令，每 MHz 可实现 1MIPS 的处理能力。AVR 单片机工作电压为 2.7～6.0V，可以实现耗电最优化。AVR 的单片机广泛应用于计算机外部设备，工业实时控制，仪器仪表，通信设备，家用电器，宇航设备等各个领域。

8）EM78 系列 OTP 型单片机

台湾地区义隆电子股份有限公司的产品，直接替代了 PIC16CXX，管脚兼容，软件可转换。

9）Zilog 单片机

Z8 单片机是 Zilog 公司的产品，采用多累加器结构，有较强的中断处理能力，开发工具价廉物美。Z8 单片机以低价位面向低端应用。直到 20 世纪 90 年代后期，很多大学的微机原理还是讲述 Z80 的。

10）EPSON 单片机

EPSON 单片机以低电压、低功耗和内置 LCD 驱动器特点闻名于世，尤其是 LCD 驱动部分做得很好。广泛用于工业控制、医疗设备、家用电器、仪器仪表、通信设备和手持式消费类产品等领域。目前，EPSON 已推出 4 位单片机 SMC62 系列、SMC63 系列、SMC60 系列和 8 位单片机 SMC88 系列。

11）东芝单片机

东芝单片机门类齐全，4 位机在家电领域有很大市场，8 位机主要有 870 系列、90 系列，该类单片机允许使用慢模式，采用 32K 时钟时功耗降至 10MA 数量级。东芝的 32 位单片机采用 MIPS 3000A RISC 的 CPU 结构，面向 VCD、数字相机、图像处理等市场。

12）NS 单片机

COP8 单片机是 NS（美国国家半导体公司）的产品，内部集成了 16 位 A/D，这是不多见的，在看门狗多路及 STOP 方式下单片机的唤醒方式上都有独到之处。此外，COP8 的程序加密也做得比较好。

13）MDT20XX 系列单片机

工业级 OTP 单片机，Micon 公司生产，与 PIC 单片机管脚完全一致，海尔集团的电冰箱控制器、TCL 通信产品、长安奥拓铃木小轿车功率分配器就采用这种单片机。

14）Scenix 单片机

Scenix 公司推出的 8 位 RISC 结构 SX 系列单片机与 Intel 的 Pentium II 等一起被 *Electronic Industry Yearbook* 评选为 1998 年世界十大处理器。在技术上有其独到之处：SX 系列双时钟设置，指令运行速度可达 50/75/100MIPS（每秒执行百万条指令，XXX M Instruction Per Second）；具有虚拟外设功能，柔性化 I/O 端口，所有的 I/O 端口都可单独编程设定，公司提供各种 I/O 的库函数，用于实现各种 I/O 模块的功能，例如，多路 UART，多路 A/D，PWM，SPI，DTMF，FS，LCD 驱动等。采用 EEPROM/FLASH 程序存储器，可以实现在线系统编程。通过计算机 RS232C 接口，采用专用串行电缆即可对目标系统进行在线实时仿真。

1.4.2 MCS-51 系列单片机分类

尽管各类单片机很多，但目前在我国使用最为广泛的单片机系列是 Intel 公司生产的 MCS-51 系列单片机，同时该系列还在不断地完善和发展。随着各种新型号系列产品的推出，它越来越被广大用户所接受。

MCS-51 系列单片机共有二十几种芯片，表 1-3 列出了 MCS-51 系列单片机的产品分类及特点。

表 1-3　MCS-51 系列单片机分类

型号	程序存储器 R/E	数据存储器	寻址范围（RAM）	寻址范围（ROM）	并行口	串行口	中断源	定时器计数器	晶振/MHz	典型指令/μs	其他
8051AH	4KR	128	64KB	64KB	4×8	UART	5	2×16	2~12	1	HMOS-Ⅱ 工艺
8751H	4KE	128	64KB	64KB	4×8	UART	5	2×16	2~12	1	HMOS-Ⅰ 工艺
8031AH	——	128	64KB	64KB	4×8	UART	5	2×16	2~12	1	HMOS-Ⅱ 工艺

续表

型号	程序存储器 R/E	数据存储器	寻址范围（RAM）	寻址范围（ROM）	并行口	串行口	中断源	定时器计数器	晶振/MHz	典型指令/μs	其 他
8052AH	8KR	256	64KB	64KB	4×8	UART	6	3×16	2～12	1	HMOS-II 工艺
8752H	8KE	256	64KB	64KB	4×8	UART	6	3×16	2～12	1	HMOS-I 工艺
8032AH	——	256	64KB	64KB	4×8	UART	6	3×16	2～12	1	HMOS-II 工艺
80C51BH	4KR	128	64KB	64KB	4×8	UART	5	2×16	2～12	1	CHMOS 工艺
87C51H	4KE	128	64KB	64KB	4×8	UART	5	2×16	2～12	1	
80C31BH	——	128	64KB	64KB	4×8	UART	5	2×16	2～12	1	
83C451	4KR	128	64KB	64KB	7×8	UART	5	2×16	2～12	1	CHMOS 工艺
87C451	4KE	128	64KB	64KB	7×8	UART	5	2×16	2～12	1	有选通方式双
80C451	——	128	64KB	64KB	7×8	UART	5	2×16	2～12	1	向口
83C51GA	4KR	128	64KB	64KB	4×8	UART	7	2×16	2～12	1	CHMOS 工艺
87C51GA	4KE	128	64KB	64KB	4×8	UART	7	2×16	2～12	1	8×8A/D 有 16
80C51GA	——	128	64KB	64KB	4×8	UART	7	2×16	2～12	1	位监视定时器
83C152	8KR	256	64KB	64KB	5×8	GSC	6	2×16	2～17	0.73	CHMOS 工艺
80C152	——	256	64KB	64KB	5×8	GSC	11	2×16	2～17		有 DMA 方式
83C251	8KR	256	64KB	64KB	4×8	UART	7	3×16	2～12	1	CHMOS 工艺
87C251	8KE	256	64KB	64KB	4×8	UART	7	3×16	2～12	1	有高速输出、脉
80C251	——	256	64KB	64KB	4×8	UART	7	3×16	2～12	1	冲调制、16 位监视定时器
80C52	8KR	256	64KB	64KB	4×8	UART	6	3×16	2～12	1	CHMOS 工艺
8052AH BASIC	8KR	256	64KB	64KB	4×8	UART	6	3×16	2～12	1	HMOS-II 工艺片内固化 BASIC

注：UART 为通用异步接收发送器，R/E 为 MaskROM/EPROM，GSC 为全局串行通道。

表 1-3 中列出了 MCS-51 系列单片机的芯片型号，以及它们的技术性能指标，下面在表 1-3 的基础上对 MCS-51 系列单片机作进一步的说明。

1. 按片内不同程序存储器的配置来分

MCS-51 系列单片机按片内不同程序存储器的配置来分，可以分为三种类型。

① 片内带 MaskROM（掩模 ROM）型：8051，80C51，8052，80C52。此类芯片是由半导体厂家在芯片生产过程中，将用户的应用程序代码通过掩模工艺制作到 ROM 中。其应用程序只能委托半导体厂家"写入"，一旦写入后不能修改。此类单片机，适合大批量使用。

② 片内带 EPROM 型：8751，87C51，8752。此类芯片带有透明窗口，可通过紫外线擦除存储器中的程序代码，应用程序可通过专门的编程器写入到单片机中，需要更改时可擦除重新写入。但此类单片机价格较贵，不宜大批量使用。

③ 片内无 ROM（ROMLess）型：8031，80C31，8032。此类芯片的片内没有程序存储器，使用时必须在外部并行扩展程序存储器存储芯片。此类单片机由于必须在外部并行扩展程序存储器存储芯片，造成系统电路复杂，故目前较少使用。

2. 按片内不同容量的存储器配置来分

按片内不同容量的存储器配置来分，可以分为两种类型。

① 51 子系列型：芯片型号的最后一位数字以 1 作为标志，51 子系列是基本型产品。片内带有 4KB ROM/EPROM（8031，80C31 除外）、128B RAM、2 个 16 位定时器/计数器、5 个中

断源等。

② 52 子系列型：芯片型号的最后一位数字以 2 作为标志，52 子系列则是增强型产品。片内带有 8KB ROM/EPROM（8032，80C32 除外）、256B RAM、3 个 16 位定时器/计数器、6 个中断源等。

3．按芯片的半导体制造工艺上的不同来分

按芯片的半导体制造工艺上的不同来分，可以分为两种类型。

① HMOS 工艺型：8051，8751，8052，8032。HMOS 工艺，即高密度短沟道 MOS 工艺。

② CHMOS 工艺型：80C51，83C51，87C51，80C31，80C32，80C52。此类芯片型号中都字母"C"来标识。

此两类器件在功能上是完全兼容的，但采用 CHMOS 工艺的芯片具有低功耗的特点，它所消耗的电流要比 HMOS 器件小得多。CHMOS 器件比 HMOS 器件多了两种节电的工作方式（掉电方式和待机方式），常用于构成低功耗的应用系统。

此外，关于单片机的温度特性，与其他芯片一样按所能适应的环境温度范围，可划分为三个等级：

① 民用级：0℃～70℃。

② 工业级：-40℃～+85℃。

③ 军用级：-65℃～+125℃。

因此在使用时应注意根据现场温度选择芯片。

1.4.3 AT89 系列单片机分类

在 MCS-51 系列单片机 8051 的基础上，Atmel 公司开发了 AT89 系列单片机，以其较低廉的价格和独特的程序存储器——快闪存储器（Flash Memory）为用户所青睐。表 1-4 列出了 AT89 系列单片机的几种主要型号。

表 1-4　AT89 系列单片机一览表

型　　号	快闪程序存储器	数据存储器	寻址范围 ROM	寻址范围 RAM	并行 I/O 口线	串行 UART	中断源	定时器/计数器	工作频率/MHz
AT89C51	4K	128	64KB	64KB	32	1 个	5	2×16	0～24
AT89C52	8K	256	64KB	64KB	32	1 个	6	3×16	0～24
AT89LV51	4K	128	64KB	64KB	32	1 个	5	2×16	0～24
AT89LV52	8K	256	64KB	64KB	32	1 个	6	3×16	0～24
AT89C1051	1K	64	4KB	4KB	15	—	3	1×16	0～24
AT89C1051U	1K	64	4KB	4KB	15	1 个	5	2×16	0～24
AT89C2051	2K	128	4KB	4KB	15	1 个	5	2×16	0～24
AT89C4051	4K	128	4KB	4KB	15	1 个	5	2×16	0～24
AT89C55	20K	256	64KB	64KB	32	1 个	6	3×16	0～33
AT89S53	12K	256	64KB	64KB	32	1 个	7	3×16	0～33
AT89S8252	8K	256	64KB	64KB	32	1 个	7	3×16	0～33
AT88SC54C	8K	128	64KB	64KB	32	1 个	5	2×16	0～24

采用了快闪存储器（Flash Memory）的 AT89 系列单片机，不但具有一般 MCS-51 系列单片机的基本特性（如指令系统兼容，芯片引脚分布相同等），而且还具有一些独特的优点。

① 片内程序存储器为电擦写型 ROM（可重复编程的快闪存储器）。整体擦除时间仅为 10ms 左右，可写入/擦除 1000 次以上，数据保存 10 年以上。

② 两种可选编程模式，即可以用 12V 电压编程，也可以用 Vcc 电压编程。

③ 工作电压范围，$V_{CC}=2.7\sim6V$。

④ 全静态工作，工作频率范围：0Hz～24MHz，频率范围宽，便于系统功耗控制。

⑤ 三层可编程的程序存储器上锁加密，使程序和系统更加难以仿制。

总之，AT89 系列单片机与 MCS-51 系列单片机相比，前者和后者有兼容性，但前者的性能价格比等指标更为优越。

1.4.4 其他公司的 51 系列单片机

① Philips 公司推出的含存储器的 80C51 系列和 80C52 系列单片机，此产品都为 CMOS 型工艺的单片机。Philips 公司推出的 51 系列单片机与 MCS-51 系列单片机相兼容，但增加了程序存储器 FlashROM、数据存储器 EEPROM、可编程计数器阵列 PCA、I/O 接口的高速输入/输出、串行扩展总线 I^2C BUS、ADC、PWM、I/O 口驱动器、程序监视定时器 WDT（Watch Dog Timer）等功能的扩展。

② 华邦公司推出的 W78C×× 和 W78E×× 系列单片机，此产品与 MCS-51 系列单片机兼容，但增加了程序存储器 FlashROM、数据存储器 EEPROM、可编程计数器阵列 PCA、I/O 接口的高速输入/输出、串行扩展总线 I^2C BUS、ADC、PWM、I/O 接口驱动器、程序监视定时器 WDT（Watch Dog Timer）等功能的扩展。华邦公司生产的单片机还具有价格低廉，工作频率高（40MHz）等特点。

③ Dallas 公司推出的 DallasHSM 系列单片机，产品主要有 DS80C×××、DS83C××× 和 DS87C××× 等。此产品除了与 MCS-51 系列单片机兼容，还具有高速结构（1 个机器周期只有四个 clock，工作频率范围为 0～33MHz）、更大容量的内部存储器（内部 ROM 有 16KB）、两个 UART、13 个中断源、程序监视器 WDT 等功能。

④ LG 公司推出的 GMS90C××、GMS97C×× 和 GMS90L××、GMS97L×× 系列单片机。此产品与 MCS-51 系列单片机兼容。

以上 Philips、Dallas、Atmel、华邦、LG 等大公司生产的系列单片机与 Intel 公司的 MCS-51 系列单片机具有良好的兼容性，包括指令兼容、总线兼容和引脚兼容。但各个厂家发展了许多功能不同、类型不一的单片机，给用户提供了广泛的选择空间，其良好的兼容性保证了选择的灵活性。

本 章 小 结

在计算机内部，不管是数字还是字符，都是以二进制编码的形式进行表示和处理的。而数通常有两种：无符号数和有符号数。无符号数的表示很简单，直接用它对应的二进制形式表示即可。有符号数有正、负号，在计算机内为识别正、负号，在数的前面加一位作为符号位，这种带符号位的数称为机器数。为运算方便，机器数在计算机中有三种表示方法：原码、反码和补码。通过补码运算能将减法转换成加法。

单片机是微型计算机的一个分支，由硬件系统和软件系统构成。单片机是将CPU、存储器（RAM和ROM）、定时器/计数器，以及I/O接口等主要部件集成在一块芯片上的微型计算机。它具有功能强、体积小、抗干扰能力强、性价比高等特点，可作为常规器件应用于各种智能化系统中。

单片机与一般的微型计算机相比，在硬件结构和指令设置上具有以下主要特点。

① 大多数单片机采用哈佛（Harvard）结构体系，存储器ROM和RAM是严格区分、相互独立的。小容量的数据存储器能以高速RAM形式集成在单片机内，以加速单片机的执行速度，同时程序在只读存储器ROM中运行，不易受外界侵害，可靠性高。

② I/O引脚通常是多功能的。

③ 有面向控制的指令系统，例如，丰富的转移指令、I/O接口的逻辑操作，以及位处理指令等。使单片机具有更强的逻辑控制能力，特别是具有很强的位处理能力。

④ 外部扩展能力强，例如，扩展存储器、I/O接口、定时/计数器、中断系统等，可与许多通用的微机接口芯片兼容，系统设计方便灵活。

习 题 1

1-1　给出下列有符号数的原码、反码和补码（设计算机字长为8位）。

　　　+37　　-86　　-105　　+112　　-79

1-2　8位补码表示的定点整数的范围是多少？

1-3　已知 X、Y 是两个有符号数的定点整数，它们的补码为：$[X]_{补}$=00010011B，$[y]_{补}$=11111001B，求$[X+Y]_{补}$等于多少？

1-4　请选择正确答案填在括号中：将-33以补码形式存入8位寄存器中，寄存器中的内容为（　　　）

　　　A. DFH　　　　B. A1H　　　　　C. 5FH　　　　　D. DEH

1-5　请选择正确答案填在括号中：如果 X 为负数，由$[X]_{补}$求$[-X]_{补}$是将（　　　）

　　　A. $[X]_{补}$各值保持不变

　　　B. $[X]_{补}$符号位变反，其他各位不变

　　　C. $[X]_{补}$除了符号位外，各位变反，末位加1

　　　D. $[X]_{补}$连同符号位一起各位变反，末位加1

1-6　请选择正确答案填在括号中：设有二进制数 X=-1101110，若采用8位二进制数表示，则[X]补的结果是（　　　）。

　　　A. 11101101　　B. 10010011　　C. 00010011　　D. 10010010

1-7　8051与8751的区别是（　　　）

　　　A. 内部数据存储数目的不同　　　B. 内部数据存储器的类型不同

　　　C. 内部程序存储器的类型不同　　D. 内部寄存器的数目不同

1-8　单片机与普通计算机的不同之处在于其将（　　　）（　　　）和（　　　）三部分集成于一块芯片上（　　　）

1-9　MCS-51单片机内部提供了哪些资源？

1-10　单片机有哪些应用特点？主要应用在哪些领域？

1-11　MCS-51单片机如何进行分类？各类有哪些主要特性？

第2章 MCS-51 系列单片机的内部结构和引脚

▶ 学习目标 ◀

通过本章学习，掌握 MCS-51 系列单片机芯片内的硬件结构、性能特性，特别是存储器结构及并行 I/O 接口结构、工作原理和应用特点，只有了解了单片机的存储结构和所能提供的内部资源，才能合理地使用单片机。

2.1 MCS-51 系列单片机内部结构和引脚说明

单片机就是将构成计算机的最基本的主要功能部件集成在一块芯片上的集成芯片。MCS-51 是 Intel 公司于 20 世纪 80 年代初推出的系列 8 位单片机，经过三十多年的发展，目前已发展到十多种产品。属于这一系列的单片机有多种，包括 51 子系列（如 8051/8751/8031）和 52 子系列（如 8052/8752/8032）。

在制造上 MCS-51 系列单片机按两种工艺生产：一种是 HMOS 工艺，即高密度短沟道 MOS 工艺；另一种是 CHMOS 工艺，即互补金属氧化物的 HMOS 工艺。CHMOS 是 HMOS 和 CMOS 的结合，既保留了 HMOS 高速度和高密度的特点，又具有 CMOS 的低功耗的特点。HMOS 芯片的电平与 TTL 电平兼容，而 CHMOS 芯片的电平既与 TTL 电平兼容，又与 CMOS 电平兼容。产品型号中凡带有字母"C"的芯片即为 CHMOS 芯片（如 80C51 等），不带字母"C"的芯片即为 HMOS 芯片（如 8051 等）。

在功能上 MCS-51 系列单片机有基本型和增强型两类，以芯片型号的末位数字来区分。"1"为基本型，"2"为增强型。例如，8051/8751/8031，80C51/87C51/80C31 为基本型，而 8052/8752/8032，80C52/87C52/80C32 为增强型。

MCS-51 系列单片机在片内程序存储器的配置上有三种形式，即掩模 ROM、EPROM 和片内无程序存储器。例如，基本型中 8051 内有 4KB 的掩模 ROM，8751 内有 4KB 的 EPROM，而 8031 片内无程序存储器，使用时需在单片机外部扩展程序存储器。

另外，属于 MCS-51 系列的单片机还有 8044/8744/8344，这类单片机增加了串行接口单元（SIU），专门负责串行通信管理，使单片机的组网功能大大增强。

尽管 MCS-51 系列单片机在工艺上、功能上和片内存储器的配置上存在差别，但内部结构基本相同。

2.1.1 MCS-51 系列单片机内部结构框图

8051 单片机是 MCS-51 系列单片机中的典型产品，下面以 8051 单片机为例，介绍 MCS-51 单片机的内部结构。

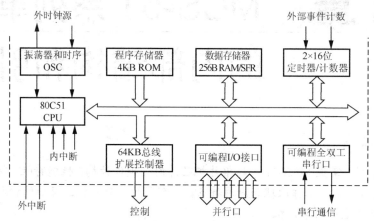

图 2-1　8051 单片机功能方框图

8051 单片机片内集成了中央处理器（CPU）、4KB 程序存储器（ROM）、128B 数据存储器（RAM）、128B 特殊功能寄存器（SFR）、2 个 16 位的定时/计数器（T0 和 T1）、4 个 8 位的并行 I/O 端口（P0、P1、P2、P3）、1 个串行口、中断系统等。它们是通过片内单一总线连接起来的。图 2-1 为 8051 单片机功能方框图。

为了进一步阐述各部分的功能及其关联，图 2-2 给出了 8051 单片机内部更详细的逻辑结构图。

中央处理器 CPU（8 位机）由运算器和控制器组成，是单片机的核心，完成运算和控制操作。

1. 运算器

运算器是单片机的运算部件，用于实现二进制的算术运算和逻辑运算。它由图 2-2 中的 ALU（算术运算单元）、累加器 ACC、寄存器 B、程序状态字 PSW、2 个暂存器和位处理机等组成。

1）算术运算单元 ALU 与累加器 ACC、寄存器 B

运算器以 ALU 为核心，它不仅能完成 8 位二进制的加、减、乘、除、加 1、减 1 及 BCD 加法的十进制调整等算术运算，还能对 8 位变量进行逻辑"与"、"或"、"异或"、循环移位、求补、清零等逻辑运算，并具有数据传输、程序转移等功能。

累加器（ACC，简称累加器 A）为一个 8 位寄存器，它是 CPU 中使用最频繁的寄存器。进入 ALU 作算术和逻辑运算的操作数多来自于 A，运算结果也常送回 A 保存。

寄存器 B 是为 ALU 进行乘除法运算而设置的。若不作乘除运算时，则可作为通用寄存器使用。

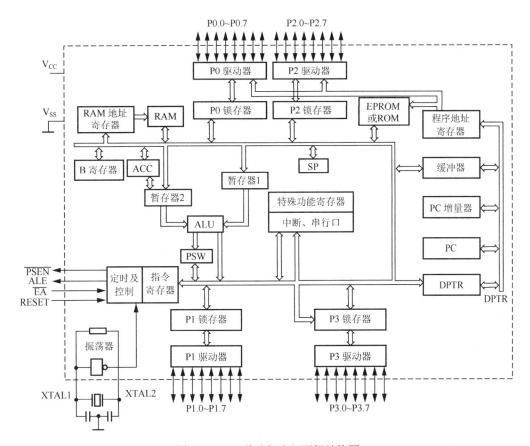

图 2-2　8051 单片机内部逻辑结构图

2）程序状态字

程序状态字 PSW 是一个 8 位的标志寄存器，它保存指令执行结果的特征信息，以供程序查询和判别。其各位的定义如下所述。

PSW.7	PSW.6	PSW.5	PSW.4	PSW.3	PSW.2	PSW.1	PSW.0	
C	AC	F0	RS1	RS0	OV	---	P	字节地址 D0H

（1）进位标志位 C（PSW.7）：在执行某些算术操作类、逻辑操作类指令时，可被硬件或软件置位或清零。它表示运算结果是否有进位或借位。如果在最高位有进位（加法时）或有借位（减法时），则 C=1，否则 C=0。

（2）辅助进位（或称半进位）标志位 AC（PSW.6）：它表示两个 8 位数运算，低 4 位有无进（借）位的状况。当低 4 位相加（或相减）时，若 D3 位向 D4 位有进位（或借位），则 AC=1，否则 AC=0。在 BCD 码运算的十进制调整中要用到该标志。

（3）用户自定义标志位 F0（PSW.5）：用户可根据自己的需要对 F0 赋予一定的含义，通过软件置位或清零，并根据 F0=1 或 0 来决定程序的执行方式，或反映系统某一种工作状态。

（4）工作寄存器组选择位 RS1、RS0（PSW.4、PSW.3）：可用软件置位或清零，用于选定当前使用的 4 个工作寄存器组中的某一组（详见 2.4 节）。

（5）溢出标志位 OV（PSW.2）：做加法或减法时，由硬件置位或清零，以指示运算结果是否溢出。OV=1 反映运算结果超出了累加器的数值范围（无符号数的范围为 0～255，以补码形式表示一个有符号数的范围为-128～+127）。进行无符号数的加法或减法时，OV 的值与进位位 C 的值相同；进行有符号数的加法时，最高位、次高位之一有进位，或做减法时，最高位、次高位之一若有借位，则 OV 被置位，即 OV 的值为最高位和次高位的异或（C7⊕C6）。

执行乘法指令 MUL AB 也会影响 OV 标志，积>255 时 OV =1，否则 OV =0。

执行除法指令 DIV AB 也会影响 OV 标志，例如 B 中所放除数为 0，OV=1，否则 OV=0。

（6）奇偶标志位 P（PSW.0）：在执行指令后，单片机根据累加器 A 中 1 的个数的奇偶自动给该标志置位或清零。若 A 中 1 的个数为奇数，则 P=1，否则 P=0。该标志对串行通信的数据传输非常有用，通过奇偶校验可检验传输的可靠性。

3）布尔处理机

布尔处理机（即位处理）是 MCS-51 单片机 ALU 所具有的一种功能。单片机指令系统中的位处理指令集（17 条位操作指令），存储器中的位地址空间，以及借用程序状态寄存器 PSW 中的进位标志 Cy 作为位操作"累加器"，构成了 MCS-51 单片机内的布尔处理机。它可对直接寻址的位（bit）变量进行位处理，例如，置位、清零、取反、测试转移，以及逻辑"与"、"或"等位操作，使用户在编程时可以利用指令完成原来单凭复杂的硬件逻辑所完成的功能，并可方便地设置标志等。

2．控制器

控制器是单片机的神经中枢，它保证单片机各部分能自动而协调地工作。在图 2-2 中的定时和控制电路单元、程序计数器 PC、PC 增量器、指令寄存器、指令译码器、堆栈指针 SP 和数据指针 DPTR 等部件均属于控制器。

程序计数器 PC 是一个不可寻址的 16 位专用寄存器（不属于特殊功能寄存器），用来存放下一条指令的地址，具有自动加 1 的功能。单片机执行指令是在控制器的控制下进行的。当 CPU 执行指令时，根据程序计数器 PC 中的地址从程序存储器中读出指令，送指令寄存器保存，然后送指令译码器进行译码，译码结果送定时控制逻辑电路，由定时控制逻辑产生各种定时信号和控制信号，再送到系统的各个部件去进行相应的操作，随后程序计数器中的地址自动加1，以便为 CPU 取下一个需要执行的指令码做准备。当下一条指令码取出执行后，PC 又自动加 1，使指令被一条条地执行。这就是执行指令的全过程。

（1）内部程序存储器（ROM）。8051 单片机内有 4KB 掩模 ROM，主要用于存放程序、原始数据和表格等内容，因此称为内部程序存储器或片内 ROM。

（2）内部数据存储器（RAM）。8051 单片机中共有 256 个 RAM 单元，但其中后 128 个单元被特殊功能寄存器（SFR）占用，供用户用来存放可读取数据的只有前 128 个单元，通常把这部分单元称为内部数据存储器或片内 RAM。

（3）定时/计数器。8051 单片机片内有 2 个 16 位的定时器/计数器（T0，T1），并能以其定时或计数的结果对系统进行控制。

3．并行 I/O 接口

8051 单片机片内有 4 个 8 位并行 I/O 接口（P0，P1，P2，P3）。它们可双向使用，实现数据的并行输入/输出。

（1）P0 口通常用做 8 位数据总线或低 8 位的地址总线的信息传送。

（2）P1 口一般作通用数据 I/O 接口使用。

（3）P2 口通常用做高 8 位地址总线的信息传送。

（4）P3 口常用于以第 2 功能（有 8 种）的输入或输出的形式。

4．串行通信口

8051 单片机片内有 1 个全双工的串行通信口，用于实现单片机和其他数据设备间的串行数据传送。该串行通信口功能较强，既可作为全双工异步通信收发器使用，也可作为同步移位寄存器使用。

5．中断控制系统

8051 单片机共有 5 个中断源，即

（1）2 个外部中断源。

（2）2 个定时器/计数器中断源。

（3）1 个串行中断源。

中断优先级分为高、低两级。

6．其他重要功能

（1）可以寻址 64KB 的片内外 ROM 和 64KB 的片外 RAM。

（2）具有位操作功能（逻辑处理）的位寻址功能。

从上述内容可以看出，MCS-51 单片机包含了计算机系统应该具有的基本部件，实际上单片机就是一个集成在一块芯片上的微型计算机系统。

2.1.2　MCS-51 系列单片机外部引脚说明

双列直插式封装（DIP）的 8051 单片机有 40 条引脚，其引脚图及逻辑符号如图 2-3 所示。除了 DIP 封装，还有其他封装格式，如 TQFP、PLCC 等，使用芯片时，具体的封装格式请查阅有关手册。

图 2-3 中 8051 单片机 40 条引脚按功能可分为三部分。

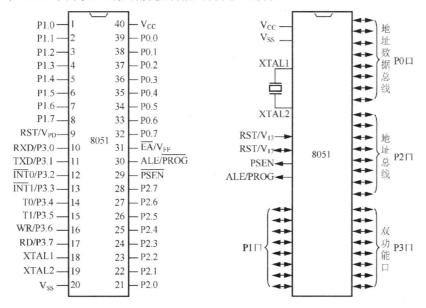

图 2-3　8051 单片机引脚图及逻辑符号

1．电源及外接晶体引脚

（1）Vcc（40 脚）：接+5 V 电源正端。

（2）Vss（20 脚）：接+5 V 电源地端。

（3）XTAL1、XTAL2：晶体振荡电路反相输入端和输出端。

（4）XTAL2（19 脚）：接外部石英晶体的一端。在单片机内部，它是一个反相放大器的输入端，这个放大器构成了片内振荡器。如采用外接晶体振荡器时，该引脚接地。

（5）XTAL1（18 脚）：接外部石英晶体的另一端，在单片机内部，它是一个反相放大器的输出端，当采用外部时钟时，若采用外接晶体振荡器，则该引脚接收振荡器的信号，即把此信号直接接到内部时钟发生器的输入端。

2．并行 I/O 接口

8051 共有 4 个 8 位并行 I/O 接口：P0、P1、P2、P3 口，共 32 个引脚。P3 口还具有第二功能，可用于特殊信号的输入/输出和控制信号（属控制总线）。

① P0 口（39～32 脚）：P0.0～P0.7 统称为 P0 口，双向 8 位三态 I/O 接口。在不接片外存储器与不扩展 I/O 接口时，作为 I/O 接口使用，可直接连接外部 I/O 设备。在接有片外存储器或扩展 I/O 接口时，P0 口分时复用为低 8 位地址总线和双向数据总线。P0 口能驱动 8 个 TTL 负载。

② P1 口（1～8 脚）：P1.0～P1.7 统称为 P1 口，8 位准双向 I/O 接口。由于这种接口输出没有高阻状态，输入也不能锁存，故不是真正的双向 I/O 接口。它的每一位都可以分别定义为输入线或输出线（作为输入时，口锁存器必须置 1）。P1 口能驱动 4 个 TTL 负载。

③ P2 口（21～28 脚）：P2.0～P2.7 统称为 P2 口，一般可作为准双向 I/O 口使用；在接有片外存储器或扩展 I/O 接口且寻址范围超过 256 个字节时，P2 口用做高 8 位地址总线。P2 口能驱动 4 个 TTL 负载。

④ P3 口（10～17 脚）：P3.0～P3.7 统称为 P3 口。除作为准双向 I/O 接口使用外，还可以将每一位用于第二功能，而且 P3 口的每一条引脚均可独立定义为第一功能的输入/输出或第二功能。P3 口能驱动 4 个 TTL 负载。P3 口的第二功能见表 2-1。

表 2-1　P3 口的第二功能

引　　脚	第二功能
P3.0	RXD　串行口输入端
P3.1	TXD　串行口输出端
P3.2	$\overline{INT0}$　外部中断 0 请求输入端，低电平有效
P3.3	$\overline{INT1}$　外部中断 1 请求输入端，低电平有效
P3.4	T0　定时/计数器 0 外部信号（计数脉冲）输入端
P3.5	T1　定时/计数器 1 外部信号（计数脉冲）输入端
P3.6	$\overline{WR}$　外 RAM 写选通信号输出端，低电平有效
P3.7	$\overline{RD}$　外 RAM 读选通信号输出端，低电平有效

3. 控制引脚

控制引脚包括 ALE、RESET（即 RST）、$\overline{\text{PSEN}}$、$\overline{\text{EA}}$ 等。此类引脚提供控制信号，有些引脚具有复用功能。

（1）ALE/PROG（30 脚）：地址锁存有效信号输出端。ALE 在每个机器周期内输出两个脉冲。在访问片外程序存储器期间，下降沿用于控制锁存 P0 输出的低 8 位地址；在不访问片外程序存储器期间，ALE 端仍有周期性正脉冲输出，其频率为振荡频率的 1/6，可作为对外输出的时钟脉冲或用于定时目的。但要注意，在访问片外数据存储器期间，ALE 脉冲会跳空一个，此时作为时钟输出就不妥了（详见 CPU 时序）。ALE 端可以驱动 8 个 TTL 负载。

对于片内含有 EPROM 的机型，在编程期间，该引脚用做编程脉冲 PROG 的输入端。

（2）RST/V_{PD}（9 脚）：RST 即 RESET，V_{PD} 为备用电源。该引脚为单片机的上电复位或掉电保护端。当单片机振荡器工作时，该引脚上出现持续两个机器周期的高电平，就可实现复位操作，使单片机回复到初始状态。上电时，考虑到振荡器有一定的起振时间，该引脚上高电平必须持续 10 ms 以上才能保证有效复位。

当 V_{CC} 发生故障或掉电时，此引脚可接备用电源（V_{PD}），以保持内部 RAM 中的数据不丢失。当 V_{CC} 下降到低于规定值，而 V_{PD} 在其规定的电压范围内（5±0.5V）时，V_{PD} 就向内部 RAM 提供备用电源。

（3）$\overline{\text{PSEN}}$（29 脚）：片外程序存储器读选通信号输出端，低电平有效。当从外部程序存储器读取指令或常数期间，每个机器周期该信号两次有效，以通过数据总线 P0 口读回指令或常数。在访问片外数据存储器期间，$\overline{\text{PSEN}}$ 信号将不出现。$\overline{\text{PSEN}}$ 可以驱动 8 个 TTL 负载。

（4）$\overline{\text{EA}}$/V_{PP}（31 脚）：$\overline{\text{EA}}$ 为片外程序存储器选用端。

当 $\overline{\text{EA}}$ 保持高电平时，首先访问内部程序存储器，在程序计数器 PC 值超过片内程序存储器容量（8051 单片机为 4KB）时，将自动转向执行外部程序存储器中的程序。

当 $\overline{\text{EA}}$ 保持低电平时，只访问外部程序存储器，不管是否有内部程序存储器。

对于片内含有 EPROM 的机型（如 8751），在 EPROM 编程期间，此引脚用做 21V 编程电源 V_{PP} 的输入端。

2.2　MCS-51 系列单片机存储器

MCS-51 系列单片机的存储器结构有两个重要的特点：一是把数据存储器和程序存储器严格分开；二是存储器有内外之分，其地址空间、存取指令和控制信号均有区别。

MCS-51 系列单片机的存储器组织结构有四个物理上相互独立的空间：片内程序存储器和片外程序存储器，内部数据存储器和片外数据存储器。但从用户的角度看，实际上存在三个独立的空间。三个不同的空间用不同的指令和控制信号实现读、写功能操作：

（1）64KB 程序存储器（ROM），包括片内 ROM 和片外 ROM，地址从 0000H～FFFFH 是连续的。在 ROM 空间用 MOVC 指令实现只读功能操作，用 $\overline{\text{PSEN}}$ 信号选通读外 ROM。

（2）64KB 外部数据存储器（外 RAM），其地址空间为 0000H～FFFFH。外 RAM 空间用 MOVX 指令实现读、写功能操作，用 $\overline{\text{RD}}$ 信号选通读外 RAM，用 $\overline{\text{WR}}$ 信号选通写外 RAM。

（3）256B（包括特殊功能寄存器）内部数据存储器（称为内 RAM），其地址空间为 00H～FFH。内 RAM 用 MOV 指令实现读、写和其他功能操作。

图 2-4 为 MCS-51 系列单片机存储空间配置示意。

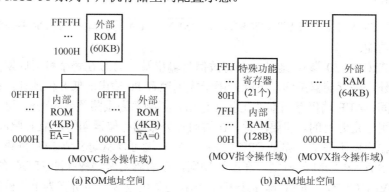

图 2-4　MCS-51 系列单片机存储空间配置示意

单片机的存储器结构与数据操作方法是应用单片机的基础，必须对此了解得非常清楚。下面分别介绍程序存储器和数据存储器的特点和相应的数据操作方法。

2.2.1　程序存储器

MCS-51 系列单片机具有 64KB 程序存储器空间的寻址能力，程序存储器用于存放用户程序、数据和表格等信息。在 MCS-51 系列中，不同的芯片其片内程序存储器的容量各不相同。8031 和 8032 内部没有 ROM，8051 内部有 4KB ROM，8751 内部有 4KB EPROM，8052 内部有 8KB ROM，8752 内部有 8KB EPROM。

对于内部没有 ROM 的 8031 和 8032，工作时只能扩展外部 ROM，此时单片机的 $\overline{EA}$ 引脚必须接地，强制 CPU 从外部程序存储器读取程序。

对于内部有 ROM 的芯片，根据情况外部可以扩展 ROM，但内部 ROM 和外部 ROM 共用 64KB 存储空间。此时单片机的 $\overline{EA}$ 引脚可接高电平，正常运行时，使 CPU 先从内部的程序存储器读取程序，当程序计数器 PC 值超过内部 ROM 的容量时，才会自动转向外部程序存储器读取程序；若 $\overline{EA}$ 引脚接地，则忽略片内的程序存储器，直接从外部程序存储器执行程序。

MCS-51 型单片机程序存储器中的一些地址被固定地用于特定程序的入口地址见表 2-2。

表 2-2　特定程序的入口地址

地　址	用　途
0000H	单片机复位后的程序入口
0003H	外部中断 0 的服务程序入口
000BH	定时器 0 的中断服务程序入口
0013H	外部中断 1 的服务程序入口
001BH	定时器 1 的中断服务程序入口
0023H	串行口中断服务程序入口

MCS-51 型单片机复位后 PC 的内容为 0000H，故单片机复位后将从 0000H 单元开始执行程序。程序存储器的 0000H 单元地址是系统程序的启动地址。由于 0000H～0003H 只有 3 个字节的地址空间，因此，在这里用户一般放一条绝对转移指令，转到指向的用户程序段。

而 5 个中断源的地址之间仅隔 8 个单元,存放中断服务程序往往不够用,这时通常放一条绝对转移指令指向相应的中断服务子程序,使得响应中断后程序能转到相应中断服务子程序处正确执行。

中断入口地址之后是用户程序区,用户可把程序放在用户程序区的任一位置。

2.2.2　数据存储器

数据存储器在单片机中用于存取程序执行时所需的数据,分为片内数据存储器和片外数据存储器,是两个独立的地址空间,在编址和访问方式上各不相同。

1. 片内数据存储器

从广义上讲,MCS-51 系列单片机片内数据存储器包含数据 RAM 和特殊功能寄存器(SFR)。51 子系列片内数据存储器共 256 个字节,读/写指令均用 MOV 指令。其中有 128 个字节的 RAM 空间,地址范围为 00H~7FH;有 128 个字节的特殊功能寄存器,其地址范围为 80H~FFH,两者连续不重叠。

但为加以区别,内 RAM 通常指 00H~7FH 的低 128 字节空间。

51 子系列单片机内 RAM(00H~7FH)又可分成三个物理空间:工作寄存器区、位寻址区和数据缓冲区。表 2-3 为 51 子系列单片机内 RAM(00H~7FH)的配置。

表 2-3　51 子系列单片机内 RAM(00H~7FH)的配置

地址区域		功能名称
00H~1FH	00H~07H	工作寄存器 0 区
	08H~0FH	工作寄存器 1 区
	10H~17H	工作寄存器 2 区
	18H~1FH	工作寄存器 3 区
20H~2FH		位寻址区
30H~7FH		数据缓冲区

1)工作寄存器区(00H~1FH)

在低 128 字节单元中,00H~1FH 共 32 个单元通常作为工作寄存器区。用于临时寄存 8 位信息。工作寄存器区共分为 4 个组(0 组、1 组、2 组、3 组),每个组都有 8 个寄存器,用 R0~R7 表示。

MCS-51 系列单片机工作时,某一时刻只能使用 4 个组中的 1 个组,该组称为当前工作寄存器组。每组寄存器均可作为 CPU 当前工作寄存器,而使用哪一组寄存器工作可通过程序状态字 PSW 中的 PSW.3(RS0)和 PSW.4(RS1)两位来选择。其对应关系见表 2-4。

表 2-4　工作寄存器组的选择

RS1	RS0	选定的当前使用的工作寄存器组(区)	片内 RAM 地址	通用寄存器名称
0	0	第 0 组	00H~07H	R0~R7
0	1	第 1 组	08H~0FH	R0~R7
1	0	第 2 组	10H~17H	R0~R7
1	1	第 3 组	18H~1FH	R0~R7

在程序中修改 R0～R7 的内容时，具体修改的是哪个地址单元的内容，取决于当前工作寄存器组使用的是哪一个。例如，修改 R0 的内容时，如果当前工作寄存器组使用的是 0 组，这时修改的是 00H 单元的内容；如果当前工作寄存器组使用的是 1 组，这时修改的是 08H 单元的内容。在实际应用时，如果不需要使用全部的工作寄存器组，那么，多余的组可作为一般的数据缓冲器使用。

2）位寻址区

低 128 字节单元中 20H～2FH 单元是位寻址区，这 16 个字节的每一位均有一个位地址，共有 128 个位地址（16×8=128 位），位地址范围为 00H～7FH。位寻址区的位地址见表 2-5。位寻址区的每一位都可位寻址、位操作，由程序直接进行位处理（即按位地址对该位进行置 1、清 0、求反或判转等）。通常可以用来存放各种标志位信息和位数据。

表 2-5　位寻址区的位地址

字节地址	位 地 址							
	D7	D6	D5	D4	D3	D2	D1	D0
2FH	7FH	7EH	7DH	7CH	7BH	7AH	79H	78H
2EH	77H	76H	75H	74H	73H	72H	71H	70H
2DH	6FH	6EH	6DH	6CH	6BH	6AH	69H	68H
2CH	67H	66H	65H	64H	63H	62H	61H	60H
2BH	5FH	5EH	5DH	5CH	5BH	5AH	59H	58H
2AH	57H	56H	55H	54H	53H	52H	51H	50H
29H	4FH	4EH	4DH	4CH	4BH	4AH	49H	48H
28H	47H	46H	45H	44H	43H	42H	41H	40H
27H	3FH	3EH	3DH	3CH	3BH	3AH	39H	38H
26H	37H	36H	35H	34H	33H	32H	31H	30H
25H	2FH	2EH	2DH	2CH	2BH	2AH	29H	28H
24H	27H	26H	25H	24H	23H	22H	21H	20H
23H	1FH	1EH	1DH	1CH	1BH	1AH	19H	18H
22H	17H	16H	15H	14H	13H	12H	11H	10H
21H	0FH	0EH	0DH	0CH	0BH	0AH	09H	08H
20H	07H	06H	05H	04H	03H	02H	01H	00H

值得注意的是，位寻址区的这 16 个字节单元也可以作为一般的数据缓冲器使用，也就是说这 16 个字节单元既可以采用字节寻址也可以采用位寻址，位地址与字节地址编址相同，容易混淆。区分方法是，位操作指令中的地址是位地址；字节操作指令中的地址是字节地址。

3）数据缓冲区

低 128 字节单元中 30H～7FH 单元为数据缓冲区，共 80 个字节单元，为用户 RAM 区，用做堆栈或存放各种数据和中间结果，以起到数据缓冲的作用。

由于工作寄存器区、位寻址区、数据缓冲区统一编址，使用同样的指令访问，这三个区的单元既有自己独特的功能，又可独立调度使用。因此，工作寄存器区和位寻址区中未使用的单元也可作为数据缓冲区使用。

4）特殊功能寄存器（Special Function Registers，SFR）

特殊功能寄存器又称专用寄存器，专用于控制、管理单片机内部并行 I/O 接口、串行口、算术逻辑部件、定时器/计数器、中断系统等功能模块的工作。用户在编程时可以置数设定，却不能自由移作他用。

51 子系列单片机中，共定义了 21 个特殊功能寄存器，它们离散地分布在 80H～FFH 的 128 个特殊功能寄存器地址空间中，其名称和字节地址见表 2-6。其中有 11 个特殊功能寄存器可以进行位寻址，它们字节地址的低半字节都为 0H 或 8H（即可位寻址的特殊功能寄存器的字节地址具有能被 8 整除的特征）。

表 2-6　MCS-51 单片机特殊功能寄存器地址

SFR 名称	符　号	位地址/位定义名/位编号								字节地址
		D_7	D_6	D_5	D_4	D_3	D_2	D_1	D_0	
B 寄存器	B	F7H	F6H	F5H	F4H	F3H	F2H	F1H	F0H	(F0H)
累加器 A	Acc	E7H	E6H	E6H	E4H	E3H	E2H	E1H	E0H	(E0H)
		Acc.7	Acc.6	Acc.5	Acc.4	Acc.3	Acc.2	Acc.1	Acc.0	
程序状态字寄存器	PSW	D7H	D6H	D5H	D4H	D3H	D2H	D1H	D0H	(D0H)
		Cy	AC	F0	RS1	RS0	OV	F1	P	
		PSW.7	PSW.6	PSW.5	PSW.4	PSW.3	PSW.2	PSW.1	PSW.0	
中断优先级控制寄存器	IP	BFH	BEH	BDH	BCH	BBH	BAH	B9H	B8H	(B8H)
				PS	PT1	PX1	PT0	PX0		
I/O 接口 3	P3	B7H	B6H	B5H	B4H	B3H	B2H	B1H	B0H	(B0H)
		P3.7	P3.6	P3.5	P3.4	P3.3	P3.2	P3.1	P3.0	
中断允许控制寄存器	IE	AFH	AEH	ADH	ACH	ABH	AAH	A9H	A8H	(A8H)
		EA		ES	ET1	EX1	ET0	EX0		
I/O 接口 2	P2	A7H	A6H	A5H	A4H	A3H	A2H	A1H	A0H	(A0H)
		P2.7	P2.6	P2.5	P2.4	P2.3	P2.2	P2.1	P2.0	
串行数据缓冲器	SBUF									99H
串行控制寄存器	SCON	9FH	9EH	9DH	9CH	9BH	9AH	99H	98H	(98H)
		SM0	SM1	SM2	REN	TB8	RB8	TI	RI	
I/O 接口	P1	97H	96H	95H	94H	93H	92H	91H	90H	(90H)
		P1.7	P1.6	P1.5	P1.4	P1.3	P1.2	P1.1	P1.0	
定时/计数器 1（高字节）	TH1									8DH
定时/计数器 0（高字节）	TH0									8CH
定时/计数器 1（低字节）	TL1									8BH
定时/计数器 0（低字节）	TL0									8AH
定时/计数器方式选择	TMOD	GATE	C/$\overline{T}$	M1	M0	GATE	C/$\overline{T}$	M1	M0	89H
定时/计数器控制寄存器	TCON	8FH	8EH	8DH	8CH	8BH	8AH	89H	88H	(88H)
		TF1	TR1	TF0	TR0	IE1	IT1	IE0	IT0	
电源控制及波特率选择	PCON	SMOD				GF1	GF0	PD	IDL	87H
数据指针（高字节）	DPH									83H
数据指针（低字节）	DPL									82H
堆栈指针	SP									81H
I/O 接口 0	P0	87H	86H	85H	84H	83H	82H	81H	80H	(80H)
		P0.7	P0.6	P0.5	P0.4	P0.3	P0.2	P0.1	P0.0	

除了 21 个特殊功能寄存器，对其他空闲地址的访问或操作都是无意义的，若访问空闲地址，则读入的是随机数（那些空着的单元是为新型单片机预留的，一些新型的单片机因内部功能部件的增加而需要增加不少特殊功能寄存器）。

21 个特殊功能寄存器除了在 2.1.1 节介绍的累加器 A、B 寄存器和程序状态字 PSW，分别还有以下几个。

（1）堆栈指针 SP。堆栈是一个特殊的存储区，用来暂时存放数据和地址。在 51 单片机中它是按后进先出的原则存取数据的。

堆栈指针 SP 是一个 8 位的特殊功能寄存器，用来指示堆栈顶部的位置（SP 寄存器的内容就是堆栈顶部的位置）。系统复位时，SP 初始化为 07H，使堆栈实际上从 08H 开始堆放信息（避开了系统复位后 CPU 默认的工作寄存器 0 区）。MCS-51 单片机的堆栈区是不固定的，原则上可设置在 08H 开始的内部 RAM 的任意区域。实际应用时可根据片内 RAM 的功能区的使用情况灵活设定，为避开工作寄存器 1～3 区和地址区，一般设在 2FH 地址单元以后的区域。

（2）端口 P0～P3。特殊功能寄存器 P0～P3 分别是并行 I/O 接口 P0～P3 的锁存器。在 MCS-51 系列单片机中，可以把 I/O 接口当做一般的特殊功能寄存器用，不再专设端口操作指令，均统一采用 MOV 指令，使用方便。

（3）串行数据缓冲器 SBUF。串行数据缓冲器 SBUF 用于存放待发送或已接收到的数据，虽然只有一个地址，但实际上是由两个独立的寄存器组成的，一个是发送缓冲器；另一个是接收缓冲器。

（4）定时器/计数器。51 子系列单片机中有 2 个 16 位的定时器/计数器 T0 和 T1，它们各由 2 个独立的 8 位寄存器组成，称为 TH0、TL0、TH1、TL1，可分别对这 4 个寄存器寻址，但不能把 T0 或 T1 当做一个 16 位的寄存器来对待。

（5）数据指针 DPTR。数据指针 DPTR 是由 2 个 8 位的特殊功能寄存器（DPH、DPL）构成的 16 位专用地址指针寄存器，主要用于 CPU 访问片外数据存储器或 I/O 接口时，存放被访问的存储器或 I/O 接口的地址。

另外，还有与中断控制、定时器/计数器控制和串行口控制等有关的 IP、IE、TMOD、TCON、SCON 和 PCON 寄存器，这些将在以后各章节中进行介绍。

2.3　MCS-51 系列单片机并行 I/O 接口

MCS-51 系列单片机有 4 个 8 位并行 I/O 接口 P0～P3，共 32 根 I/O 接线。这 4 个端口既可以并行输入或输出 8 位数据，又可以按位使用（即每一位均可独立作输入或输出用）。这些并行口的每 1 位都由口锁存器、逻辑控制电路、输出驱动电路和输入缓冲器组成。为方便起见，常把 4 个端口和它的锁存器统称为 P0～P3。下面分别介绍各个端口的结构、原理及功能。

2.3.1　P0 口结构及功能

P0 口是一个三态双向口，它既可作为低 8 位地址/8 位数据分时复用口，也可作为通用 I/O 接口用。

1．P0 口的结构

P0 口有 8 位，每 1 位由一个锁存器、两个三态输入缓冲器、控制电路和驱动电路组成，其 1 位电路结构如图 2-5 所示，P0 口由 8 个这样的电路组成。锁存器起输出锁存作用，P0 口的 8 个锁存器构成了特殊功能寄存器 P0；场效应管（FET）T1、T2 组成输出驱动器，以增大带负载能力，其工作状态受输出控制电路控制；三态门 1 是引脚输入缓冲器，三态门 2 是用于读锁存器端口；输出控制电路由 1 个与门电路、1 个反相器和模拟转换开关（MUX）构成。

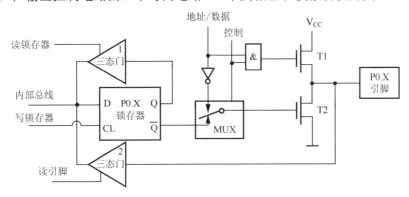

图 2-5　P0 口 1 位电路结构图

2．P0 口的功能

1）P0 口作通用 I/O 接口

当 P0 口作通用 I/O 接口使用，在 CPU 向端口输出数据时，对应的控制信号为 0，转换开关把输出电路与口锁存器接通，同时因为与门输出为 0，使 T1 截止。此时，输出级是漏极开路电路。

P0 口作为通用 I/O 接口使用时要注意以下几点：

（1）当输出数据时，由于 T1 截止，输出级是漏极开路电路，要使"1"信号正常输出，必须外接上拉电阻。

（2）P0 口作为通用 I/O 接口使用时是准双向口。其特点是在输入数据时，必须先把口锁存器置"1"（写 1），使输出级的两个场效应管 T1、T2 均截止，引脚处于悬浮状态，才可作高阻输入。否则会因为 T2 导通使端口始终被钳位在低电平，导致输入高电平无法读入。

由于在输入数据时，要人为地先向口锁存器写"1"，所以说，P0 口作为通用 I/O 接口使用时是准双向口。但在 P0 口作地址/数据分时复用功能连接外部存储器时，由于访问外部存储器期间，CPU 会自动向 P0 口的锁存器写入 0FFH 对用户而言，此时 P0 口则是真正的三态双向口。

（3）执行"读-修改-写"指令时，例如执行与、或、异或、求反等运算时，读入的是口锁存器的状态，而不是引脚的状态。

2）P0 口作分时复用的地址/数据总线

MCS-51 单片机没有单独的地址/数据总线。当做外部扩展时，P0 口作为低 8 位地址/8 位数据分时复用的总线口，高 8 位地址由 P2 口负责传送。

当 P0 口作为地址/数据分时复用总线时，可分为两种情况。

（1）从 P0 口输出地址或数据。在访问片外存储器而需从 P0 口输出地址或数据信号时，控制信号应为高电平"1"，是转换开关 MUX 接反相器的输出端，使反相器的输出端与 T2 接通，同时把与门打开。当地址/数据为"1"时，T1 导通，T2 截止，输出为"1"；当地址/数据为"0"时，此时 T1 截止，T2 导通，输出为"0"，从而完成了地址/数据信号的正确传送。

（2）从 P0 口输入数据。输入数据直接通过 2 号三态缓冲器进入内部总线，无须先对锁存器写"1"，此工作由 CPU 自动完成。是一个真正的双向端口。

2.3.2　P1 口结构及功能

P1 口是一个 8 位准双向 I/O 接口，其 1 位的内部电路结构如图 2-6 所示。它在结构上与 P0 口的区别在于：没有模拟转换开关（MUX）和输出控制电路。

输出驱动部分由场效应管 T2 与内部上拉电阻组成，因此当其某位输出高电平时，可以提供拉电流负载，不必像 P0 口那样需外接上拉电阻。

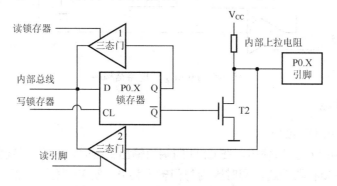

图 2-6　P1 口 1 位的内部电路结构图

当 P1 口用做输入时，和 P0 口一样，必须先向对应的口锁存器写入"1"，然后读口引脚。由于片内负载电阻较大（约 20～40kΩ），所以不会对输入的数据产生影响。

MCS-51 子系列 P1 口只有通用 I/O 接口一种功能，每 1 位口线能独立地用做输入或输出口。

2.3.3　P2 口结构及功能

1. P2 口的结构

P2 口也是准双向口，其中 1 位的内部结构如图 2-7 所示。图中输出端的上拉电阻结构与 P1 口相同，但由于 P2 具有通用 I/O 接口或高 8 位地址总线输出两种功能，因此，其每位的输出驱动结构比 P1 口的每位输出驱动结构多了一个模拟转换开关。

2．P2 口的功能

当 P2 口作为准双向通用 I/O 接口用时，控制信号使转换开关 MUX 接向左侧，将锁存器的输出 Q 端经反相器与 T2 接通，其工作原理与 P1 口相同。

当单片机系统外部扩展时（如系统扩展外部存储器大于 256 字节，在 257～64KB 字节间），在 CPU 的控制下，转换开关 MUX 与内部地址线相接。此时 P2 口可用于输出高 8 位地址线，与 P0 口传送的低 8 位地址一起组成 16 位地址总线。由于访问外部存储器的操作是连续不断的，P2 口要不断地输出高 8 位地址，故此时 P2 口不可能再作通用 I/O 接口使用。

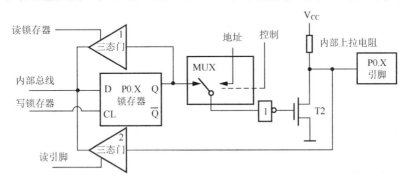

图 2-7　P2 口 1 位的内部结构

2.3.4　P3 口结构及功能

1．P3 口的结构

P3 口是一个具有双重功能的 8 位准双向口，其中 1 位的内部结构如图 2-8 所示。P3 口比 P1 口在结构上多了 1 个缓冲器和 1 个与非门，用于第二功能的输入/输出。

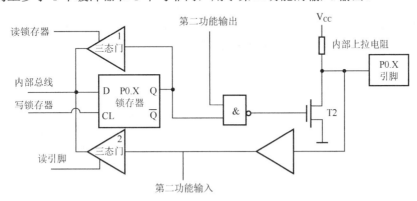

图 2-8　P3 口 1 位的内部结构

2．P3 口的功能

P3 口是一个多功能的端口，当 P3 口作为通用 I/O 接口时，第二功能输出线为高电平，使与非门的输出取决于口锁存器的状态。此时，P3 口是一个准双向口，其工作方式与 P1、P2 口相同。

P3 口除了作通用 I/O 接口使用，它的每一位还具有第二功能，各功能详见表 2-1。当 P3

口的某 1 位用于第二功能输出时，该位的锁存器应置"1"，打开与非门，第二功能端内容通过与非门和 T2 送至端口引脚。当做第二功能输入时，端口引脚的第二功能信号通过第一个缓冲器送到第二功能的输入端。

单片机复位时，P0～P3 口锁存器的输出端均为高电平。

2.4 MCS-51 系列单片机的时钟电路与时序

单片机本身就是一个复杂的同步时序电路，为了确保同步工作方式的执行，电路应在唯一的时钟信号的控制下严格地按时序进行工作。

2.4.1 时钟电路

MCS-51 系列单片机内部有 1 个用于构成振荡器的高增益反相放大器，引脚 XTAL1 和 XTAL2 分别是此放大器的输入和输出端。在 XTAL1 和 XTAL2 两端跨接晶体就构成了稳定的自激振荡器，其发出的脉冲直接送入内部的时钟电路中。

1. 内部方式时钟电路

图 2-9 为 MCS-51 系列单片机的振荡电路，XTAL1 端和 XTAL2 端将晶振、电容 C1 和 C2 与内部的反相放大器连接起来组成并联谐振电路，图中 C1、C2 取 31pF，对频率有微调作用，振荡频率范围在 2～12MHz，一般常用 6MHz 或 12MHz。

2. 外部方式时钟电路

MCS-51 系列单片机也可采用外接振荡器，对于 HMOS 单片机，外部振荡器的信号接至 XTAL2 端，即内部时钟发生器的输入端，而内部反相放大器的输入端 XTAL1 端应接地，如图 2-10 所示。由于 XTAL2 端的逻辑电平不是 TTL 的，故建议外接 1 个上拉电阻；而对于 CHMOS 单片机，XTAL2 端悬空，XTAL1 端接外振荡器输入（带上拉电阻）。

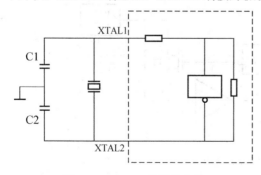

图 2-9 MCS-51 的振荡电路

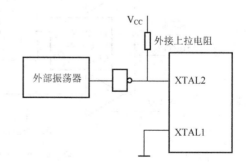

图 2-10 MCS-51 的外部时钟源的接法

2.4.2 CPU 时序

CPU 在执行指令时，各控制信号在时间顺序上的关系称为时序。MCS-51 单片机的时序由四种周期构成。

（1）振荡周期（用 T 表示）：晶体振荡器直接产生的振荡信号的周期。

（2）时钟周期（状态周期，用 S 表示）：一个时钟周期等于两个振荡周期，换句话说就是对振荡频率进行 2 分频的振荡信号。一个时钟周期 S 分为 P1 和 P2 两个节拍：在时钟周期的前半周期 P1 节拍有效时，通常完成算术逻辑运算；在后半周期 P2 节拍有效时，一般完成内部寄存器间数据的传送。

（3）机器周期（用 MC 表示）：完成一个基本操作所需的时间称为机器周期。一个机器周期由 6 个时钟周期（分别用 S1～S6 来表示）即 12 个振荡周期（分别用 S1P1，S1P2，S2P1，S2P2，S3P1，…，S6P2）组成。

（4）指令周期（用 IC 表示）：执行一条指令所需的全部时间称为指令周期。MCS-51 单片机的指令周期一般需要 1、2、4 个机器周期。

【例 2-1】　已知晶振频率分别为 6MHz、12MHz，试计算出它们的机器周期和指令周期。

解：①当晶振频率为 6MHz 时：

$$振荡周期=1/振荡频率=1/6（\mu s）$$
$$时钟周期=2×振荡周期=2/6（\mu s）$$
$$机器周期=6×时钟周期=2（\mu s）$$
$$指令周期=（1～4）×机器周期=2～8（\mu s）$$

② 当晶振频率为 12MHz 时：

$$振荡周期=1/振荡频率=1/12（\mu s）$$
$$时钟周期=2×振荡周期=2/12（\mu s）$$
$$机器周期=6×时钟周期=1（\mu s）$$
$$指令周期=（1～4）×机器周期=1～4（\mu s）$$

由此可见，单片机在晶振频率为 12MHz 时，执行一条指令最多需要 1～4（μs）。

图 2-11 列举了几种指令的取指令时序，由于用户看不到内部时序信号，所以我们可以通过观察 XTAL2 和 ALE 引脚的信号，分析 CPU 取指令时序。通常在 1 个机器周期中，ALE 两次有效（出现两次高电平），第 1 次出现在 S1P2 和 S2P1 期间，第 2 次出现在 S4P2 和 S5P1 期间。

在图 2-11 中分别给出了单字节单周期、双字节单周期和单字节双周期的时序。

单周期指令的执行始于 S1P2，这时操作码被锁存到指令寄存器内。若是双字节，则在同一机器周期的 S4 读第二个字节。若是单字节指令，则在 S4 仍有读操作，但被读入的字节无效，且程序计数器 PC 不加 1 计数。

双机器周期指令的时序则是在 2 个机器周期内进行 4 次读操作码操作，若是单字节的双周期指令，后 3 次读操作都是无效的。

在图 2-11 中的最后一个时序是访问片外数据存储器指令"MOVX　A　@DPTR"的时序，它是一条单字节双周期指令。在第一个机器周期 S5 开始送出片外 RAM 地址后，进行读/写数据，读/写期间在 ALE 端不输出有效信号，因此在第二机器周期（即外部 RAM 已被寻址和选通后），不产生取指令操作。

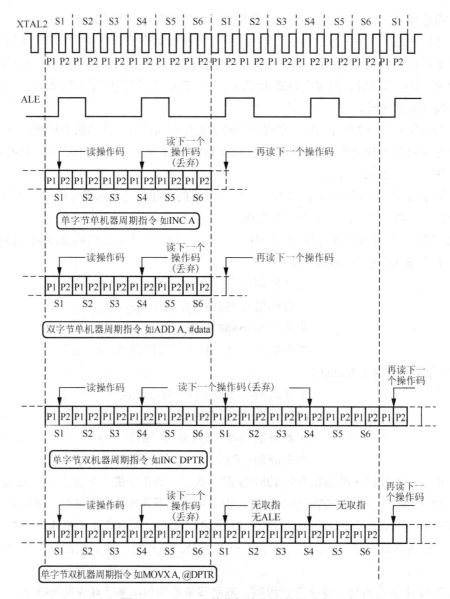

图 2-11 MCS-51 单片机的取指/执行时序

2.4.3 MCS-51 系列单片机的复位电路

系统开始运行和重新启动靠复位电路来实现，复位使 CPU 和其他部件处于一个确定的初始状态，从这个状态开始工作。

MCS-51 系列单片机有一个复位引脚 RST，高电平有效。复位的条件是，在时钟电路工作以后，当外部电路在 RST 引脚施加持续 2 个机器周期（即 24 个振荡周期）以上的高电平，使系统内部复位。

单片机的复位电路有两种：上电自动复位和按钮手动复位。上电自动复位电路如图 2-12 所示。

上电自动复位电路是利用电容充电来实现的，由于电容的惰性，在上电瞬间，RST 引脚的电位与 V_{CC} 相同，随着电容上充电电压的增加（或充电电流的减少），RST 引脚的电位逐渐下降。上电自动复位所需的最短时间是振荡周期建立时间加上 2 个机器周期时间，在这个时间内，RST 端的电位应维持高电平。一般只要保持正脉冲的宽度为 10ms，就可使单片机可靠复位。该电路典型的电阻电容参数为晶振为 12MHz 时，C 值为 10μF，R 值为 8.2kΩ；晶振为 6MHz 时，C 值为 22μF，R 值为 1kΩ。

图 2-13 所示电路为上电及按键复位电路。一般单片机复位电路都将上电自动复位和按键手动复位设计在一起。

图 2-13 中，若按键没有按下，则工作原理与图 2-12 相同，为上电自动复位电路。在单片机运行期间，利用按键也可以完成复位操作。晶振为 6MHz 时，R1 值为 200Ω。

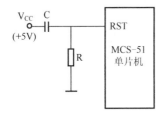

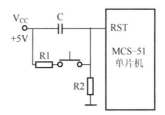

图 2-12　上电自动复位电路　　　　图 2-13　上电及按键复位电路

单片机的复位操作使单片机进入初始化状态。复位后，程序计数器 PC=0000H，因此，程序从 0000H 地址单元开始执行。运行中的复位操作不会改变片内 RAM 的内容。

复位后各特殊功能寄存器的初始状态见表 2-7。注意表中几个特殊的初始值所含的意义：

P0～P3=FFH，表明复位后各并行 I/O 接口的锁存器已写入"1"，此时不但可用于输出，也可以用于输入。

PSW=00H，表明当前 CPU 的工作寄存器选为 0 组。

SP=07H，表明堆栈指针指向片内 RAM 的 07H 单元（即第一个被压入的内容将写入到 08H 单元）。因为复位后工作寄存器选为 0 组（地址为 00H～07H），所以堆栈只能选在 07H 以上的地址。

IP、IE、PCON 的有效位均为 0，分别表明各中断源处于低优先级、各中断均被关断、串行通信的波特率不加倍。

表 2-7　复位后各特殊功能寄存器的初始状态

特殊功能寄存器	内容初始状态	特殊功能寄存器	内容初始状态	特殊功能寄存器	内容初始状态
B	00H	SBUF	不定	TMOD	00H
A	00H	SCON	00H	TCON	00H
PSW	00H	TL1	00H	PCON	00H
IP	XXX00000B	TL0	00H	DPL	00H
P0，P1，P2，P3	FFH	TH1	00H	DPH	00H
IE	0XX00000B	TH0	00H	SP	07H

2.4.4　MCS-51 系列单片机的掉电和节电方式

1. HMOS 工艺单片机掉电保护方式

HMOS 工艺单片机（如 8051）本身运行功耗较大，且没有设置低功耗运行方式。在系统运行过程中，如果发生掉电故障或人为地迫使电源掉电，将会使系统数据丢失。因此，MCS-51 单片机设有掉电保护措施，当系统检测到电源电压下降到一定值时，就认为电源出现故障，单片机将进行"先把有用数据转存，然后启动备用电源维持供电"的掉电保护处理。备用电源接在 RST/V$_{PD}$ 端。

具体的处理过程：在单片机系统中设置一个电压检测电路，当检测到掉电发生时，就通过 $\overline{\text{INT0}}$ 或 $\overline{\text{INT1}}$ 向 CPU 发出中断请求，并在主电源掉至下限工作电压之前，通过中断服务程序把一些重要数据转存到片内 RAM 中（因为单片机电源端都接有滤波电容，掉电后电容储存的电能能维持几个毫秒的有效电压，足以完成一次掉电中断操作），然后由备用电源只为 RAM 供电。

掉电方式下系统的工作特点是，片内振荡器停止工作，从而使系统的所有部件都停止工作；保持 RAM 和特殊功能寄存器的原有数据不变；ALE 和 $\overline{\text{PSEN}}$ 的输出为低电平；单片机的功耗降到最小。当主电源恢复时，备用电源保持一定的时间（约 10ms），以保证振荡器启动并达到稳定输出，使系统完全复位。

2. CHMOS 工艺单片机的低功耗方式

对 CHMOS 工艺制造的 MCS-51 芯片（如 80C51）有两种低功耗节电运行方式，即待机（休闲）方式和掉电保护方式。其工作电源和备用电源加在同一引脚 V$_{CC}$ 上，正常时电流为 11～20mA，待机时为 1.7～5mA，掉电时为 5～50μA。待机方式和掉电保护方式都是由特殊功能寄存器 PCON 的有关位来控制的。PCON 寄存器的格式如图 2-14 所示。

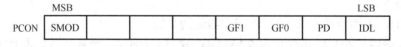

PCON	SMOD				GF1	GF0	PD	IDL

图 2-14　电源控制寄存器 PCON 的格式

其中，

SMOD：波特率倍增位（在串行通信中使用）。

GF1、GF0：通用标志位。

PD：掉电方式控制位。

PD=1：进入掉电工作方式。

IDL：待机（休闲）方式控制位。

IDL=1：进入待机工作方式。

注意：PCON 字节地址 87H，不能位寻址。读/写时，只能整体字节操作，不能按位操作。

1）待机（休闲）方式

只要通过指令使 PCON 中 IDL 位置"1"，则单片机进入待机方式。在待机状态下，振荡器仍然工作，并向中断逻辑、串行口和定时器/计数器提供时钟，但向 CPU 提供时钟的电路被切断，因此 CPU 不工作；程序计数器 PC、特殊功能寄存器和片内 RAM 状态保持不变；I/O 引脚端口值保持原逻辑值；ALE 保持逻辑高电平。

待机方式的退出有两种方法：一是激活任何一种被允许的中断，但中断发生时，由硬件对 PCON.0（IDL）位清零，结束待机方式；二是用硬件复位的方法结束待机方式。

2）掉电方式

用 1 条指令使 PCON 中 PD 位置"1"，单片机就可进入掉电工作方式。在该方式下，片内振荡器停止工作，随着时钟的停止，所有的功能全部停止，只有片内 RAM 及特殊功能寄存器仍保持不变。端口的输出值由各自端口锁存器保存。ALE 和 $\overline{PSEN}$ 的输出为低电平。

在掉电方式时，电源电压 Vcc 可以降低至 2V，耗电仅 50μA，以最小的耗电保存片内 RAM 的信息。

退出掉电方式的唯一方法是硬件复位。复位操作将重新确定所有特殊功能寄存器的内容，但不改变片内 RAM 的内容。

这种低功耗、低电压的单片机能用电池供电，对野外作业等节能领域中的应用具有特殊的意义。

本 章 小 结

MCS-51 系列单片机是将 CPU、存储器（由 RAM 构成数据存储器，ROM 构成程序存储器）、P0～P3 组成的 I/O 并行接口、定时器/计数器、中断系统等集成在一块芯片上构成的。

MCS-51 系列单片机的存储器在物理上设计成程序存储器和数据存储器两个独立的存储空间。8051 单片机片内有 4KB 的程序存储器容量，片内程序存储器容量不够时可外扩，程序存储器容量内、外容量相加最多为 64KB。数据存储器外扩最多 64KB，片内有 128 字节的内RAM，其中低 32 个字节用做工作寄存器（工作寄存器 0 组～3 组）。20H～2FH 共 16 个字节是位寻址区，开辟了 128 个位地址（00H～7FH），其余的是 80 个字节单元的通用数据缓冲区。片内有 21 个特殊功能寄存器离散地分布在 80H～FFH 的 128 个地址空间中。

8051 单片机有 4 个 8 位的并行 I/O 端口 P0～P3，各端口均有端口锁存器。在无外扩和第二功能的情况下，均可作为通用的数据 I/O 端口用，并且均为准双向口，即在作输入口使用时，要先使端口锁存器置"1"。在有外扩时，P0 口作为分时复用的低 8 位地址线/数据线，P2 口作为高 8 位地址线。P3 口的每一位都有第二功能，只有 P1 口是单纯的通用的数据 I/O 口。

复位后，PC 内容为 0000H；P0～P3 内容为 FFH；SP 内容为 07H；SBUF 内容不定；IP、IE 和 PCON 的有效位为 0；其余特殊功能寄存器的状态均为 00H。

习　题　2

2-1　填空题

1．MCS-51 单片机中 P3 端口的第 5 位（P3.5）的位地址是（　　　）。

2．堆栈指针 SP 的字节地址是（　　　），MCS-51 单片机复位后，堆栈指针 SP 的值为（　　　）。

3．MCS-51 系列单片机的一个机器周期包含（　　　）个时钟周期。

4．MCS-51 单片机复位后，PC 的内容是（　　　），CPU 使用的当前工作寄存器是第（　　　）组，此时 R0～R7 对应的地址范围是（　　　）～（　　　）。

5．设（PSW）=88，则 Cy=（　　　），P =（　　　）。选择的是第（　　　）组通用寄存器，该组寄存器在片内 RAM 中的地址为（　　　）。

6．单片机的特殊功能寄存器只能采用（　　　）寻址方式。

7．如果 8051 单片机采用 6MHz 的晶振，那么该系统一个机器周期为（　　）微秒（μs），一个状态周期为（　　）微秒（μs）。

8．8051 单片机采用 12MHz 的晶振频率，设无外扩存储器，单片机运行时 ALE 引脚输出的正脉冲的频率是（　　）MHz。

2-2　选择题

1．若 RS0=0，RS1=0，则当前使用的工作寄存器组为（　　）。

    A．第 0 组　　　　　　B．第 1 组　　　　　　C．第 2 组　　　　　　D．第 3 组

2．若 Fosc=12MHz，则 8051 的机器周期为（　　）。

    A．0.5μs　　　　　　B．1μs　　　　　　C．2μs　　　　　　D．4μs

3．堆栈遵循的原则是（　　）。

    A．先进先出，后进先出　　　　　　　　B．先进后出，后进先出

    C．先进先出，后进后出　　　　　　　　D．先进后出，后进先出

4．8051 有（　　）个可编程的 16 位定时/计数器。

    A．1　　　　　　B．2　　　　　　C．3　　　　　　D．4

5．MCS-51 单片机中不是准双向 I/O 接口的是（　　）。

    A．P0　　　　　　B．P1　　　　　　C．P2　　　　　　D．P3

6．在 MCS-51 系统中扩展一片 2732 需要（　　）根地址线。

    A．10　　　　　　B．11　　　　　　C．12　　　　　　D．13

7．8051 单片机有（　　）个中断源。

    A．3　　　　　　B．4　　　　　　C．5　　　　　　D．6

8．片内 RAM 的 20H～2FH 为位寻址区，所包含的位地址是（　　）。

    A．00H～20H　　　B．00H～7FH　　　C．20H～2FH　　　D．00H～FFH

10．8051 单片机复位后的 P0～P3 的值为（　　）。

    A．00H　　　　　　B．0FH　　　　　　C．F0H　　　　　　D．FFH

2-3　简答题

1．简述在 MCS-51 系列单片机中哪些地址单元具有位地址？

2．MCS-51 系列单片机的 P0～P3 口有何使用特点？各自的第二功能是哪些？

3．决定程序执行顺序的寄存器是哪个？它是多少位的寄存器？是不是特殊功能寄存器？

4．MCS-51 系列单片机的 PSW 寄存器各位标志的意义是什么？若 PSW=91H，请问其包含的信息是什么？

5．MCS-51 系列单片机由哪几个功能部件组成？

6．MCS-51 系列单片机的存储器结构有何特点？存储器的空间如何划分？各地址空间的寻址范围是多少？

7．MCS-51 系列单片机的控制总线主要信号有哪些？各信号的作用如何？

8．MCS-51 系列单片机有哪几种低功耗工作模式？简述这几种低功耗工作模式特点及退出该低功耗模式的方法。

9．MCS-51 系列单片机在存储器组织上分为四个物理上相互独立的空间，单片机是如何实现对这四个空间进行访问的？

第3章 MCS-51 系列单片机指令系统和汇编语言程序设计

▶ 学习目标 ◀

计算机要发挥作用，除了硬件设施，还必须配置适当的软件。硬件是计算机的躯体，软件则是计算机的灵魂。硬件主要指内部结构和外部设备，软件主要指各种程序和指令系统，而指令系统是软件的基础。通过本章的学习，了解 MCS-51 型单片机的寻址方式和指令系统，学习使用汇编语言进行程序设计的方法。

3.1 指令系统基本概念

计算机所有指令的集合称为该计算机的指令系统，不同型号的计算机其指令系统是不同的。计算机的指令系统在很大程度上决定了它的能力和使用是否方便灵活。通常，在科学计算中采用高级语言，在实时控制中采用汇编语言。单片机常用于自动控制，通常为实时控制，所以，MCS-51 系列单片机常常会使用汇编语言。

3.1.1 指令基本格式

指令的表示方法称为指令格式，其内容包括指令的长度和指令内部信息的安排等。MCS-51 汇编语言指令格式与其他微机的指令格式一样，均由以下几个部分组成：

> [标号:]操作码　[(目的操作数),(源操作数)]　[;注释]

标号：为该指令的符号地址，可根据需要设置。

操作码：是由助记符表示的字符串，它规定了指令的操作功能。

操作数：是指参加操作的数据或数据地址。

注释：是为该指令作的说明，以便于阅读，可有可无，它必须以 ";" 开始。

MCS-51 指令系统中，操作数可以为 1、2、3 个，也可以没有，例如 NOP 指令。不同功能的指令，操作数的作用不同。例如，传送类指令大多有两个操作数，写在左边的称为目的操作数，用于表示操作结果存放单元的地址，写在右面的称为源操作数，用于指出操作数的来源。

标号与操作码间用冒号"："分隔开，操作码与操作数之间必须用空格分隔，操作数与操作数之间必须用逗号","分隔。带方括号项可有可无，称为可选择项。操作码是指令的核心，不可缺少。

用机器语言表示的指令格式以 8 位二进制数（字节）为基数，有单字节、双字节和三字节指令，其格式如下：

单字节： 操作码

双字节： 操作码 数据或寻址方式

三字节： 操作码 数据或寻址方式 数据或寻址方式

3.1.2 指令分类

MCS-51 单片机指令系统共有指令 111 条，分为以下 5 类。

（1）数据传送类指令 29 条。分为片内 RAM，片外 RAM、ROM 的传送指令，堆栈操作及数据交换指令。

（2）算术运算类指令 24 条。分为加、减、乘、除、加 1、减 1 及十进制调整指令。

（3）逻辑运算类指令 24 条。分为逻辑"与"、"或"、"异或"、"非"及移位指令。

（4）位操作类指令 12 条。分为位传送、置位、清零及位逻辑指令。

（5）控制转移类指令 22 条。分为无条件转移、条件转移、比较转移、循环转移及子程序调用和返回指令。

3.1.3 指令描述符号介绍

在具体介绍指令之前，下面对描述指令的一些符号意义作一简单的介绍。

（1）Ri：工作寄存器 0 和工作寄存器 1，$i=0$，1。

（2）Rn：工作寄存器 R0～R7。

（3）@Ri：寄存器 Ri 间接寻址和 8 位片内 RAM 单元 0～255。

（4）direct：直接数据单元地址，8 位，它可以是内 RAM 单元 00H～7FH 及 SFR 的 80H～FFH。

（5）#data：立即地址，8 位常数。

（6）#data16：16 位立即数。

（7）addr16：16 位目标地址。用于 LCALL 和 LJMP 指令，能调用或转移到 64KB 程序存储器地址空间的任何地方。

（8）addr11：11 位目标地址。用于 ACALL 和 AJMP 指令，可在下条指令所在的 2K 字节页面内调用或转移。

（9）rel：带符号的 8 位偏移地址，用于 SJMP 和所有的条件转移指令。其范围是相对于下一条指令第 1 字节地址的-128～+127 个字节。

（10）DPTR：数据指针，可用做 16 位的地址寄存器。

（11）bit：位地址。片内 RAM 中的可寻址位及 SFR 中的可寻址位。

（12）A：累加器 Acc。

（13）B：通用寄存器，用于 MUL 和 DIV 指令中。

（14）Cy：进位标志位或布尔处理器中的累加器。

（15）@：间接寄存器或基址寄存器的前缀，如@Ri，@A+PC，@A+DPTR。

3.2　MCS-51 系列单片机的寻址方式

寻址就是寻找操作数的地址。绝大多数指令执行时都需要使用操作数，这就存在着到哪里去取操作数的问题。因为在计算机中只要给出单元地址，就能得到所需要的操作数，因此寻址，其实质就是如何确定操作数的单元地址问题。MCS-51 单片机共有 7 种寻址方式，即立即寻址、直接寻址、寄存器寻址、寄存器间接寻址、变址寻址（基址寄存器加变址寄存器间接寻址）、相对寻址、位寻址。

1．立即寻址

立即寻址是指指令中直接给出操作数的寻址方式。指令中的操作数也称立即数，其标志为前面加"#"。

例：

```
MOV  A,#30H;将立即数 30H 传送至 A 中
```

2．直接寻址

直接寻址是指指令中直接给出操作数地址的寻址方式。在 MCS-51 系统中，直接寻址方式可以访问内部 RAM 的 128 个单元及所有的特殊功能寄存器。

例：

```
MOV  3AH,A;将 A 中的内容传送至片内 RAM 3AH 单元中,如图 3-1 所示
```

若要把特殊功能寄存器 TH0（定时器 0 的高 8 位寄存器）内容送至累加器 A，则可用两种方式表示：

```
MOV  A,TH0
或  MOV  A,8CH
```

这里 8CH 是 TH0 寄存器的 RAM 地址。这两种表示的作用是等价的，译成机器码也是相同的。一般编程者都愿意写成第一种形式。

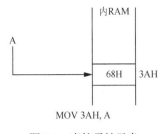

图 3-1　直接寻址示意

3．寄存器寻址

寄存器寻址是对选定的工作寄存器 R0～R7，累加器 Acc，通用寄存器 B，数据指针 DPTR 和进位位 Cy 中的数进行操作的寻址方式。这种寻址方式中被寻址的寄存器中的内容就是操作数。

例：

```
MOV  A,R3; 将 R3 中的内容传送至 A 中
INC  A  ; 将 A 中的内容加 1 送回 A
```

4．寄存器间接寻址

寄存器间接寻址是将指令中指定寄存器的内容作为操作数的地址，再从此地址找到操作数的寻址方式。在 MCS-51 单片机的指令系统中，可作为寄存器间接寻址的寄存器有 R0、R1、堆栈指针 SP 和数据指针 DPTR。在指令助记符中，间接寻址用符号"@"来表示。寄存器间接寻址示意图如图 3-2 所示。

当访问片内 RAM 或片外低 256B 空间时，可用 R0 或 R1 作为间址寄存器。

当访问片外 RAM 64KB 空间时，可用 DPTR 作为间址寄存器。

当执行 PUSH 或 POP 指令时，可用 SP 作为间址寄存器。

例：

```
MOV   A,@R0       ;将 R0 内容作为地址，所指单元中的内容传送到 A 中
MOVX  @DPTR,A     ;将 A 中内容传送到外 RAM DPTR 所指的单元中
```

5．变址寻址

变址寻址是将指令中指定的变址寄存器和基址寄存器的内容相加形成操作数地址的寻址方式。在这种寻址方式中，累加器 A 作为变址寄存器，程序计数器 PC 或数据指针 DPTR 作为基址寄存器。这种方式常用于查表操作。

例：

```
MOVC  A,@A+DPTR    ;将 A 的内容与 DPTR 内容相加得到一个新地址，通过
                  ;该地址取得操作数送入 A 中,如图 3-3 所示
```

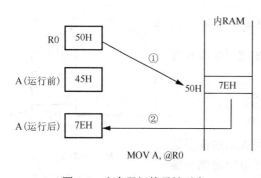

图 3-2 寄存器间接寻址示意

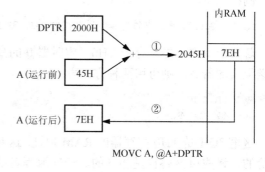

图 3-3 变址寻址示意

6．相对寻址

相对寻址是将当前的 PC 值加上指令中给出的相对偏移量 rel 形成程序转移的目的地址，这种寻址方式称为相对寻址。相对偏移量是一个带符号的 8 位二进制数，用补码表示，其范围为 -128～+127。这种寻址方式一般用于相对跳转指令。

例：

```
SJMP 08H;相对当前 PC 值进行偏移量为 08H 的短跳转,如图 3-4 所示
```

设该指令存放于 2000H 起始的单元，因该指令为双字节指令，所以 PC 当前值为 2000H+2=2002H，再加上偏移量 08H，即转移目标地址为 2002+08H=200AH，所以这条指令执行后，程序就跳转至 200AH 去执行了。

7. 位寻址

位寻址是对内部 RAM 和特殊功能寄存器的可位寻址位的内容进行操作的寻址方式。这种寻址方式与直接寻址方式的形式和执行过程基本相同，但参与操作的数据是 1 位而不是 8 位，使用时需注意。位寻址示意图如图 3-5 所示。

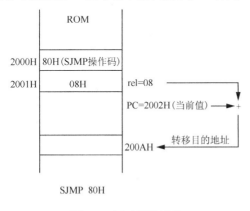

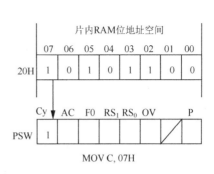

图 3-4　相对寻址示意　　　　　图 3-5　位寻址示意

例：

```
MOV  20H,C; 将进位位 Cy 的内容传送至 20H 位地址所指示的位中
MOV  20H,A; 将 A 中内容送至内 RAM 20H 单元中
```

上例 MOV　20H，C 中的 20H 为位地址，而 MOV　20H，A 中的 20H 是字节地址。寻址方式与相应的存储器空间见表 3-1。

表 3-1　寻址方式与相应的存储器空间

寻址方式	存储器空间
立即寻址	程序存储器 ROM
直接寻址	片内 RAM 低 128 字节、专用寄存器 SFR 和片内 RAM 可位寻址的单元 20H～2FH
寄存器寻址	工作寄存器 R0～R7，A，B，Cy，DPTR，A，B
寄存器间接寻址	片内 RAM 低 128 字节（@R0、@R1、SP），片外 RAM（@R0、@R1、@DPTR）
变址寻址	程序存储器（@A+PC，@A+DPTR）
相对寻址	程序存储器 256 字节范围（PC+偏移量）
位寻址	片内 RAM 的 20H～2FH 字节地址中的所有位和 SFR 中字节地址能被 8 整除单元的位

3.3　MCS-51 系列单片机的指令系统

计算机的指令系统是一套控制计算机操作的编码，称为机器代码（或机器语言），计算机只能识别和执行机器语言的指令。为了方便人们的理解、记忆和使用，常用助记符来描述计算机的指令系统（即汇编语言指令）。

3.3.1 数据传送类指令

MCS-51 指令系统中，各类数据传送指令共有 29 条，是运用最频繁的一类指令。

1. 内 RAM 间数据传送

这类数据传送类指令的指令格式为

```
MOV [目的字节],[源字节]
```

指令功能是，将源字节的内容传送到目的字节，源字节的内容不变。这类指令一般不影响标志位。但当执行结果改变累加器 A 的值时，会影响奇偶标志。

1）以累加器 A 为目的字节的传送指令（4 条）

```
MOV  A,Rn        ;A←Rn
MOV  A,direct    ;A←(direct)
MOV  A,@Ri       ;A←(Ri)
MOV  A,#data     ;A←data
```

【例 3-1】 指出下列各条指令的含义。

```
① MOV  A,R0     ;将寄存器 R0 中的数据传送至 A 中,即完成 A←R0。R0 中的内容不变
② MOV  A,30H    ;将直接地址 30H 单元中的数据传送至 A 中,即完成 A←(30H)。若(30H)=
                 37H,则执行指令 MOV A,30H 后,A=37H
③ MOV  A,@R1    ;将 R1 中的数据作为地址,将这个地址中的数据送至累加器 A 中。若 R1=
                 30H,(30H)=18H,则执行指令 MOV A,@R1 后,A=18H
④ MOV  A,#30H   ;将立即数#30H 送至累加器 A 中,即执行该指令后,A=30H
```

2）以 Rn 为目的字节的传送指令（3 条）

```
MOV  Rn,A       ;Rn←A  (n=0~7)
MOV  Rn,direct  ;Rn←(direct)
MOV  Rn,#data   ;Rn←data
```

【例 3-2】 将 A 的内容传送到 R1；30H 单元的内容传送到 R3；立即数 80H 传送到 R7，用如下指令完成。

```
MOV  R1,A      ;将累加器 A 中的数据至 R1 中(R1←A)
MOV  R3,30H    ;将片内 RAM 30H 单元中的数据送至 R3 中。若(30H)=57H,则执行指令 MOV
                R3,30H 后,R3=57H
MOV  R7,#80H   ;将立即数 80H 送至累加器 R7 中,即执行该指令后。R7=80H
```

3）以直接地址为目的字节的传送指令（5 条）

```
MOV  direct1,A        ;(direct1)←A
MOV  direct1,Rn       ;(direct1)←Rn
MOV  direct1,direct2  ;(direct1)←(direct2)
MOV  direct1,@Ri      ;(direct1)←(Ri)
MOV  direct1,#data    ;(direct1)←data
```

注意：直接地址和立即数在指令中均以数据形式出现，但两者含义不同，故在指令助记符中用#作为立即数的前缀，以示区别。

```
MOV  A,4FH          ;内 RAM 的 4FH 单元内容送 A
MOV  A,#4FH         ;立即数#4FH 送 A
MOV  4FH,#4FH       ;立即数#4FH 送内 RAM 4FH 单元
MOV  40H,4FH        ;内 RAM 4FH 单元内容送内 RAM 40H 单元中去
MOV  D0H,@R1        ;R1 内容所指定的内 RAM 单元的内容送 PSW 寄存器,D0H 是
                   ;PSW 的单元地址
```

4）以寄存器间接地址为目的字节的传送指令（3 条）

```
MOV  @Ri,A          ;(Ri)←A
MOV  @Ri,direct     ;(Ri)←(direct)
MOV  @Ri,#data      ;(Ri)←data
```

【例 3-3】　设内 RAM 中(30H)=50H，分析以下程序运行的结果。

```
MOV  60H,#30H       ;(60H)←30H,(60H)=30H
MOV  R0,#60H        ;R0←60H,R0=60H
MOV  A,@R0          ;A←(R0),A=(60H)=30H
MOV  R1,A           ;R1←A,R1=30H
MOV  40H,@R1        ;(40H)←(R1),(40H)=(30H)=50H
MOV  60H,30H        ;(60H)←(30H),(60H)=(30H)=50H
```

程序运行结果：

```
A=30H,R0=60H,R1=30H,(60H)=50H,(40H)=50H,(30H)=50H 内容未变。
```

2. 16 位数据传送指令

```
MOV  DPTR,#data16;DPTR←data16
```

MCS-51 单片机指令系统中仅此一条 16 位数据传送指令，其功能是将 16 位立即数送入 DPTR，其中数据高 8 位送入 DPH 中，低 8 位送入 DPL 中。要注意的是，传送的 16 位为存储单元的地址，可以是外 RAM 的，也可以是 ROM 的。若地址传送到 DPTR 后是用到 MOVC 指令中的，则所传送的一定是 ROM 地址；若用到 MOVX 指令中，则所传送的一定是外 RAM 地址。

3. 外部数据传送指令（4 条）

外部数据传送指令用于 CPU 与外部数据存储器之间的数据传送。对外部数据存储器的访问均采用间接寻址方式。间接寻址寄存器有两类，即 8 位间址寄存器 R0、R1，寻址范围为 256B；16 位间址寄存器 DPTR，寻址范围为 64KB 地址空间。

```
① MOVX  A,@Ri       ;A←(Ri)
② MOVX  A,@DPTR     ;A←(DPTR)
③ MOVX  @Ri,A       ;(Ri)←A
④ MOVX  @DATR,A     ;(DATR)←A
```

前两条指令为外部数据存储器读指令，后两条为外部数据存储器写指令。它们的共同特点是都经过累加器 A，而且在累加器 A 与片外 RAM 进行数据传送时是通过 P0 口和 P2 口进行的，外 RAM 的低 8 位地址由 P0 口送出，高 8 位地址由 P2 口送出，数据总线也通过 P0 口与低 8 位地址总线分时传送。

【例 3-4】 把外 RAM 1000H 单元的内容读入 A 中。

```
MOV   DPTR,#1000H        ;DPTR←1000H
MOVX  A,@DPTR            ;A←(DPTR),即 A=(1000H)
```

例：将外 RAM2010H 单元的数读出写到外 RAM 2020H 单元中。

```
MOV   R2,#20H
MOV   R0,#10H
MOVX  A,@R0
MOV   R1,#20H
MOVX  @R1,A
```

此外，由于 MCS-51 指令系统中没有专门的输入/输出指令，且片外扩展的 I/O 接口与片外 RAM 是统一编址的，所以上面四条指令也可以作为输入/输出指令。

4．查表指令（2 条）

MCS-51 单片机的程序存储器除了存放程序外，还可以存放一些常数，称为表格。MCS-51 单片机指令系统提供了两条访问程序存储器的指令，称为查表指令。

```
① MOVC  A,@A+DPTR       ;A←(A+DPTR)
② MOVC  A,@A+PC         ;A←(A+PC)
```

这两条指令都是一字节指令。前一条指令是采用 DPTR 作为基址寄存器，因此其寻址范围为整个程序存储器的 64KB 空间，表格可以放在程序存储器的任何位置。后一条指令是用 PC 作为基址寄存器，虽然也能提供 16 位地址，但是其基址值是固定的。A+PC 中的 PC 为程序计数器的当前内容，即查表指令的地址加 1。因此，当 PC 为基址寄存器时，查表范围是查表指令后 256 个字节的地址空间。

【例 3-5】 若在外 ROM 2000H 单元开始已存放 0～9 的平方值，要求根据累加器 A 中的值 0～9 来查找对应的平方值。

解：若用 DPTR 作为基址寄存器，可编程如下：

```
MOV   DPTR,#2000H
MOVC  A,@A+DPTR
```

这时，A+DPTR 的值就是所查平方值存放的地址。

若用 PC 作为基址寄存器，则应在 MOVC 指令之前先用一条加法指令进行地址调整。

```
ADD   A,#data
MOVC  A,@A+PC
```

其中，#data 的值要根据 MOVC 指令所在的地址进行调整。设 A' 为原来累加器 A 中的值 0～9，PC 为 MOVC 指令所在的地址，设为 1FF0H，则可以用下面的方法来确定 data 值。

```
PC=PC+1=1FF0H+1=1FF1H
A+PC=A'+data+1FF1H=A'+2000H
data=2000H-1FF1H=0FH
```

因此，程序中的指令应为

```
ADD   A,#0FH
MOVC  A,@A+PC
```

思考：此例中用 MOVC　A,@A+PC 进行查表时，查表指令的存放地址有限制吗？是否可以在何范围内？

5. 堆栈操作指令（2 条）

```
① PUSH  direct    ;SP←SP+1,(SP)←(direct)
② POP   direct    ;(direct)←(SP),SP←SP-1
```

PUSH 为入栈指令，是将其指定的直接寻址单元的内容压入堆栈。具体操作是，先将堆栈指令 SP 的内容加 1，指向堆栈顶的一个空单元，然后将指令指定的直接寻址单元内容送到该空单元中。由于 MCS-51 是向上生长型的堆栈，因此进栈时堆栈指针要先加 1，然后将数据推入堆栈。

POP 为出栈指令，是将当前堆栈指针 SP 所指示的单元内容弹出到指定的内 RAM 单元，然后将 SP 减 1。

注意：在使用堆栈时，SP 的初始值最好重新设定（否则上电或复位后，SP 的值为 07H）。避开工作寄存器区和位寻址区，一般 SP 的值可以设置在 30H 或以上的片内 RAM 单元，但应注意不超出堆栈的深度。MCS-51 型单片机的堆栈规则是"先入后出"。

另外，由于堆栈操作只能以直接寻址方式来取得操作数，因此不能用累加器 A 或工作寄存器 Rn 作为操作数。若要将累加器 A 的内容压入堆栈，则要应用指令 PUSH　Acc，这里 Acc 表示累加器的直接地址 E0H。

【例 3-6】 在中断响应时，SP=07H，DPTR 的内容为 1234H，执行下列指令：

```
PUSH DPH    ;SP←SP+1,SP=08H
            ;(SP)←(DPH),(SP)=(08H)=12H
PUSH DPL    ;SP←SP+1,SP=09H
            ;(SP)←(DPL),(SP)=(09H)=34H
```

执行结果：内 RAM 的(08H)=12H，(09H)=34H，SP=09H，DPTR=1234H。

【例 3-7】 设 SP=32H，内 RAM 的 30H～32H 单元的内容分别为 20H，23H，01H，执行下列指令后 DPTR、SP 名为多少？

解：

```
POP DPH    ;(SP)=(32H)=01H→DPH
           ;SP-1→SP,SP=31H
POP DPL    ;(SP)=(31H)=23H→DPL
           ;SP-1→SP,SP=30H
```

所以

```
DPTR=0123H,SP=30H
```

6. 交换指令（5 条）

（1）字节交换指令。

```
XCH  A,Rn       ;A←→Rn
XCH  A,direct   ;A←→(direct)
XCH  A,@Ri      ;A←→(Ri)
```

指令的功能是，将 A 的内容与源字节中的内容相互交换。

（2）半字节交换指令。

```
XCHD  A,@Ri        ;A3~0←→(Ri)3~0,高4位不变
```

指令的功能是，将 A 中内容的低 4 位和 Ri 所指的片内 RAM 单元中的低 4 位交换，它们的高 4 位均不变。

（3）累加器高低 4 位互换。

```
SWAP  A            ;A7~4←→A3~0
```

指令的功能是，将 A 中内容的高低 4 位互换。

【例 3-8】 设内 RAM 40H，41H 单元中连续存放 4 个 BCD 码数据，试编一程序将这 4 个 BCD 码倒序排列。即

程序如下：

```
MOV   A,41H        ;A=(41H)=a0a1
SWAP  A            ;A7~4←→A3~0,A=a1a0
XCH   A,40H        ;A←→(40H),A=a2a3,(40H)=a1a0
SWAP  A            ;A=a3a2
MOV   41H,A        ;(41H)= a3a2
```

【例 3-9】 若要使内 RAM 30H 单元与 40H 单元的内容互换，如何实现？

解：可分别用三种方法来编程。

方法一：用一般的传送指令。

```
MOV  A,30H
MOV  30H,40H
MOV  40H,A
```

方法二：用堆栈操作指令。

```
PUSH  30H
MOV   30H,40H
POP   40H
```

方法三：用交换类指令。

```
XCH  A,30H
XCH  A,40H
XCH  A,30H
```

可见，一个问题可考虑用多种方法去求解。方法一中，原累加器 A 内的内容会被覆盖，而在方法三中，原累加器 A 交换后仍被还原。

7．数据传送类指令汇总及说明

数据传送类指令共 29 条，情况汇总见表 3-2。

MCS-51 指令系统的数据传送指令种类很多，这为程序中进行数据传送提供了方便。为了更好地使用数据传送指令，作如下说明。

（1）同样的数据传送，可以使用不同寻址方式的指令来实现。例如，要把 A 中的内容送至内 RAM 40H 单元，可由以下不同的指令来完成。

```
a.MOV   40H,A
b.MOV   R0,#40H
  MOV   @R0,A
c.MOV   40H,Acc
d.PUSH  Acc
  POP   40H
```

在实际应用中选用哪种指令，可根据具体情况决定。

（2）数据传送类指令一般不影响程序状态字 PSW。

表 3-2　MCS-51 数据传送类指令表

类　　型	助　记　符		功　　能	机　器　码	字节数	周期数
片内 RAM 传送指令	MOV A,	Rn	A←Rn	11101rrr	1	1
		direct	A←(direct)	E5　direct	2	1
		@Ri	A←(Ri)	1110011I	1	1
		#data	A←data	74　data	2	1
	MOV Rn,	A	Rn←A	11111rrr	1	1
		direct	Rn←(direct)	10101rrr　direct	2	2
		#data	Rn←data	01111rrr　data	2	1
	MOV direct1,	A	(direct1)←A	F5　direct1	2	1
		Rn	(direct1)←Rn	10001rrr　direct1	2	2
		direct2	(direct1)←(direct2)	85　direct1　direct2	3	2
		@Ri	(direct1)←(Ri)	1000011i　direct1	2	2
		#data	(direct1)←data	75　direct1　data	3	2
	MOV @Ri,	A	(Ri)←A	1111011I	1	1
		direct	(Ri)←(direct)	1010011I　direct	2	2
		#data	(Ri)←data	0111011i　data	2	1
片外 RAM 传送指令	MOV　DPTR, #data16		DPTR←data16	90　dataH　dataL	3	2
	MOVX　A, @Ri		A←(Ri)	1110001I	1	1
	MOVX　A, @DPTR		A←(DPTR)	E0	1	2
	MOVX　@Ri, A		(Ri)←A	1111001I	1	2
	MOVX　@DPTR, A		(DPTR)←A	F0	1	2
ROM 传送	MOVC　A, @A+PC		A←(A+PC)	83	1	2
	MOVC　A, @A+DPTR		A←(A+DPTR)	93	1	2
交换指令	XCH　A, Rn		A←→Rn	11001rrr	1	1
	XCH　A, @Ri		A←→(Ri)	1100011I	1	1
	XCH　A, direct		A←→(direct)	C5　direct	2	1
	XCHD　A, @Ri		A3-0←→(Ri)3-0	1101011I	1	1
	SWAP　A		A3-0→A7-4	C4	1	1
堆栈指令	PUSH　direct		SP←SP+1 (SP)←(direct)	C0　direct	2	2
	POP　direct		(direct)←(SP) SP←SP-1	D0　direct	2	2

3.3.2 算术运算类指令

MCS-51 系列单片机的算术运算类指令包括加、减、乘、除、加 1、减 1 等指令。这类指令大都影响标志位。

1．加减法指令

1）加法指令（4 条）

```
ADD  A,Rn        ;A←A+Rn
ADD  A,direct    ;A←A+(direct)
ADD  A,@Ri       ;A←A+(Ri)
ADD  A,#data     ;A←A+data
```

8 位二进制数加法运算指令的一个加数总是累加器 A，而另一个加数可由不同寻址方式得到，相加结果再送回 A 中。相加过程中若位 3 和位 7 有进位，则将辅助进位标志 AC 和进位标志 Cy 置位，否则清 0。

对于无符号数相加时，若 Cy 置位，说明产生溢出（即大于 255）。对于带符号数相加时，当位 6 或位 7 之中只有一位进位时，溢出标志位 OV 置位，说明产生了溢出（即大于+127 或小于-128）。溢出表达式 $OV=D_{6CY}\oplus D_{7CY}$，其中 D_{6CY} 为位 6 向位 7 的进位状态，D_{7CY} 为位 7 向 Cy 的进位。

【例 3-10】 设 A=0C3H，R0=0AAH，执行指令

```
ADD  A,R0
```

结果为

```
A=6DH
```

标志位为

```
Cy=1,OV=D6CY⊕D7CY=0⊕1=1,AC=0,P=1
```

运算过程为

```
        11000011    (C3H)
    +)  10101010    (AAH)
       101101101
```

2）带进位加法指令（4 条）

```
ADDC  A,Rn       ;A←A+Rn+Cy
ADDC  A,@Ri      ;A←A+(Ri)+Cy
ADDC  A,direct   ;A←A+(direct)+Cy
ADDC  A,#data    ;A←A+data+Cy
```

这 4 条指令的功能是，把源操作数所指示的内容和 A 中的内容及进位位 Cy 相加，结果存入 A 中。运算结果对 PSW 的影响同上述 4 条 ADD 指令。

3）带借位减法指令（4 条）

```
SUBB  A,Rn       ;A←A-Rn-Cy
SUBB  A,direct   ;A←A-(direct)-Cy
```

```
SUBB  A,@Ri     ;A←A-(Ri)-Cy
SUBB  A,#data   ;A←A-data-Cy
```

这 4 条指令的功能是，把 A 中的内容减去源操作数所指示的内容及进位位 Cy，差存入 A 中。

加减法运算对 PSW 中的状态标志位影响情况如下：当加法运算结果的最高位有进位或减法运算的最高位有借位时，进位位 Cy 置位，否则 Cy 清 0；当加法运算时低 4 位向高 4 位有进位，或减法运算时低 4 位向高 4 位有借位时，辅助进位位 AC 置位，否则 AC 清 0；在加减运算过程中，位 6 和位 7 不同时产生进位或借位时，溢出标志位 OV 置位，否则清 0；当运算结果 A 中各位的"1"的个数为奇数时，奇偶校验位 P 置位，否则清 0。

【例 3-11】　设 A=85H，（20H）=6DH，Cy=1，执行指令

```
ADDC  A,20H
```

结果为

```
A=F3H
```

标志位为

```
Cy=0,OV=0,AC=1,P=0
```

运算过程为

```
        10000101
   +)   01101101
               1
        ─────────
        11110011
```

例：设 A=49H，Cy=1，执行指令

```
SUBB  A,#54H
```

结果为

```
A=F4H
```

标志位为

```
Cy=1,OV=0,AC=0,P=1
```

运算过程为

```
        01001001
        01010100
   -)           1
        ─────────
        11110100
```

【例 3-12】　试编写计算 6655H+11FFH 的程序。

解：加数和被加数是 16 位数，需分两步完成计算：首先两数的低 8 位相加，若有进位则保存在 Cy 中；然后是两数的高 8 位带进位相加，计算结果存入 50H，51H 单元中。

```
MOV   A,#55H
ADD   A,#0FFH
MOV   50H,A
MOV   A,#66H
```

```
        ADDC  A,#11H
        MOV   51H,A
```

2. 加 1 减 1 指令

1）加 1 指令（5 条）

```
INC  A              ;A←A+1
INC  Rn             ;Rn←Rn+1
INC  direct         ;(direct)←(direct)+1
INC  @Ri            ;(Ri)←(Ri)+1
INC  DPTR           ;DPTR←DPTR+1
```

加 1 指令的功能是，将指定单元的内容加 1 再送回该单元，这类指令不影响标志位。即使加 1 溢出时也不进位，不影响 Cy。

2）减 1 指令（4 条）

```
DEC  A              ;A←A-1
DEC  Rn             ;Rn←Rn-1
DEC  direct         ;(direct)←(direct)-1
DEC  @Ri            ;(Ri)←(Ri)-1
```

减 1 指令的功能是，将指定单元的内容减 1 再送回该单元，这类指令不影响标志位。

【例 3-13】 两个三字节数相减，设被减数放于 10H 起始的连续三个单元中（低位在前），减数放于 30H 起始的连续三个单元中（低位在前），相减的结果仍放于 10H 起始的单元中，如何编程实现？

解：

```
CLR   C            ;Cy 清 0
MOV   R0,#10H      ;被减数首地址
MOV   R1,#30H      ;减数首地址
MOV   A,@R0
SUBB  A,@R1
MOV   @R0,A
INC   R0
INC   R1
MOV   A,@R0
SUBB  A,@R1
MOV   @R0,A
INC   R0
INC   R1
MOV   A,@R0
SUBB  A,@R1
MOV   @R0,A
```

可以看出有些操作重复，故可简略如下：

```
      CLR   C
      MOV   R0,#10H
      MOV   R1,#30H
      MOV   R2,#03H
LOOP: MOV   A,@R0
      SUBB  A,@R1
```

```
MOV   @R0,A
INC   R0
INC   R1
DJNZ  R2,LOOP
SJMP  $
```

3. BCD 码调整指令

```
DA  A
```

这条指令是在进行 BCD 码加法运算时，用来对 BCD 码的加法运算结果自动进行调整。但对 BCD 码的减法运算不能用此指令来调整（只用于加法，跟在加法指令后面，减法不适用）。

1）调正的原因

在计算机中，十进制数字 0～9 一般可用 BCD 码表示，它是以 4 位二进制编码的形式出现的。在运算过程中，计算机按二进制规则进行运算。但因为对于 4 位二进制数可有 16 种状态，即 0000～1111，运算时逢 16 进位，而对于十进制数只有 10 种状态，即 0000～0101，运算时逢 10 进位。这样，如果十进制 BCD 码按二进制规则运算时，其结果就可能不正确，必须进行调整，以使运算的结果仍恢复为十进制数。

2）调整方法

该指令执行过程如下：

当 $A_{3\sim0}$ 大于 9 或 AC=1 时，则 $A_{3\sim0}+6\rightarrow A_{3\sim0}$。

当 $A_{7\sim4}$ 大于 9 或 Cy=1 时，则 $A_{7\sim4}+6\rightarrow A_{7\sim4}$。

总之，对十进制加法进行加 06H 或 60H 或 66H 的操作。但这个过程是在计算机内部自动进行的，是执行 DA　A 指令的结果。在计算机的 ALU 硬件中设有十进制调整电路，由它完成这些操作。

设 A 的内容为 X Y，Y 为低 4 位，X 为高 4 位。

① 若 Y≥10D。

② 若 Y<10D 但半进位 AC=1。

满足任一条件，则对低 4 位 Y 进行加 6 调整。

① 若 X≥10D。

② 若 Cy=1。

③ 若 X=9，但 Y 经调整加 6 后向 X 有进位。

满足任一条件，则对高 4 位 X 进行加 6 调整。

【例 3-14】 请阅读下列指令，指出单片机是如何完成对 BCD 码的加法运算结果自动进行调整的。

```
MOV  A,#98D
MOV  R0,#89D
ADD  A,R0
DA   A
```

解：第一步：A+R0→A

```
    A=98D=10011000BCD
+）R0=89D=10001001BCD
          100100001
Cy=1,AC=1
```

第二步：因为 AC=1

```
所以加 6 调整低 4 位
      00100001
  +）00000110
      00100111
```

第三步：因为 Cy=1

```
所以加 6 调整高 4 位
      00100111
  +）01100000
      10000111
```

结果为

```
A=87D,Cy=1,即 187D。
```

在进行十进制加法运算时，只需在加法指令后紧跟一条 DA　A 指令即可。

【例 3-15】 试编程计算 7809+4268→R2R3。

解：该题是求两个 BCD 码之和，程序如下：

```
MOV    A,#09
MOV    A,#68
DA     A
MOV    R3,A
MOV    A,#78
ADDC   A,#42
DA     A
MOV    R2,A
```

4．乘除法指令

1）乘法指令（1 条）

```
MUL  AB,BA←A×B
```

这条指令的功能是实现两个 8 位无符号数的乘法操作。两个无符号数分别存放在 A 和 B 中，乘积为 16 位，积的低 8 位存于 A 中，积的高 8 位存于 B 中。若积大于 255，即 B≠0，则 OV 置 1；否则 OV 清 0，而该指令执行后，Cy 总是清 0。

【例 3-16】 设 A=4EH，B=50H，执行指令

```
MUL  AB
```

结果为

```
B=18H,A=60H,OV=1,Cy=0
```

2）除法指令（1 条）

```
DIV  AB   ;A←A/B(商),B←A/B(余数)
DIV  AB   ;Cy←0,OV←0
```

此指令的功能是实现两个 8 位无符号数的除法操作。一般被除数放在 A 中，除数放在 B 中，指令执行后，商放在 A 中，余数放在 B 中。进位位 Cy 和溢出标志位 OV 均清 0。只有当除数为 0 时，A 和 B 的内容为不确定值，此时 OV 位置位，说明除法溢出。

乘法指令和除法指令是 MCS-51 指令系统中执行时间最长的指令，需 4 个机器周期。

【例 3-17】　设 A=11H，B=04H　执行指令

```
DIV  AB
```

结果为

```
A=04H,B=01H,Cy=OV=0
```

【例 3-18】　编程实现 2233H*44H→R7R6R5

解：16 位乘 8 位，须分两步做：先低 8 位乘 8 位乘数，再高 8 位乘 8 位乘数，进行相应的处理。具体程序如下：

```
MOV  A,#33H
MOV  B,#44H
MUL  AB
MOV  R5,A
MOV  R6,B
MOV  A,#22H
MOV  B,#44H
MUL  AB
ADD  A,R6
MOV  R6,A
MOV  A,B
ADDC A,#00H
MOV  R7,A
```

思路：

```
            J  K
         *     L
      ─────────────
         KL高 KL低
      JL高 JL低
      ─────────────
      R7   R6   R5
```

【例 3-19】　试编程把 A 中的二进制数转换为 3 位 BCD 码。百位数放在 20H，十位、个位数放在 21H 中。

解：思路为先对要转换的二进制数除以 100，商数即为百位数，余数部分再除以 10，商数余数分别为十位、个位数，它们在 A、B 的低 4 位，通过 SWAP、ADD 组合成一个压缩的 BCD 数，使十位数放在 $A_{7\sim4}$，个位数放在 $A_{3\sim0}$。编程如下：

```
MOV  B,#100
DIV  AB
MOV  20H,A    ;得到百位数放在 20H
MOV  A,#10
XCH  A,B      ;A、B 互换
DIV  AB       ;得到十位、个位数
SWAP A
ADD  A,B      ;组合成压缩 BCD 码
MOV  21H,A
SJMP $
```

5. 算术运算类指令汇总

算术运算类指令汇总共 24 条，情况汇总于表 3-3

表 3-3　MCS-51 算术运算类指令

类　型	助　记　符		功　能	机器码	对 PSW 的影响	字节数	周期数
不带 Cy 加法	ADD A,	Rn	A←A+Rn	00101rrr	Cy　OV　AC	1	1
		@Ri	A←A+(Ri)	0010011i	Cy　OV　AC	1	1
		Direct	A←A+(direct)	25 direct	Cy　OV　AC	2	1
		#data	A←A+data	24 data	Cy　OV　AC	2	1
带 Cy 加法	ADDC A,	Rn	A←A+Rn+Cy	00111rrr	Cy　OV　AC	1	1
		@Ri	A←A+(Ri)+Cy	0011011i	Cy　OV　AC	1	1
		Direct	A←A+(direct) +Cy	35 direct	Cy　OV　AC	2	1
		#data	A←A+data+Cy	34 data	Cy　OV　AC	2	1
带 Cy 加减	SUBB A,	Rn	A←A−Rn−Cy	10011rrr	Cy　OV　AC	1	1
		@Ri	A←A−(Ri)−Cy	1001011i	Cy　OV　AC	1	1
		Direct	A←A−(direct)−Cy	95 direct	Cy　OV　AC	2	1
		#data	A←A−data−Cy	94 data	Cy　OV　AC	2	1
加 1	INC	A	A←A+1	04	P	1	1
		Rn	Rn←Rn+1	00001rrr	无影响	1	1
		@Ri	(Ri)←(Ri)+1	0000011i	无影响	1	1
		Direct	(direct)←(direct)+1	05 direct	无影响	2	1
		DPTR	DPTR←DPTR+1	A3	无影响	1	2
减 1	DEC	A	A←A−1	04	P	1	1
		Rn	Rn←Rn−1	00001rrr	无影响	1	1
		@Ri	(Ri)←(Ri)−1	0000011i	无影响	1	1
		Direct	(direct)←(direct)−1	05 direct	无影响	2	1
乘法除法调整	MUL AB		BA←A×B	A4	0　OV　P	1	4
	DIV AB		A←A/B(商)，B←余数	84	0　OV　P	1	4
	DA A		十进制调整	D4	Cy　AC	1	1

3.3.3　逻辑运算及移位指令

逻辑运算类指令共 24 条，包括与、或、异或、清零、取反及移位等操作指令。这些指令执行时，一般不影响标志位。

1. 逻辑"与"运算指令（6 条）

```
① ANL  A,Rn        ;A←A∧Rn
② ANL  A,@Ri       ;A←A∧(Ri)
③ ANL  A,#data     ;A←A∧data
④ ANL  A,direct    ;A←A∧(direct)
```

```
⑤ ANL  direct,A       ;(direct)←(direct)∧A
⑥ ANL  direct,#data   ;(direct)←(direct)∧data
```

逻辑"与"运算指令共 6 条，前 4 条的功能是将 A 的内容与源操作数所指出的内容进行按位"与"运算，结果送入A中，指令执行后影响奇偶标志位。后 2 条指令是将直接地址单元中的内容和源操作数所指出的内容进行按位"与"运算，结果送入直接地址单元中。

【例 3-20】 A=00011111B，（30H）=10000011B，执行指令

```
ANL  A,30H
```

结果为

```
A=00000011B, (30H)=10000011B 不变。
```

【例 3-21】将 A 中的压缩 BCD 码拆分为 2 个字节，将 A 中的低 4 位送到 P1 口的低 4 位，A 中的高 4 位送到 P2 口的低 4 位，P1、P2 口的高 4 位清零。

解：根据题意，可编程如下：

```
MOV   B,A            ;A 的内容暂存于 B 中
ANL   A,#00001111B   ;清高 4 位,保留低 4 位
MOV   P1,A
MOV   A,B            ;取原数据
ANL   A,#11110000B   ;保留高 4 位,清零低 4 位
SWAP  A
MOV   P2,A
```

2. 逻辑"或"运算指令（6 条）

```
① ORL  A,Rn          ;A←A∨Rn
② ORL  A,@Ri         ;A←A∨(Ri)
③ ORL  A,#data       ;A←A∨data
④ ORL  A,direct      ;A←A∨(direct)
⑤ ORL  direct,A      ;(direct)←(direct)∨A
⑥ ORL  direct,#data  ;(direct)←(direct)∨data
```

3. 逻辑"异或"运算指令（6 条）

```
① XRL  A,Rn          ;A←A⊕Rn
② XRL  A,@Ri         ;A←A⊕(Ri)
③ XRL  A,#data       ;A←A⊕data
④ XRL  A,direct      ;A←A⊕(direct)
⑤ XRL  direct,a      ;(direct)←(direct)⊕A
⑥ XRL  direct,#data  ;(direct)←(direct)⊕data
```

4. 循环移位指令（4 条）

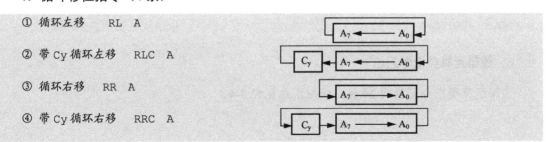

```
① 循环左移      RL  A

② 带 Cy 循环左移   RLC  A

③ 循环右移      RR  A

④ 带 Cy 循环右移   RRC  A
```

【例 3-22】 编程实现 16 位数的算术左移。设 16 位数存放在内 RAM 20H，21H 单元，低位在前。

解：算术左移是指将操作数整体左移一位，最低位补充 0。相当于完成对 16 位数的乘 2 操作。

```
CLR  C            ;Cy 清 0
MOV  A,20H        ;取操作数低 8 位送 A
RLC  A            ;低 8 位左移一位
MOV  20H,A        ;送回
MOV  A,21H        ;指向高 8 位
RLC  A            ;高 8 位左移
MOV  21H,A        ;送回
```

5. 清零和取反指令

```
① CLR  A          ;A←0
② CPL  A     ―    ;A←A
```

前一条指令的作用是将 A 的内容清 0，后一条指令的作用是将 A 的内容各位取反送回 A 中。

【例 3-23】 在 20H 与 21H 单元有两个 BCD 数，现要将它们合并到 20H 单元以节省内存空间。

解：具体程序如下。

```
MOV  A,20H
SWAP A
ORL  A,21H
MOV  20H,A
```

【例 3-24】 设在外 RAM 2000H 中存放两个 BCD 码数，试编一程序将这两个 BCD 码分别存到 2000H 和 2001H 的低 4 位。

解：程序如下。

```
MOV  DPTR,#2000H
MOVX A,@DPTR
MOV  B,A
ANL  A,#0FH
MOVX @DPTR,A
INC  DPTR
MOV  A,B
SWAP A
ANL  A,#0FH
MOVX @DPTR,A
```

6. 逻辑运算类指令汇总

逻辑运算类指令汇总共 24 条，情况汇总见表 3-4。

表 3-4　MCS-51 逻辑运算类指令

类型	助记符		功　能	机器码	字节数	周期数
与	ANL A,	Rn	$A \leftarrow A \wedge Rn$	01011rrr	1	1
		direct	$A \leftarrow A \wedge (direct)$	0101011i	1	1
		@Ri	$A \leftarrow A \wedge (Ri)$	54　data	2	1
		#data	$A \leftarrow A \wedge data$	55　direct	2	1
	ANL direct,	A	$(direct) \leftarrow (direct) \wedge A$	52　direct	2	1
		#data	$(direct) \leftarrow (direct) \wedge data$	53　direct　data	3	2
或	ORL A,	Rn	$A \leftarrow A \vee Rn$	01001rrr	1	1
		direct	$A \leftarrow A \vee (direct)$	0100011i	1	1
		@Ri	$A \leftarrow A \vee (Ri)$	44　data	2	1
		#data	$A \leftarrow A \vee data$	45　direct	2	1
	ORL direct,	A	$(direct) \leftarrow (direct) \vee A$	42　direct	2	1
		#data	$(direct) \leftarrow (direct) \vee data$	43　direct　data	3	2
异或	XRL A,	Rn	$A \leftarrow A \oplus Rn$	01101rrr	1	1
		direct	$A \leftarrow A \oplus (direct)$	0110011i	1	1
		@Ri	$A \leftarrow A \oplus (Ri)$	64　data	2	1
		#data	$A \leftarrow A \oplus data$	65　direct	2	1
	XRL direct,	A	$(direct) \leftarrow (direct) \oplus A$	62　direct	2	1
		#data	$(direct) \leftarrow (direct) \oplus data$	63　direct　data	3	2
循环移位	RL　A			23	1	1
	RLC　A			33	1	1
	RR　A			03	1	1
	RRC　A			13	1	1
求反清0	CPL　A		$A \leftarrow \overline{A}$	F4	1	1
	CLR　A		$A \leftarrow 0$	E4	1	1

3.3.4　位操作类指令

MCS-51 硬件结构中有一个布尔处理器，它是一个一位处理器，有自己的累加器（借用进位位 Cy），自己的存储器（即位寻址区中的个位），也有完成位操作的运算器等。在指令方面，与此相对应的有一个进行布尔操作的指令集，包括位变量的传送、修改和逻辑操作等。

1. 位传送指令（2 条）

```
① MOV  C,bit   ;Cy←bit
② MOV  bit,C   ;bit←Cy
```

指令中 C 即进位位 Cy，bit 为内 RAM 20H~2FH 中的 128 个可寻址位和特殊功能寄存器中的可寻址位。

【例 3-25】 将 20H.0 传送到 22H.0。

编程如下：

```
MOV  C,20H.0
MOV  22H.0,C
或
MOV  C,00H          ;C←20H.0
MOV  10H,C          ;22H.0←C
```

注意：这时指令中的 00H 与 10H 为位地址，而不是存储单元地址。

2. 位修正指令（6 条）

位清 0 指令：

```
①  CLR  C            ;C←0
②  CLR  bit          ;bit←0
```

位取反指令：

```
③  CPL  C            ;C←$\overline{C}$
④  CPL  bit          ;bit←$\overline{bit}$
```

位置 1 指令：

```
⑤  SETB  C           ;C←1
⑥  SETB  bit         ;bit←1
```

3. 位逻辑运算（4 条）

位逻辑"与"运算指令：

```
①  ANL  C,bit        ;C←C∧bit
②  ANL  C,/bit       ;C←C∧/bit
```

位逻辑"或"运算指令：

```
③  ORL  C,bit        ;C←C∨bit
④  ORL  C,/bit       ;C←C∨/bit
```

MCS-51 指令中没有位异或指令，位异或操作可用若干条位操作指令来实现。

【例 3-26】 设 D、E、F 都代表位地址，试编程实现 D、E 内容异或操作，结果送入 F 中。

解：可直接按 $F=\overline{D}E+\overline{D}E$ 来编写。

```
MOV  C,D
ANL  C,/E           ;C←D∧/E
MOV  D,C            ;暂存
MOV  C,E
ANL  C,/D           ;C←/D∧E
ORL  C,D            ;相或
MOV  D,C            ;结果存入 D 中
```

【例 3-27】　编程实现下列逻辑操作的程序。

若满足条件 P1.0=1，ACC.7=1，且 OV=0 时，这位累加器 C 置 1。

程序如下：

```
MOV  C,P1.0
ANL  C,ACC.7
ANL  C,/OV
```

执行结果：当满足条件时，必将 C 置 1。

【例 3-28】　编程实现图 3-6 所示的逻辑运算功能。

其中输入变量 U、V 是 P1.0、P1.1 的状态，W、X 是 20H.0、21H.1 位的布尔变量，输出 Q 为 P3.3。

解：图 3-6 的逻辑表达式为

$$Q=\overline{(U+V)}+Y\cdot\overline{(W+\overline{X})}$$

因为 U、V、W、X、Q 均为符号，不是具体的位地址，所以，在程序的前面要用伪指令对它们进行定义。

程序如下：

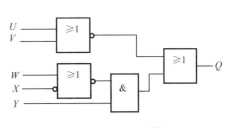

图 3-6　例 3-28 逻辑图

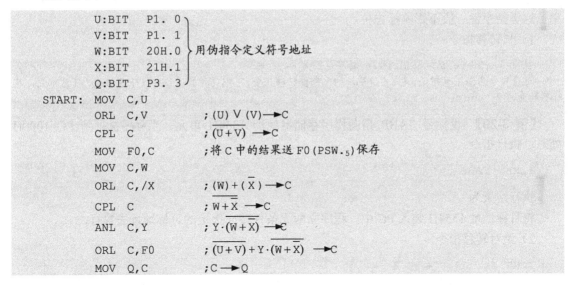

4．位操作类指令汇总

位操作类指令总共 12 条，见表 3-5。

表 3-5　MCS-51 位操作类指令

类　　型	助 记 符	功　　能	机 器 码	字 节 数	周 期 数
位传送	MOV　C，bit	C←bit	A2　bit	2	1
	MOV　bit，C	bit←C	92　bit	2	1
位清 0 修取反正置位	CLR　C	C←0	C3	1	1
	CLR　bit	bit←0	C2　bit	2	1
	CPL　C	C←$\overline{C}$	B3	1	1

续表

类 型	助 记 符	功 能	机 器 码	字 节 数	周 期 数
位清 0 修取 反正置位	CPL bit	bit← $\overline{bit}$	B2 bit	2	1
	SETB C	C←1	D3	1	1
	SETB bit	bit←1	D2 bit	2	1
位逻与辑运 或算	ANL C，bit	C←C∧bit	82 bit	2	2
	ANL C，/ bit	C←C∧ $\overline{bit}$	B0 bit	2	2
	ORL C，bit	C←C∨bit	72 bit	2	2
	ORL C，/ bit	C←C∨ $\overline{bit}$	A0 bit	2	2

3.3.5　控制转移类指令

1. 无条件转移指令（4 条）

控制转移类指令包括无条件转移指令、条件转移指令、比较转移指令、循环转移指令及调用和返回指令。这类指令通过修改 PC 的内容来控制程序的执行过程，可极大地提高程序的效率。这类指令性一般不影响标志位。

1）长转移指令

```
LJMP  addr16;PC←addr15~0,转移范围为 64KB 内
这条指令为三字节指令,是 16 位地址的无条件转移指令,可以转移到 64KB 程序存储器的任意位置。其
机器码是,02  addr15~8  addr7~0
```

【例 3-29】 设标号 TABP 指向程序存储器地址 1354H 单元。当程序执行到 PC=1000H 处时，执行指令：

```
LJMP   TABP
```

执行结果为

将目标地址 1354H 装入 PC 中，程序立即无条件转向指定的目标地址去执行。

2）绝对转移指令

```
AJMP  addr11;PC←PC+2
              ;PC10~0←addr10~0,PC15~11 不变,转移范围为 PC+2 后的同一 2KB 内
```

这条指令为双字节指令（比 LJMP 指令的机器码少一个字节），是 11 位地址的无条件转移指令，其机器码为

```
a10a9a800001  a7…a0
```

其中 00001 是这条指令特有的操作码，而 $a_{10} \sim a_0$ 即为转移目标地址中的低 11 位。

指令执行后，首先是 PC 的内容加 2，即 PC+2→PC（这里的 PC 就是指令存放的地址，PC+2 是因为该指令为双字节指令），然后 PC+2 后的 PC 值的高 5 位和指令中的 11 位地址构成转移目标地址，即 $PC_{15\sim11}a_{10}\sim a_0$，因为 11 位地址的范围为 00000000000～11111111111，即可转移的范围为 2KB。转移可向前可向后，但转移到的位置要和 PC+2 的地址在同一 2KB 区域，而不一定和 AJMP 指令在同一 2KB 区域。例如，AJMP 指令地址为 1FFFH，加 2 后为 2001H，因此可转移的区域为 2×××H 的区域。

【例 3-30】　设某程序中有指令 AJMP　LOOP，所在的地址为 3456H。若已知这条指令的机器码为 C188H，则目标地址 LOOP 是多少？

解：① 首先 PC+2=3456H+2=3458H→PC，则 PC$_{15\sim11}$=00110

② 机器码为 C188H=1100000110001000B，从其中取出 11 位地址，应为 11010001000B，即 a$_{10}\sim$a$_0$。

③ 目标地址 LOOP 为 PC$_{15\sim11}$a$_{10}\sim$a$_0$=0011011010001000B=3688H。

也就是说，执行完该 AJMP 指令后程序转移到 3688H 去执行了。

因为 AJMP 指令是双字节指令，且转移范围为 2KB，所以，若 2KB 范围够用，则 AJMP 可代替 LJMP，从而可减少指令字节数。

3）短转移指令

```
SJMP  rel;PC←PC+2,PC←PC+rel
```

这条指令为无条件相对转移指令，也是双字节指令，转移的目的地址为

```
目的地址=源地址+2+rel
```

源地址就是 SJMP 所在的地址，即执行前的 PC，因 rel 为+127～-128，故转移范围为 256B，即

```
PC-126~PC+129
```

4）间接转移指令

```
JMP  @A+DPTR;PC←A+DPTR
```

这条指令为一字节无条件转移指令，转移的地址由累加器 A 的内容和数据指针 DPTR 内容之和来决定，两者都是无符号数。一般是以 DPTR 的内容为基址，而由 A 的值来决定具体的转移地址。这条指令的特点是转移地址可以在程序运行中加以改变。例如，当 DPTR 为确定的值时，可根据 A 的不同的值来控制程序转向不同的程序段，因此有时也称为散转指令。

2. 条件转移指令（7 条）

1）判 0 转移指令

累加器为 0 转移指令：

```
JZ  rel    ;PC←PC+2
           ;若A=0,则 PC←PC+rel 转移
           ;若A≠0,则程序顺序执行
```

累加器为非 0 转移指令：

```
JNZ  rel   ;PC←PC+2
           ;若A≠0,则 PC←PC+rel 转移
           ;若A=0,则程序顺序执行
```

【例 3-31】　编程实现：若 A=0 则 A 的内容加 1，否则 A 的内容减 1。

解：编程如下。

```
    JZ    LOOP1
    DEC   A
    SJMP  $
```

```
LOOP1:INC    A
      SJMP   $
```

或

```
      JNZ    LOOP
      INC    A
      SJMP   $
LOOP: DEC    A
      SJMP   $
```

2）判位变量转移指令

直接寻址位为 1 转移指令：

```
JB   bit,rel              ;PC←PC+3
                          ;若(bit)=1,则 PC←PC+rel 转移
                          ;若(bit)=0,则程序顺序执行
```

直接寻址位为 0 转移指令：

```
JNB  bit,rel              ;PC←PC+3
                          ;若(bit)=0,则 PC←PC+rel 转移
                          ;若(bit)=1,则程序顺序执行
```

【例 3-32】 设 P1 口上的数据为 11001010B，A 的内容为 56H（01010110B），执行下列指令：

```
JB   P1.2,LOOP1           ;P1.2=0,不满足条件顺序执行
JBN  Acc.3,LOOP2          ;Acc.3=0,满足条件转移到 LOOP2
```

执行结果：程序转移到 LOOP2 去执行。

3）判位变量并清 0 转移指令

直接寻址位为 1 转移并清 0 该位指令：

```
JBC  bit,rel              ;PC←PC+3
                          ;若(bit)=1,则(bit)←0,PC←PC+rel 转移
                          ;若(bit)=0,则程序顺序执行
```

【例 3-33】 设 A 的值为 56H（01010110B），执行下列指令：

```
JBC  Acc.3,LOOP1          ;Acc.3=0,不满足条件顺序执行
JBC  Acc.2,LOOP2          ;Acc.2=1,满足条件转移到 LOOP2,且 Acc.2←0
结果:程序转向 LOOP2 去执行,且使 A=01010010B=52H
```

4）布尔累加器 C 转移指令

进位位 Cy 为 1 转移指令：

```
JC   rel                  ;PC←PC+2
                          ;若 Cy=1,则 PC←PC+rel 转移
                          ;若 Cy=0,则程序顺序执行
```

进位位 Cy 为 0 转移指令：

```
JNC  rel                  ;PC←PC+2
                          ;若 Cy=0,则 PC←PC+rel 转移
                          ;若 Cy=1,则程序顺序执行
```

3. 比较转移指令

```
CJNE  (目的字节),(源字节),rel
功能:目的字节与源字节的操作数进行比较。
若  (目的字节)=(源字节),则 PC←PC+3 程序顺序执行
若  (目的字节)>(源字节),则 Cy←0,PC←PC+3+rel 转移
若  (目的字节)<(源字节),则 Cy←1,PC←PC+3+rel 转移
```

具体有以下几个指令格式:

① CJNE A,direct,rel ;PC←PC+3
;若 A>(direct),则 Cy=0 且 PC←PC+rel 转移
;若 A<(direct),则 Cy=1 且 PC←PC+rel 转移
;若 A=(direct),则程序顺序执行

② CJNE A,#data,rel ;PC←PC+3
;若 A>data,则 Cy=0 且 PC←PC+rel 转移
;若 A<data,则 Cy=1 且 PC←PC+rel 转移
;若 A=data,则程序顺序执行

③ CJNE Rn,#data,rel ;PC←PC+3
;若 Rn>data,则 Cy=0 且 PC←PC+rel 转移
;若 Rn<data,则 Cy=1 且 PC←PC+rel 转移
;若 Rn=data,则程序顺序执行

④ CJNE @Ri,#data,rel ;PC←PC+3
;若 (Ri)>data,则 Cy=0 且 PC←PC+rel 转移
;若 (Ri)<data,则 Cy=1 且 PC←PC+rel 转移
;若 (Ri)=data,则程序顺序执行

4. 循环转移指令（2 条）

① DJNZ Rn,rel ;PC←PC+2,Rn←Rn-1
;若 Rn≠0,则 PC←PC+rel 转移
;若 Rn=0,则程序顺序执行

② DJNZ direct,rel ;PC←PC+3,(direct)←(direct)-1
;若 (direct)≠0,则 PC←PC+rel 转移
;若 (direct)=0,则程序顺序执行

5. 空操作指令（1 条）

```
NOP;PC←PC+1
```

执行该指令仅使 PC 加 1，然后继续执行下条指令，本指令无任何操作。它为单周期指令，在时间上占用一个机器周期，因而常用于延时或等待程序的设计中的时间"微调"。控制转移类指令总共 22 条，见表 3-6。

表 3-6 MCS-51 控制转移类指令

类 型	助 记 符	功 能	机 器 码	字节数	周期数
无条件转移	LJMP addr16	PC←addr16	02 addr15~8 addr7~0	3	2
	AJMP addr11	PC←addr11	a10a9a800001 a7~a0	2	2
	SJMP rel	PC←PC+2+rel	80 rel	2	2

续表

类型	助记符	功　能	机器码	字节数	周期数
间转	JMP　@A+DPTR	PC←A+DPTR	73	1	2
无条件调用及返回	LCALL　addr16	断点入栈 PC←addr16	12　addr16	3	2
	ACALL　addr11	断点入栈 PC←addr11	a10a9a810001 a7～a0	2	2
	RET	子程序返回	22	1	2
	RETI	中断返回	32	1	2
条件转移	JZ　rel	A=0 转 PC←PC+2+rel	60　rel	2	2
	JNZ　rel	A≠0 转 PC←PC+2+rel	70　rel	2	2
	JC　rel	Cy=1 转 PC←PC+2+rel	40　rel	2	2
	JNC　rel	Cy=0 转 PC←PC+2+rel	50　rel	2	2
	JB　bit，rel	(bit)=1 转 PC←PC+2+rel	20　bit　rel	3	2
	JNB　bit　rel	(bit)=0 转 PC←PC+2+rel	30　bit　rel	3	2
	JBC　bit　rel	(bit)=1 转 PC←PC+2+rel 且(bit)←0	10　bit　rel	3	2
	CJNE　A，#data，rel	A≠data 转 PC←PC+3+rel 且	B4　data　rel	3	2
	CJNE　A，direct，rel	A≠(direct) 转 PC←PC+3+rel	B5　data　rel	3	2
	CJNE　Rn，#data，rel	Rn≠data 转 PC←PC+3+rel	10110rrr　data rel	3	2
	CJNE　@Ri，#data，rel	(Ri)≠data 转 PC←PC+3+rel	1011011I　data rel	3	2
	DJNZ　Rn，rel	Rn←Rn−1 若 Rn≠0 转 PC←PC+2+rel	11011rrr　rel	2	2
	DJNZ　direct，rel	(direct)←(direct)−1 若 Rn≠0 转 PC←PC+2+rel	D5　direct　rel	3	2
空操作	NOP	PC←PC+1	00	1	1

3.4　汇编程序设计示例

计算机程序设计语言是指计算机能够理解和执行的语言,它通常分为机器语言、汇编语言、高级语言三类。机器语言是一种能为计算机直接识别和执行的语言。汇编语言是一种人们用来替代机器语言进行程序设计的语言,由助记符、保留字和伪指令等组成,很容易为人们识别、记忆和读写。高级语言是面向过程和问题并能独立于机器的通用程序设计语言,是一种接近自然语言和常用数学表达式的计算机语言。

MCS-51 汇编语言程序设计是将该系列单片机应用于工业测控装置和智能仪表所必须进行的一项工作,一般来说,编写程序的过程按以下几个步骤进行。

（1）分析问题,确定算法或解题思路。首先,要对需要解决的问题进行分析,明确题目的任务,弄清现有条件和目标要求,然后确定设计方法。对于同一个问题,也存在多种不同的解决方案,应通过认真比较,从中挑选最佳方案。这是程序设计的基础。

（2）画流程图。流程图又称为程序框图,它是用各种图形、符号、指向线等来说明程序设计的过程。能充分表达程序的设计思路,查找错误。美国国家标准化协会 ANSI 规定了一些常用的流程图符号,已为世界各国程序工作者普遍采用,具体见表 3-7。

表 3-7　流程图符号和说明

符　号	名　称	表示的功能
▭	起止框	程序的开始或结束
▭	处理框	各种处理操作
◇	判断框	条件转移操作
▱	输入/输出框	输入/输出操作
↓→	流程线	描述程序的流向
●→○	引入/引出连接线	流程的连接

（3）编写源程序。根据流程图中各部分的功能,写出具体程序。所编写的源程序要求简单明了,层次清晰。

（4）汇编和调试。对已编好的程序,先要进行汇编。在汇编过程中,还可能会出现一些错误,需要对源程序进行修改。汇编工作完成后,就可进行上机调试运行。一般先输入给定的数据,运行程序,检查运行结果是否正确。若发现错误,则通过分析,再对源程序进行修改,再汇编,调试,直到获得正确的结果为止。

各部分的说明在 3.1 节中已讲述过了,这里不再重复。

3.4.1 汇编程序伪指令

用汇编语言编写的程序称为汇编语言源程序。而计算机是不能直接识别源程序的，必须把它翻译成目标程序（机器语言程序），这个翻译过程称为"汇编"。把汇编语言源程序自动翻译成目标程序的程序称为"汇编程序"。而伪指令是指由汇编程序提供的，在汇编时起控制作用，但自身并不产生机器码，不属于指令系统，而仅仅为汇编服务的一些指令。常用的伪指令有以下几种。

1．ORG（起始伪命令）

格式：ORG　16 位地址
功能：规定下面的目标程序的起始地址。例如。

```
      ORG   0100H
START:MOV   A,#05H
      ADD   A,#08H
      MOV   20H,A
```

汇编后目标程序在程序存储器中存放的起始地址是 0100H。

2．END（结束伪命令）

格式：END
功能：是汇编语言源程序的结束标志。在 END 以后所写的指令，汇编程序不再处理。一个源程序只能有一个 END 指令，并放在所有指令的最后。

3．EQU（等值伪命令）

格式：字符名称　EQU　数或汇编符号
功能：将一数或特定的汇编符号赋予规定的名称。例如，

```
PP    EQU   R0          ;PP=R0
      MOV   A,PP         ;A←R0
```

这里将 PP 等值为汇编符号 R0，在指令中 PP 就可以代替 R0 来使用。例如，

```
ABC   EQU   10          ;ABC=10
DELY  EQU   3344H       ;DELY=3344H
      MOV   A,ABC        ;A←10
      LCALL DELY
```

4．DATA（数据地址赋值伪指令）

格式：字符名称　DATA　表达式
功能：将数据地址或代码地址赋予规定的字符名称。
DATA 与 EQU 的功能有些相似，但使用时有以下区别：
DATA 常在程序中用来定义数据地址。
① EQU 定义的符号必须先定义后使用，而 DATA 可以先使用后定义。
② 用 EQU 可以把一个汇编符号赋予一个字符名称，而 DATA 则不能。
③ DATA 可将一个表达式的值赋予一个字符名称，所定义的字符名称也可以出现在表达

式中，而用 EQU 定义的字符则不能这样使用。

5. DB（定义字节伪指令）

格式：[标号:]　DB　8 位二进制数表

功能：从指定的地址单元开始，定义若干个 8 位内存单元的内容。例如，

```
        ORG    4000H
TAB:  DB     73H,45,"A","2"
TAB1:DB     101B
```

以上指令经汇编后，将对 4000H 开始的若干内存单元赋值。

```
(4000H)=73H,(4001H)=2DH,(4002H)=41H,(4003H)=32H,(2004H)=05H
```

6. DW（定义字伪指令）

格式：[标号:]　DW　16 位二进制数表

功能：从指定的地址单元开始，定义若干个 16 位数据。因为 16 位须占用两个字节，所以高 8 位先存入，低 8 位后存入。例如，

```
        ORG    1000H
HTAB: DW   7856H,89H,10
汇编后:(1000H)=78H,(1001H)=56H,(1002H)=00H,(1003H)=89H
      (1004H)=00H,(1005H)=0AH
```

7. DS（定义空间伪指令）

格式：[标号:]　DS　表达式

功能：从指定的地址开始，保留若干字节内存空间备用。例如，

```
ORG    2000H
DS     07H
MOV    A,#7AH
END
```

汇编以后，从 2000H 单元开始，保留 7 个字节的内存单元，然后从 2007H 开始，按照下一条 MOV 指令给内存单元赋值，即（2007H）=74H，（2008H）=7AH（注：MOV　A，#7AH 的机器码为 74　7A）

8. BIT（位定义伪指令）

格式：字符名称　BIT　位地址

功能：将位地址赋予所规定的字符名称。例如，

```
AQ  BIT  P0.0
```

把 P0.0 的位地址赋给字符 AQ，其后的编程中 AQ 可作位地址使用。

3.4.2　顺序程序

顺序程序是指按顺序依次执行的程序，也称为简单程序或直线程序。

【例 3-34】设有 8 位数据存于外 RAM 2000H 单元中,请编程将这 8 位数的低 4 位屏蔽掉,

并送回 2000H 单元。

解：

```
      ORG    0000H
START:MOV    DPTR,#2000H
      MOVX   A,@DPTR
      ANL    A,#0F0H          ;屏蔽低 4 位
      MOVX   @DPTR,A
      END
```

【例 3-35】 假设任意一个三字节数 JKL 作为被乘数，一个单字节数 M 作为乘数，试编程求其积，要求结果存在 20H～23H 单元（由低字节到高字节顺序存放）。

解：可用下方法来实现流程图如图 3-7 所示。

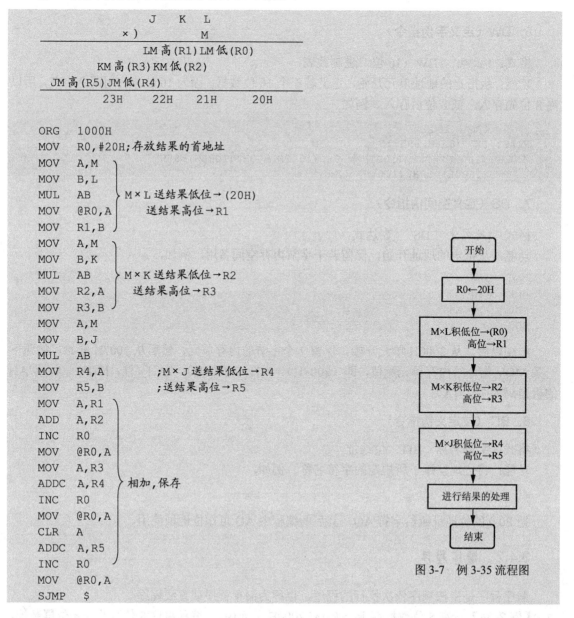

图 3-7　例 3-35 流程图

【例 3-36】　求 16 位二进制数的补码。设 16 位二进制数已存放在 R1R0，求补后的结果存在 R3R2。

解：正数的补码是其自身，负数的补码是其反码加 1。假设题目给定的是负数，则二进制数的求补可归结为"求反加 1"的过程。可利用 CPL 指令实现求反，而 16 位加 1，则应是低 8 位先加 1，高 8 位再加上低位的进位。

注意：这里不能用 INC 指令，因为 INC 指令不影响标志位。

```
MOV    A,R0        ;低 8 位送 A
CPL    A           ;取反
ADD    A,#1        ;加 1
MOV    R2,A        ;送回
MOV    A,R1        ;高 8 位送 A
MOV    C,ACC.7     ;保存符号
CPL    A           ;取反
ADDC   A,#0        ;加进位
MOV    ACC.7,C     ;恢复符号
MOV    R3,A        ;送回
SJMP   $
```

3.4.3　分支程序

在许多情况下，需要根据不同的条件转向不同的处理程序，这种结构的程序称为分支程序。MCS-51 指令系统中设置了条件转移指令、比较转移指令和位转移指令，可以实现程序的分支。

【例 3-37】　设 X，Y 均为 8 位二进制数，设 X 存入 R0，Y 存入 R1，求解符号函数：

$$Y = \begin{cases} +1, & \text{当} X>0 \\ 0, & \text{当} X=0 \\ -1, & \text{当} X<0 \end{cases}$$

解：

```
       CJNE   R0,#00H,MP1
       MOV    R1,#00H
       LJMP   MP3
MP1:   JC     MP2
       MOV    R1,#01H
       LMP    MP3
MP2:   MOV    R1,#0FFH
MP3:   SJMP   $
```

另一解为

```
       ORG    0000H
START:MOV    A,R0
       JZ     SS1
       JNB    ACC.7,SS2
       MOV    A,#0FFH
       SJMP   SS1
```

```
SS2:  MOV   A,#1
SS1:  MOV   R1,A
      END
```

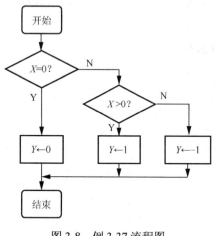

图 3-8 例 3-37 流程图

流程图如图 3-8 所示。

【例 3-38】 将 ASCII 码转换为十六进制数。设 ASCII 码放在累加器 A 中，转换结果放到 B 中。

解：由 ASCII 码表可知，30H～39H 为 0～9 的 ASCII 码，41H～46H 为 A～F 的 ASCII 码。将 ASCII 码减 30H 或 37H 就可获得对应的十六进制数。

```
START:CLR   C
      SUBB  A,#30H
      CJNE  A,#0AH,SS
SS:   JC    SS1
      SUBB  A,#07H
SS1:  MOV   B,A
      END
```

【例 3-39】 两个带符号数分别存于 ONE 和 TWO 单元，试比较它们的大小，较大者存入 MAX 单元，若两数相等，则任意存入一个。

解：两个带符号数的比较可利用两数相减后的正负和溢出标志结合起来判断。

若 $X-Y$ 为正，当 OV=0 则 $X>Y$
　　　　　　当 OV=1 则 $X<Y$
若 $X-Y$ 为负，当 OV=0 则 $X<Y$
　　　　　　当 OV=1 则 $X>Y$

具体程序如下：

```
        ORG   0000H
        CLR   C
        MOV   A,ONE        ;A←X
        SUBB  A,TWO        ;X-Y
        JZ    XMAX         ;X=Y 则转至 XMAX
        JB    ACC.7,NEG    ;X-Y<0 则转至 NEG
        JB    OV,YMAX      ;X-Y>0,OV=1 则 X<Y
        SJMP  XMAX         ;X-Y>0,OV=0 则 X>Y
NEG:    JB    OV,XMAX      ;X-Y<0,OV=1 则 X>Y
YMAX:   MOV   A,TWO        ;X-Y<0,OV=0 则 X<Y
        SJMP  RMAX
XMAX:   MOV   A,ONE        ;X>Y
RMAX:   MOV   MAX,A        ;MAX←最大值
  ONE   DATA  30H
  TWO   DATA  31H
  MAX   DATA  32H
        END
```

流程图如图 3-9 所示。

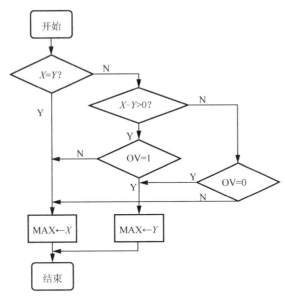

图 3-9　例 3-39 流程图

3.4.4　循环程序

循环程序是指在程序中有一段程序需要重复执行的一种程序结构。在许多实际应用中，往往需要多次反复执行某种相同的操作，而只是参与操作的操作数不同，这时就可采用循环程序结构。循环程序可以缩短程序，减少程序所占的内存空间。循环程序一般包括以下几个部分。

（1）置循环初值。在进入循环之前，要对循环中需要使用的寄存器和存储器赋予规定的初始值。例如，循环次数，循环体中工作单元的初值等。

（2）循环体。循环体就是程序中需要重复执行的部分，是循环结构中的主要部分。

（3）循环修改。每执行一次循环，就要对有关值进行修改，使指针指向下一数据所在的位置，为进入下一轮循环做准备。

（4）循环控制。在程序中还须根据循环计数器的值或其他循环条件，来控制循环是否该结束。

以上四部分可以有两种组织方式，结构如图 3-10 所示。

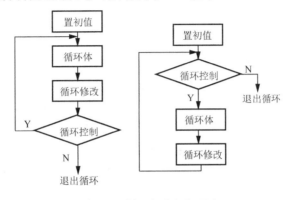

图 3-10　循环程序组织形式

【例 3-40】设在内 RAM 40H 开始的存储区有若干个字符和数字,已知最后一个为字符"$"（假设只有这一个），试统计这些字符数字的个数,结果存入 30H 单元。

解：采用 CJNE 指令与关键字符作比较,比较时关键字符 "$" 用 ASCII 码表示为 24H。具体程序如下：

```
        ORG  3000H
START:MOV  R1,#40H        ;R1 作为地址指针
        CLR  A            ;A 作为计数器
LOOP:CJNE @R1,#24H,NEXT   ;与"$"比较,不等转移
        SJMP NEXT1        ;找到"$",结束循环
NEXT:INC  A               ;计数器加 1
        INC  R1           ;指针加 1
        SJMP LOOP         ;循环
NEXT1:INC  A              ;再加上"$"这个字符
        MOV  30H,A        ;存结果
        END
```

本例中，循环结束的条件是，是否已统计至关键字 "$"，因此，循环次数是不确定的。

【例 3-41】 设 Xi 均为单字节数，并按顺序存放在内 RAM 的 50H 开始的单元中，n 放在 R2 中，求 $S=X1+X2+\cdots+Xn$，把 S（双字节）放在 R3R4 中，如何编程实现。

解：程序如下。

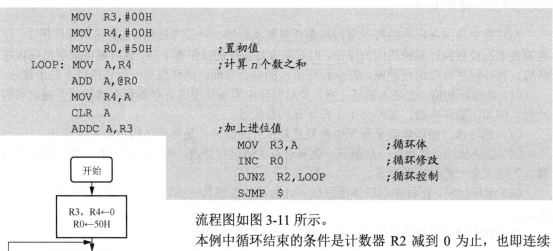

```
        MOV  R3,#00H
        MOV  R4,#00H
        MOV  R0,#50H       ;置初值
LOOP:  MOV  A,R4           ;计算 n 个数之和
        ADD  A,@R0
        MOV  R4,A
        CLR  A
        ADDC A,R3          ;加上进位值
        MOV  R3,A          ;循环体
        INC  R0            ;循环修改
        DJNZ R2,LOOP       ;循环控制
        SJMP $
```

流程图如图 3-11 所示。

本例中循环结束的条件是计数器 R2 减到 0 为止，也即连续加 n 次为止。

【例 3-42】 内部 RAM 20H 单元开始存有 8 个数，找出其中最大的数，送入 MAX 单元。

解：极值查找的主要内容是进行数值大小的比较。假设在比较过程中，以 A 存放大数，与之逐个比较的另一个数放在 2AH 单元，比较结束后，把查找到的最大数送至 MAX 单元。

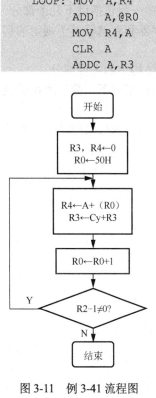

图 3-11 例 3-41 流程图

```
        MOV  R0,#20H       ;数据区首地址
        MOV  R7,#08H       ;数据区长度
        MOV  A,@R0         ;读第一个数
        DEC  R7
LOOP:  INC  R0
```

```
              MOV   2AH,@R0          ;读下一个数
              CJNE  A,2AH,CHK        ;数值比较
      CHK:    JNC   LOOP1            ;A 值大转移
              MOV   A,@ R0           ;大数送 A
      LOOP1:  DJNZ  R7,LOOP          ;循环
              MOV   MAX,A            ;最大值送 MAX 单元
      HERE:   AJMP  HERE             ;停止
```

【例 3-43】 编制一段程序，采用冒泡排序法，将 8031 的片内 RAM 50H～57H 的内容，以无符号数的形式从大到小进行排序。即程序运行后，50H 单元的内容为最小，57H 的内容为最大。

1. 算法说明

数据排序的方法有很多，常用的算法有插入排序法、快速排序法、选择排序法等，本例以冒泡排序法为例，说明数据升序算法。

冒泡排序法是一种相邻数互换的排序方法，因其过程类似水中的气泡上浮，故称冒泡法。执行时从前向后进行相邻数比较，如果数据的大小次序与要求的顺序不符（也就是逆序），就将这两个数交换，否则为正序不互换。假设是升序排列，则通过这种相邻数互换的排序方法，使小的数向前移，大的数向后移。按照这样从前向后进行一次冒泡，就会把最大的数换到最后，再进行一次冒泡，就会把次大的数排到倒数第二的位置上。如此下去直到排序完成。

假设原始数据的顺序如下：

```
50,38,7,13,59,44,78,22。
```

第一次冒泡的过程为

```
50. 38. 7. 13. 59. 44. 78. 22 (逆序、互换)
38. 50. 7. 13. 59. 44. 78. 22 (逆序、互换)
38. 7. 50. 13. 59. 44. 78. 22 (逆序、互换)
38. 7. 13. 50. 59. 44. 78. 22 (正序、不互换)
38. 7. 13. 50. 59. 44. 78. 22 (逆序、互换)
38. 7. 13. 50. 44. 59. 78. 22 (正序、不互换)
38. 7. 13. 50. 44. 59. 78. 22 (逆序、互换)
38. 7. 13. 50. 44. 59. 22. 78 (第一次冒泡结束)
```

依此进行，各次冒泡的结果为

```
第一次冒泡:38. 7. 13. 50. 44. 59. 22. 78
第二次冒泡:7. 13. 38. 44. 50. 22. 59. 78
第三次冒泡:7. 13. 38. 44. 22. 50. 59. 78
第四次冒泡:7. 13. 38. 22. 44. 50. 59. 78
第五次冒泡:7. 13. 22. 38. 44. 50. 59. 78
第六次冒泡:7. 13. 22. 38. 44. 50. 59. 78
第七次冒泡:7. 13. 22. 38. 44. 50. 59. 78
```

可以看出，冒泡排序到第 5 次已实际完成。

针对上述冒泡排序过程，有两个问题需要说明：

（1）由于每次冒泡都是从前向后排定一个大数（假设升序），因此每次冒泡所需进行的比较次数都递减 1。例如，若有 n 个数排序，则第一次冒泡需比较 $(n-1)$ 次，第二次冒泡则需

（n-2）次……，依此类推。但在实际编程时，有时为了简化程序，往往把各次的比较次数都固定为（n-1）次。

（2）对于 n 个数排序，理论上，应进行（n-1）次冒泡才能完成排序，但在实际中并不需要这么多，例如该例中，当进行到第 5 次时排序就完成了。判断排序是否完成的最简单方法是看各次冒泡中有无互换发生。如果有数据互换，那说明排序还没完成，否则，就表明已排序好了。为此，控制排序结果通常不使用计数方法，而使用设置互换标志的方法，以其状态表示在一次冒泡中有无数据互换。

2. 根据冒泡排序算法画好流程图（见图 3-12）

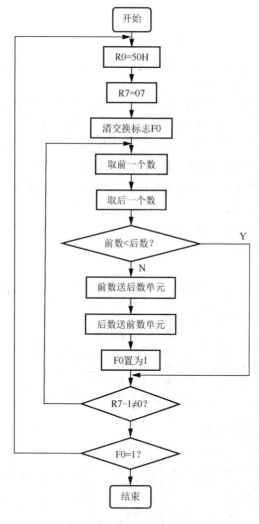

图 3-12　例 3-43 流程图

3. 具体程序

```
        MOV   R0,#50H     ;数据存储区首单元地址
        MOV   R7,#07H     ;各次冒泡比较次数
        CLR   F0          ;交换标志清 0
LOOP:   MOV   A,@R0       ;取前数
        MOV   2BH,A       ;存前数
```

```
        INC    R0
        MOV    2AH,@R0        ;取后数
        CLR    C
        SUBB   A,@R0         ;前数减后数
        JC     NEXT          ;前数小于后数,不互换
        MOV    @R0,2BH
        DEC    R0
        MOV    @R0,2AH        ;两个数交换位置
        INC    R0            ;准备下一次比较
        SETB   F0            ;置交换标志
NEXT:   DJNZ   R7,LOOP        ;R7-1≠0 返回,进行下一次比较
        JB     F0,SORT        ;F0=1 返回,进行下一轮冒泡
HERE:   SJMP   $             ;排序结束
```

【例 3-44】　设在内部数据存储器中存放 100 个字节数据,其起始地址为 M。试编写一程序找出数 05H 的存放地址,并送入 N 单元。若 05H 不存在,则将 N 单元清零。

解:程序如下。

```
        ORG    2040H
        MOV    R0,#M
        MOV    R1,#64H
LOOP:   CJNE   @R0,#05H,L1
        SJMP   L2
L1:     INC    R0
        DJNZ   R1,LOOP
        MOV    N,#0
        SJMP   L3
L2:     MOV    N,R0
L3:     END
```

【例 3-45】　多重循环:采用软件延时方法编写 50ms 延时程序。

解:设 fosc=12MHz,一个机器周期为 1μs,一条 DJNZ 指令为 2 个机器周期即 2μs。这时可用双重循环方法写出延时 50ms 子程序:

```
DEL:  MOV   R7,#200
DEL1: MOV   R6,#125
DEL2: DJNZ  R6,DEL2  ;125×2=250(μs)
      DJNZ  R7,DEL1  ;0.25ms×200=50(ms)
```

以上延时程序不太精确,它没有考虑除 DJNZ　R6,DEL2 指令外的其他指令的执行时间,如果把其他指令的执行时间计算在内,它的延时时间为(250+1+2)×200+1=50.601(ms)。

如要求比较精确的延时,可作如下修改:

```
DEL:  MOV   R7,#200
DEL1: MOV   R6,#123
      NOP
DEL2: DJNZ  R6,DEL2  ;123×2+2=248(us)
      DJNZ  R7,DEL1  ;(248+2)×200+1=50.001(ms)
```

计算机反复执行一段程序以达到延时的目的称为软件延时。通过控制执行指令的次数可以控制延时的长短。若要实现更长时间的延时,则可采用多重循环。如秒延时,可用 3 重循环。若采用 7 重循环,延时可达几年。

3.4.5 查表程序

单片机应用系统中，查表程序是一种常用的程序，使用它可以完成数据计算、转换、补偿等各种功能，具有程序简单、执行速度快等优点。在 MCS-51 中查表时的数据表格存放在程序存储器 ROM 中，而不是在 RAM 中。编程时，可以通过 DB 伪指令将表格的内容存入 ROM 中。用于查表的指令有两条：

```
MOVC  A,@A+DPTR 及 MOVC  A,@A+PC
```

当用 DPTR 作基址寄存器时，查表的步骤分三步：

第一步：把表格的首地址送入 DPTR。

第二步：把偏移值（即表中要查的项与表首地址的间隔数）送入 A 中。

第三步：执行 MOVC A,@A+DPTR 即可，具体见例 3-46。

当用 PC 作基址寄存器时，由于 PC 本身是一个程序计数器，与指令的存放地址有关，所以查表时其操作有所不同。也可分为三步：

第一步：把变址值（表的第几项）送入 A 中。

第二步：从查表指令的下一条指令的首地址到表首地址间的偏移值加到 A 中的变址值上。

第三步：执行 MOVC A,@A+PC 指令，具体见例 3-47。

【例 3-46】 将 1 位十六进制数转换为 ASCII 码。设 1 位十六进制数存放在 R0 的低 4 位，转换后的 ASCII 码仍送回 R0 中。

解：在前面的例子中，我们已介绍了将 ASCII 码转换为十六进制数的程序，本例是其逆变换。我们采用查表的方法来实现十六进制数到 ASCII 码的转换。

```
     ORG   0200H
     MOV   A,R0
     ANL   A,#0FH            ;屏蔽高 4 位
     MOV   DPTR,#TAB
     MOVC  A,@A+DPTR
     MOV   R0,A
     RET
TAB: DB    30H,31H,32H,…,39H
     DB    41H,42H,…,46H
```

另外，若根据十六进制数与 ASCII 码间的关系，也可利用计算方法求解。

```
      MOV   A,R0
      ANL   A,#0FH            ;屏蔽高 4 位
      CJNE  A,#0AH,SS
SS:   JC    SS1
      ADD   A,#37H            ;若 A≥0AH 则加 37H
      SJMP  SS2
SS1:  ADD   A,#30H            ;若 A<0AH 则加 30H
SS2:  MOV   R0,A
      RET
```

比较上述两种解法，用查表程序更简单、直观。

思考：如何实现多字节十六进制数转换为 ASCII 码？

【例 3-47】 设有一个循环检测报警装置，需对 16 路输入进行控制，每路有一个最大允许值，它为双字节数。控制时，需根据测量的路数，找出该路的最大允许值，看输入值是否大于最大允许值。若大于最大允许值，则报警。下面根据这个要求，编制一个查表程序。假设在查表前，路数放于 R2 中，查表后最大值放于 R3R4 中。

具体程序如下：

```
        MOV     A,R2            ;取出输入路数
        ADD     A,R2            ;乘 2 与双字节最大允许值相对应
        MOV     R3,A            ;保存指针
        ADD     A,#06           ;加上与表格的偏移量
        MOVC    A,@A+PC         ;查第一个字节
        XCH     A,R3
        ADD     A,#03
        MOVC    A,@A+PC         ;查第二个字节
        MOV     R4,A
        RET
TAB:    DW      1254,6745,4376,7890 ;最大值表共 16 项
        DW      4455,6623,7612,7834
        DW      5684,5782,1254,1545
        DW      4789,5847,6354,2891
```

对于 MOVC　A,@A+PC 查表指令，其表格的长度不能超过 256 字节，而对于 MOVC　A,@A+DPTR 指令，其表格的长度可以超过 256 字节，且使用方便。但在 DPTR 已被占用的情况下，MOVC　A,@A+PC 将会很有用。

3.4.6　散转程序

散转程序是一种并行多分支程序。它根据系统的某种输入或运算结果，分别转向各个处理程序。与分支程序不同的是，散转程序多采用指令：JMP　@A+DPTR，根据输入或运算结果，确定 A 或 DPTR 的内容，直接跳转到相应的分支程序中去。而分支程序一般是采用条件转移或比较转移指令实现程序的跳转。

【例 3-48】 单片机四则运算系统。

解：在单片机系统中设置 +、-、×、÷ 四个运算命令键，它们的键号分别为 0、1、2、3。当其中一个键按下时，进行相应的运算。操作数由 P1 口和 P3 口输入，结果再由 P1 口和 P3 口输出。具体如下：P1 口输入被加数、被减数、被乘数或被除数，输出结果的低 8 位或商；P3 口输入加数、减数、乘数或除数，输出进位（借位）、结果的高 8 位或余数。键盘号放在 A 中。

```
        MOV     P1,#0FFH
        MOV     P3,#0FFH
        MOV     DPTR,#TBJ
        RL      A               ;相当于 A×2→A
        JMP     @A+DPTR
TBJ:    AJMP    PRG0
        AJMP    PRG1
        AJMP    PRG2
        AJMP    PRG3
PRG0:   MOV     A,P1
```

```
            ADD     A,P3
            MOV     P1,A
            CLR     A
            ADDC    A,#00H
            MOV     P3,A
            RET
    PRG1:   MOV     A,P1
            CLR     C
            SUBB    A,P3
            MOV     P1,A
            CLR     A
            RLC     A
            MOV     P3,A
            RET
    PRG2:   MOV     A,P1
            MOV     B,P3
            MUL     AB
            MOV     P1,A
            MOV     P3,B
            RET
    PRG3:   MOV     A,P1
            MOV     B,P3
            DIV     AB
            MOV     P1,A
            MOV     P3,B
            RET
```

这个例子中，由于 AJMP 为双字节指令，因此键号需先乘 2，以便转到正确的位置。由于 A×2 不能大于 255，所以本例中最多可扩展 128 个分支程序。另外，由于散转过程采用了 AJMP 指令，故每个分支的入口地址必须和相应的 AJMP 指令在同一个 2KB 存储区内。如果改用长转移 LJMP 指令，则分支入口就可以在 64KB 范围内任意安排，但程序要作相应的修改。

3.4.7　子程序

在一个程序中经常会遇到反复多次执行某程序段的情况，若重复书写这个程序段，则会使程序变得冗长而杂乱。对此，可把重复的程序编写为一个小程序，通过主程序调用而使用它，这样不仅减少了编程的工作量，而且也缩短了程序的长度。另外，子程序还增加了程序的可移植性，将一些常用的运算程序写成子程序形式，可以被随时引用、参考，为广大单片机用户提供了方便。

调用子程序的程序称为主程序，主程序与子程序间的调用关系如图 3-13 所示。

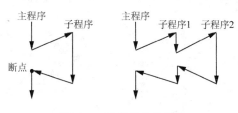

图 3-13　子程序及其嵌套

从图 3-13 中可看出，调用和返回构成了子程序调用的完整过程。为了实现这一过程，必须有子程序调用和返回指令，调用指令在主程序中使用，而返回指令则应该是子程序的最后一条指令。执行完这条指令之后，程序返回主程序断点处继续执行。在 MCS-51 中，完成子程序调用的指令为 ACALL 与 LCALL，完成从子程序返回的指令为 RET。

在一个比较复杂的子程序中，往往还可能再调用另一个子程序。这种子程序再次调用子程序的情况，称为子程序的嵌套。

【例 3-49】 多字节加法

设有两个 4 字节十六进制数，分别放在内 RAM 40H 和 50H 起始的单元中，求这两数之和，并将和存放到 40H 为起始的单元中（均低位先存）。

解：可以将 1 字节的两数相加作为子程序，而在主程序中设定其存放地址及字节数等。程序设计如下。

主程序：

```
JIA:   MOV    R0,#40H     ;加数低位地址送 R0
       MOV    R1,#50H     ;被加数低位地址送 R1
       MOV    R7,#04H     ;字节数作计数值
       ACALL  JIA1        ;调用加法子程序
       ...
```

子程序：

```
JIA1:  CLR    C
JIA2:  MOV    A,@R0       ;取出加数的一个字节
       ADDC   A,@R1       ;加上被加数的一个字节
       MOV    @R0,A       ;保存和数
       INC    R0          ;指向加数的高字节
       INC    R1          ;指向被加数的高字节
       DJNZ   R7,JIA2     ;判断是否加完
       RET                ;子程序返回
```

【例 3-50】 用程序实现 $c=a^2+b^2$。设 a、b、c 存于内 RAM 的三个单元 DA、DB、DC 中。

解：该题可用子程序来实现。通过两次调用查平方表子程序来得到 a^2 和 b^2，并在主程序中完成相加。

```
       MOV    A,DA        ;取第一个操作数
       ACALL  SQR         ;第一次调用
       MOV    R1,A        ;暂存 a² 于 R1
       MOV    A,DB        ;取第二个操作数
       ACALL  SQR         ;再次调用
       ADD    A,R1        ;完成 c=a²+b²
       MOV    DC,A        ;存结果
       SJMP   $           ;暂停
SQR:   INC    A           ;查表位置调整
       MOVC   A,@A+PC     ;查平方表
       RET                ;返回
TAB:   DB  0,1,4,9,16,25,36,64,81
       END
```

【例 3-51】 求两个无符号数数据块的最大值。数据块的首地址分别为 BLOCK1 和 BLOCK2，每个数据块的第一个字节都存放数据块的长度。设长度都不为 0，结果存入 MAX 单元。

解：仍用子程序来实现。

主程序：

```
       MOV    R1,#BLOCK1           ;取第一数据块首址
```

```
        ACALL   FMAX          ;第一次调用
        MOV     TEM,A         ;暂存第一数据块最大值
        MOV     R1,#BLOCK2    ;取第二数据块首址
        ACALL   FMAX          ;第二次调用
        CJNE    A,TEM,NEXT    ;比较两个数据块的最大值
NEXT:JNC        NEXT1         ;最大值 2≥最大值 1
        MOV     A,TEM         ;最大值 1>最大值 2
NEXT1:MOV       MAX,A         ;存最大值
        SJMP    $
TEM  DATA       20H
```

子程序：

```
FMAX:  MOV     A,@R1         ;取数据块长度
        MOV     R2,A         ;R2 作计数器
        CLR     A            ;准备作比较
LOOP:  INC     R1            ;指向下一个数据
        CLR     C            ;准备作减法
        SUBB    A,@R1        ;用减法作比较
        JNC     NEXT         ;A > (R1)
        MOV     A,@R1        ;A < (R1),A←(R1)
        SJMP    NEXT1
NEXT:  ADD     A,@R1         ;恢复 A
NEXT1:DJNZ     R2,LOOP       ;循环
        RET
        END
```

【例 3-52】 编制一个循环闪烁灯的程序。设 8051 单片机的 P1 口作为输出口，经驱动电路接 8 只发光二极管，如图 3-14 所示。当输出位为"1"时，发光二极管点亮，输出位为"0"时为暗。试编程实现：每次其中某个灯闪烁点亮 10 次，转移到下一个闪烁点亮 10 次，循环不止。

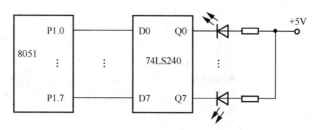

图 3-14 LED 闪烁线路

解：程序如下。

```
        MOV     A,#01H        ;灯亮初值
SS:    LCALL   FF            ;调闪亮 10 次子程序
        RL      A            ;左移一位
        SJMP    SS           ;循环
FF:    MOV     R2,#0AH       ;闪烁 10 次计数
FF1:   MOV     P1,A          ;点亮
        LCALL   DELAY        ;延时
        MOV     P1,#00H       ;熄灭
        LCALL   DELAY        ;延时
```

```
       DJNZ    R2,FF1              ;循环
       RET
```

延时子程序可根据延时长短，自行编写。

本章小结

MCS-51 型单片机指令基本格式由标号、操作码、操作数和注释组成。其中标号为选择项，可有可无；操作数可以为 0～3 个；操作码为必选项，代表了指令的操作功能。MCS-51 型单片机有 7 种寻址方式：立即寻址、直接寻址、寄存器寻址、寄存器间接寻址、变址寻址、相对寻址和位寻址。寻址就是寻找操作数的地址。MCS-51 型单片机共有 111 条指令。按指令长度分类，可分为单字节、双字节和三字节指令。按指令执行时间分类，又可分为单周期、双周期和四周期指令。按指令功能分类，可分为数据传送类（29 条）、算术运算类（24 条）、逻辑运算类（24 条）、位操作类（12 条）和控制转移类（22 条）。

用汇编指令编写的程序称为汇编语言源程序。伪指令对汇编程序能起说明和控制作用，但本身并不产生机器代码，不属于指令系统。程序设计的基本方法有顺序程序、分支程序、循环程序、查表程序、散转程序和子程序。在编写程序之前，通常要求画出程序流程图，可充分表达程序的设计思想，能减少错误，便于阅读、调试和查错，提高效率。本章详细介绍了 MCS-51 单片机的汇编指令、汇编语言与一些常用的程序设计方法，并列举了一些具有代表性的汇编语言程序实例，作为读者设计程序的参考。

习　题　3

3-1　什么是寻址方式？MCS-51 单片机有哪几种寻址方式？

3-2　指出下列指令中画线的操作数的寻址方式。

```
MOV    R0,#60H
MOV    A,30H
MOV    A,@R0
MOV    @R1,A
MOVC   A,@A+DPTR
CJNE   A,#00H,ONE
CPL    C
MOV    C,30H
```

3-3　若要完成以下的数据传送，则应如何用 MCS-51 的指令来实现？

（1）R1 内容送入 R0 中。

（2）外 RAM 20H 单元内容送入 R0。

（3）外 RAM 20H 单元内容送入内 RAM 20H 单元。

（4）外 RAM 1000H 单元内容送入内 RAM 20H 单元。

（5）ROM 2000H 单元内容送入 R1。

（6）ROM 2000H 单元内容送入内 RAM 20H 单元。

（7）ROM 2000H 单元内容送入外 RAM 20H 单元。

3-4　已知内 RAM 中（30H）=70H，（40H）=71H，执行下列一段程序后，试分析有关单

元内容。

```
MOV   R0,#30H
MOV   A,@R0
MOV   @R0,40H
MOV   40H,A
MOV   R0,#60H
```

3-5　已知 A=7AH，R0=30H，（30H）=A5H，PSW=80H，问执行以下各条指令后的结果（每条指令都以题中规定的数据参加操作）。

```
(1) XCH    A,R0        A=(    )  R0=(    )  P=(    )
(2) XCH    A,30H       A=(    )  (30H)=(    )  P=(    )
(3) XCH    A,@R0       A=(    )  (30H)=(    )  P=(    )
(4) XCHD   A,@R0       A=(    )  (30H)=(    )  P=(    )
(5) SWAP   A           A=(    )  P=(    )
(6) ADD    A,R0        A=(    )  Cy=(    )  P=(    )  OV=(    )
(7) ADD    A,30H       A=(    )  Cy=(    )  P=(    )  OV=(    )
(8) ADD    A,#30H      A=(    )  Cy=(    )  P=(    )  OV=(    )
(9) ADDC   A,30H       A=(    )  Cy=(    )  P=(    )  OV=(    )
(10) SUBB  A,30H       A=(    )  Cy=(    )  P=(    )  OV=(    )
(11) DA    A           A=(    )  Cy=(    )  P=(    )
(12) RL    A           A=(    )  Cy=(    )  P=(    )
(13) RLC   A           A=(    )  Cy=(    )  P=(    )
(14) CJNE  A,#30H,ONE  A=(    )  Cy=(    )  P=(    )
(15) CJNE  A,30H,TWO   A=(    )  Cy=(    )  P=(    )
```

3-6　试编写一段程序，将内部数据存储器 30H，31H 单元内容传送到外部数据存储器 1000H，1001H 单元中去。

3-7　说明下列指令的作用，执行后 R0=（　　　）

```
MOV    R0,#72H
XCH    A,R0
SWAP   A
XCH    A,R0
```

3-8　阅读下列程序,说明其功能。

```
MOV    R0,#50H
MOV    A,@R0
RL     A
MOV    R1,A
RL     A
RL     A
ADD    A,R1
MOV    @R0,A
```

3-9　试编写计算下列算式的式子。

```
(1)35CAH + B45DH→R1R0
(2)89AAH - 675FH→内 RAM(31H)(30H)
(3)4578 + 7656→外 RAM(1001H)(1000H)
```

3-10　试编写一段程序，将 P1 口的高 5 位置位，低 3 位不变。

3-11　试编写一段程序，将 R2 中的各位倒序排列后送入 R3 中。

3-12　设 A 中为无符号数，试编写程序，若内容满足以下条件，则程序转移至 LOOP 存储单元。

（1）A≥10　　　　（2）A≤10　　　　（3）A＞10　　　　（4）A＜10

3-13　已知指令 AJMP　addr11 的机器码为 41H 和 FFH，指令所在的地址为 0810H，求其转移指令的目的地址。

3-14　已知指令 AJMP　70H 所在的地址为 0100H，求其转移指令的目的地址。

3-15　已知指令 AJMP　A0H 所在的地址为 0100H，求其转移指令的目的地址。

3-16　求指令 H:SJMP　H 中的地址偏移量。

3-17　试比较指令 AJMP　addr11 和 ACALL　addr11 的不同。

3-18　已知 SP=25H，PC=4345H，（24H）=12H，（25H）=34H，（26H）=56H，请问此时执行 RET 指令后，SP=＿＿＿ PC=＿＿＿。

3-19　请用位操作指令编写程序，完成下列逻辑运算。

```
(1) P1.7=Acc.0×(B.0+P2.1)+P3.2
(2) PSW.5=P1.3×Acc.2+B.5×P1.1
```

3-20　设 Cy=1，P1=00110011B，P3=01010110B，请指出执行下列程序段后，Cy=（　　）P1=（　　）P3=（　　）。

```
MOV P1.3,C
MOV P1.4,C
MOV C,P1.6
ANL C,P3.3
CPL P3.4
ORL C,/P1.7
MOV P1.0,C
```

3-21　试编写程序，查找内 RAM 20H～50H 单元中是否有 0AAH 这一数据，若有这一数据，将 51H 单元置为 01H，否则置为 00H。

3-22　编程实现将内 RAM 20H～27H 的内容传送到内 RAM 50H～57H 单元中。

3-23　编程实现将内 RAM 20H～27H 的内容传送到内 RAM 23H～2AH 单元中。

3-24　编程实现将内 RAM 20H～27H 的内容传送到内 RAM 1CH～23H 单元中。

3-25　编程实现将内 RAM 20H～27H 的内容传送到外 RAM 1000H～1007H 单元中。

3-26　若已知 A=76H，PSW=81H，转移指令所在地址为 2080H，当执行以下各条指令后，程序是否发生转移？PC=（　　）。

```
(1) JNZ    12H
(2) JNC    34H
(3) JB     P,56H
(4) JBC    AC,78H
(5) CJNE   A,#50H,9AH
(6) DJNZ   PSW,0BCH
```

3-27　下列指令中哪些是非法指令？

```
MOV A,R7        ADDC B,R6       SETB 30H.0
MOV R5,R2       SUBB A,@R1      CJNE @R0,#64H,LABEL
```

```
        MOV   A,@R0          PUSH  R6          DJNZ  @R0,LABEL
        MOV   SBUF,@R1       PUSH  B           RR    B
        MOV   R7,@R1         POP   @R1         RLC   A
        MOV   @R2,#64H       ANL   R7,A        CLR   A
        DEC   DPTR           ORL   A,R7        CLR   B
        INC   DPTR           XRL   C,Acc.5     MOVX  @R0,PSW
```

3-28　对下列程序进行人工汇编。

```
        CLR   C
        MOV   R2,#3
LOOP:   MOV   A,@R0
        ADDC  A,@R1
        MOV   @R0,A
        INC   R0
        INC   R1
        DJNZ  R2,LOOP
        JNC   NEXT
        MOV   @R0,#01H
        SJMP  $
   NEXT:DEC   R0
        SJMP  $
```

（1）设 R0=20H，R1=25H，若（20H）=80H，（21H）=90H，（22H）=A0H，（25H）=A0H，（26H）=6FH，（27H）=30H，则程序执行后结果如何？

（2）若（27H）的内容改为 6FH，则结果又如何？

3-29　从内部 RAM 20H 单元开始存有一组带符号数，其个数已存放在 1FH 单元。要求统计出其中大于 0、等于 0 和小于 0 的数的数目，并把统计结果分别存入 ONE、TWO、THREE 三个单元。

3-30　外部 RAM2000H～2100H 有一个数据块，现要将它们传送到 3000H～3100H 的区域，试编写有关程序。

3-31　外部 RAM 从 2000H 开始有 100 个数据，现要将它们移动到从 2030 开始的区域，试编写有关程序。

3-32　从内部 RAM 的 BLOCK 开始有一个无符号数数据块，长度存于 LEN 单元，求出数据块中的最小元素，并将其存入 MINI 单元。要求使用比较条件转移指令 CJNE。

3-33　已知 A 中为 2 位的十六进制数，试编程将其转换为 ASCII 码，存入内 RAM 20H～21H 中。

3-34　试编程将外部 RAM 1000H～1050H 单元的内容清 0。

3-35　试编写统计数据区长度的程序，设数据区从内 RAM 30H 开始，该数据区以 O 结束，统计结果送入 2FH 中。

3-36　试编写程序，找出外 RAM 2000H～200FH 数据区中的最小值，并放入 R2 中。

3-37　试分别编写延时 20ms 和 1s 的程序。

3-38　用查表程序求 0～8 之间整数的立方。

3-39　已知（60H）=33H，（61H）=43H，试写出程序的功能，写出运行结果。

```
        ORG   0000H
SS: MOV       R0,#61H
```

```
        MOV     R1,#70H
        ACALL   CRR
        SWAP    A
        MOV     @R1,A
        DEC     R0
        ACALL   CRR
        XCHD    A,@R1
        SJMP    $
CRR:    MOV     A,@R0
        CLR     C
        SUBB    A,#30H
        CJNE    A,#0AH,NEQ
        AJMP    BIG
NEQ:    JC      CEN
BIG:    SUBB    A,#07H
CEN:    RET
    (60H)=(    )   (61H)=(    )   (70H)=(    )
```

3-40　根据图 3-14 线路，设计灯亮移位程序，要求 8 只发光二极管每次点亮一个，点亮时间为 40ms，顺序从下到上一个一个地循环点亮。设 f_{osc}=6MHz。

3-41　根据图 3-14 编写程序，使 P1 口的高 4 位和低 4 位灯每隔 1s 循环交叉点亮。设 f_{osc}=6MHz。

第4章 Keil C51 语法及程序设计

▶ 学习目标 ◀

C 语言在功能上、结构性、可读性和维护性上都比汇编语言有明显的优势，因而易学易用。Keil 的 C51 是支持 51 系列单片机最成功的 C 语言，它继承了标准 C 语言的绝大部分的特点，并且基本语法相同，但其本身又在特定的硬件结构上有一定的扩展。通过本章的学习，读者将了解 C51 的语法和程序设计，讨论 C51 语言程序的结构和编程方法。

4.1 C 语言与 MCS-51 系列单片机

汇编语言编写程序对硬件操作很方便，编写的程序代码短，但是使用起来不方便，可读性和可移植性都较差，同时汇编语言程序的设计周期长，调试和排错也比较难。随着微电子技术的快速发展，单片机存储器的容量不再成为制约单片机应用的瓶颈。因此，为了提高设计计算机应用系统和应用程序的效率，改善程序的可读性和可移植性，最好是采用高级语言来进行应用系统和应用程序设计。C 语言既有高级语言使用方便的特点，也具有汇编语言直接对硬件进行操作的特点，因而现在单片机应用系统设计开发中，常常采用 C 语言来进行程序设计。

4.1.1 C 语言的特点及程序结构

1. C 语言的特点

C 语言功能丰富，表达能力强，使用灵活方便，应用面广，目标程序效率高，可移植性好，能直接对计算机硬件进行操作。既有高级语言的特点，也具有汇编语言的特点。

与其他的高级语言相比较，C 语言具有以下特点：

1）语言简洁、紧凑，使用方便、灵活

C 语言一共有 32 个关键字，9 种控制语句，程序书写形式自由，与其他高级语言相比较，程序精练、简短。

2）运算符丰富

C 语言包括很多种运算符，共有 34 种，而且把括号、赋值、强制类型转换等都作为运算符处理。表达式灵活，多样。可以实现各种各样的运算。

3）数据结构丰富，具有现代语言的各种数据结构

C 语言的数据类型有整型、实型、字符型、数组类型、指针类型等。能用来实现各种复杂的数据结构。

4）可进行结构化程序设计

C 语言具有各种结构化的控制语句，如 if...else 语句、while 语句、do...while 语句、switch语句、for 语句等。另外 C 语言程序以函数为模块单位，一个 C 语言程序就是由许多个函数组成的，一个函数相当于一个程序模块，因此 C 语言程序可以很容易进行结构化程序设计。

5）可以直接对计算机硬件进行操作

C 语言允许直接访问物理地址，能进行位操作，能实现汇编语言的大部分功能，可以对硬件直接进行操作。

6）生成的目标代码质量高，程序执行效率高

用 C 语言编写的程序生成目标代码的效率仅比汇编语言编写的程序低 10%～30%。C 语言编写程序比汇编语言编写程序方便、容易得多，可读性强，开发时间也短得多。

7）可移植性好

不同的计算机汇编指令不一样，用汇编语言编写的程序用于另外型号的机型时，必须改写成对应机型的指令代码。而 C 语言编写的程序基本上都不用修改就能用于各种机型和各种操作系统。

2．C 语言的程序结构

C 语言程序采用函数结构，每个 C 语言程序都由一个或多个函数组成。在这些函数中至少应包含一个主函数 main()，也可以包含一个 main() 函数和若干个其他的功能函数。不管 main()函数放于何处，程序总是从 main() 函数开始执行，执行到 main() 函数结束则结束。在 main()函数调用其他函数，其他函数也可以相互调用，但 main() 函数只能调用其他的功能函数，而不能被其他的函数所调用。功能函数可以是 C 语言编译器提供的库函数，也可以是由用户定义的自定义函数。在编写 C 语言程序时，程序的开始部分一般是预处理命令、函数说明和变量定义等。

C 语言程序结构一般如下：

```
预处理命令          #include<>
函数说明            long  fun1( ) ;
                  float  fun2();
                  int  x ,y;
                  float  z;
主函数             main( )
                  {
                      主函数体
                  }
功能函数 1          fun1( );
                  {
                      函数体 1
                  }
功能函数 2          fun2();
                  {
```

函数体 2
}

其中，函数往往由"函数定义"和"函数体"两个部分组成。函数定义部分包括函数类型、函数名、形式参数说明等，函数名后面必须跟一个圆括号（），形式参数在（）内定义。函数体由一对花括号"{}"将函数体的内容括起来。若一个函数内有多个花括号，则最外层的一对"{}"为函数体的内容。函数体内包含若干语句，一般由两部分组成：声明语句和执行语句。声明语句用语对函数中用到的变量进行定义，也可能对函数体中调用的函数进行声明。执行语句由若干语句组成，用来完成一定功能。但是有的函数体仅有一对"{}"，其中内部既没有声明语句，也没有执行语句，这种函数称为空函数。

C 语言程序在书写时格式十分自由，一条语句可以写成一行，也可以写成几行；还可以一行内写多条语句；但每条语句后面必须以分号"；"作为结束符。C 语言程序对大小写字母比较敏感。在程序中，同一个字母的大小写，系统是作不同处理的。在程序中可以用"/*……*/"或"//"对 C 程序中的任何部分做注释，以增加程序的可读性。

C 语言本身没有输入/输出语句。输入和输出是通过输入/输出函数 scanf() 和 printf() 来实现的。输入/输出函数通过标准库函数形式提供给用户。

4.1.2　C 语言与 MCS-51 系列单片机

MCS-51 汇编语言程序设计，汇编语言有执行效率高、速度快、与硬件结合紧密等特点。特别在进行 I/O 端口操作时，使用汇编语言快捷、直观。但汇编语言编程比高级语言难度大，可读性差，不便于移植，开发的时间长。而 C 语言作为一种高级程序设计语言，在程序设计时相对来说比较容易，可支持多种数据类型，可移植性强，而且也能够对硬件直接访问，能够按地址方式访问存储器或 I/O 端口。现在很多单片机系统都用 C 语言编写程序。用 C 语言编写的应用程序必须由单片机 C 语言编译器（例如 MCS-51 的 C51）转换生成单片机可执行的代码程序。

用 C 语言编写 MCS-51 系列单片机程序与用汇编语言编写 MCS-51 系列单片机程序不一样，用汇编语言编写 MCS-51 系列单片机程序必须要考虑其存储器结构，尤其必须考虑其片内数据存储器与特殊功能寄存器的使用及按实际地址处理端口数据。用 C 语言编写的 MCS-51 单片机应用程序则不用像汇编语言那样详细组织、分配存储器资源和处理端口数据。但在 C 语言编程中，对数据类型与变量的定义，必须与单片机的存储结构相关联。否则，编译器不能正确地映射定位。

用 C 语言编写单片机应用程序与标准的 C 语言程序也有区别：C 语言编写单片机应用程序时，需根据单片机存储结构及内部资源定义相应的数据类型和变量，而标准的 C 语言程序则不需要考虑这些问题；C51 包含的数据类型、变量存储模式、输入输出处理、函数等方面与标准的 C 语言有一定的区别。其他的语法规则、程序结构及程序设计方法等与标准的 C 语言程序设计相同。

现在支持 MCS-51 系列单片机的 C 语言编译器有很多种，各种编译器的基本情况相同，但具体处理时有一定的区别，其中 Keil 的 C51 是支持 51 系列单片机最成功的 C 语言。它继承了标准 C 语言的绝大部分的特点，并且基本语法相同，但其本身又在特定的硬件结构上有一定的扩展。本书以 Keil C51 为例来介绍 MCS-51 的 C 语言程序设计。

4.2　C51 程序结构及数据类型

4.2.1　C51 程序结构

C51 程序结构与标准的 C 语言程序结构相同，采用函数结构，一个程序由一个或多个函数组成。其中有一个且只有一个为 main()函数。程序从 main()函数开始执行，执行到 main()函数结束。在 main()函数中可调用库函数和用户定义的函数。

C51 的语法规定、程序结构及程序设计方法都与标准的 C 语言程序设计相同，但 C51 程序与标准的 C 语言程序在以下几个方面不一样：

（1）C51 中定义的库函数和标准 C 语言定义的库函数不同。标准的 C 语言定义的库函数是按通用微型计算机来定义的，而 C51 中的库函数是按 MCS-51 单片机相应情况来定义的。

（2）C51 中的数据类型与标准 C 语言的数据类型也有一定的区别，在 C51 中还增加了几种针对 MCS-51 单片机特有的数据类型。

（3）C51 变量的存储模式与标准 C 语言中变量的存储模式不一样，C51 中变量的存储模式是与 MCS-51 单片机的存储器紧密相关的。

（4）C51 与标准 C 语言的输入/输出处理不一样，C51 中的输入/输出是通过 MCS-51 串行口来完成的，输入/输出指令执行前必须要对串行口进行初始化。

（5）C51 与标准 C 语言在函数使用方面也有一定的区别，C51 中有专门的中断函数。

4.2.2　C51 的数据类型

数据的格式通常称为数据类型，如图 4-1 所示。标准的 C 语言的数据类型可分为基本数据类型和组合数据类型两种，组合数据类型由基本数据类型构造而成。标准的 C 语言的基本数据类型有字符型（char）、短整型（short）、整型（int）、长整型（long）、浮点型（float）和双精度型（double）。组合数据类型有数组类型、结构体类型、共同体类型和枚举类型，另外还有指针类型和空类型。C51 的数据类型也分为基本数据类型和组合数据类型两种，情况与标准 C 语言中的数据类型基本相同，但其中 char 型与 short 型相同，float 型与 double 型相同。另外，C51 中还有专门针对 MCS-51 单片机的特殊功能寄存器型和位类型。具体情况如下：

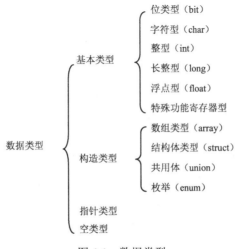

图 4-1　数据类型

1．char（字符型）

char 类型的长度是一个字节，通常用于定义字符数据的变量或常量。char 型又分为有符号字符型 signed char 和无符号字符型 unsigned char，默认为 signed char。它们的长度均为一个字节，用于存放一个单字节的数据。对于 signed char，它用于定义带符号字节数据，其字节的最高位为符号位，"0" 表示正数，"1" 表示负数，以补码表示，所能表示的数值范围是-128～+127；对于 unsigned char，它用于定义无符号字节数据或字符，可以存放一个字节的无符号数，其所能表示的数值范围为 0～255。unsigned char 可以用来存放无符号数，也可以存放英文字符，一个英文字符占一个字节，在计算机内部用 ASCII 码存放。

2．int（整型）

int 整型数据的长度为两个字节，用于存放一个双字节数据。它分为有符号整型数 signed int 和无符号整型数 unsigned int，默认值为 signed int 类型。对于 signed int，它用于存放两字节带符号数，以补码表示，所能表示的数值范围为-32768～+32767。对于 unsigned int，它用于存放两个字节无符号数，数的范围为 0～65535。

3．long（长整型）

long 长整型数据的长度为四个字节，用于存放一个四字节数据。它也分为有符号长整型数 signed long 和无符号长整型数 unsigned long，默认值为 signed long。对于 signed long，它用于存放四字节带符号数，以补码表示，所能表示的数值范围为-2147483648～+2147483647。对于 unsigned long，它用于存放四字节无符号数，所能表示的数值范围为 0～4294967295。

4．float（浮点型）

float 型数据的长度为四个字节，格式符合 IEEE-754 标准的单精度浮点型数据，包括指数和尾数两部分，最高位为符号位，"1" 表示负数，"0" 表示正数，其余的 8 位为阶码，最后的 23 位为尾数的有效数位，由于尾数的整数部分隐含为 "1"，所以尾数的精度为 24 位。在内存中的格式如图 4-2 所示。

字节地址	3	2	1	0
浮点数的内容	SEEEEEEE	EMMMMMMM	MMMMMMMM	MMMMMMMM

图 4-2　单精度浮点数的格式

其中，S 为符号位；E 为阶码位，共 8 位，用补码表示。阶码 E 的正常取值范围为 1～254，而对应的指数实际取值范围为-126～+127；M 为尾数的小数部分，共 23 位，尾数的整数部分始终为 "1"。故一个规格化的 32 位浮点数×的真值可表示为 $(-1)^s \times 2^{E-127} \times (1.M)$。

例如，浮点数+124.75=+1111100.11B=+1.00000011×2^{+110}，符号位为 "0"，8 位阶码 E 为+110=111111=10000101B，23 位数值位为 11110011000000000000000B，32 位浮点表示形式为 01000010 11111001 10000000 00000000B=42F98000H，在内存中的表示形式如图 4-3 所示。

字节地址	3	2	1	0
浮点数的内容	01000010	11111001	10000000	00000000

图 4-3　浮点数+124.75 在内存中的表示

需要指出的是，对于浮点型数据除了正常数值之外，还可能出现非正常数值。根据 IEEE 标准，当浮点型数据取以下数值（十六进制数）时即为非正常值。

```
FFFFFFFFH        非数(NAN)
7F800000H        正溢出(+1NF)
FF800000H        负溢出(-INF)
```

另外，由于 MCS-51 单片机不包括捕获浮点运输错误的中断矢量，因此，必须由用户自己根据可能出现的错误条件用软件来进行适当的处理。

5. *指针型

指针型本身就是一个变量，在这个变量中存放着指向另一个数据的地址。这个指针变量要占用一定的内存单元。对不同的处理器其长度不一样，在 C51 中它的长度一般为 1～3 个字节。指针变量直接指示硬件的物理地址，因此用它可以方便对 8051 的各部分物理地址直接操作。

以上数据类型在标准 C 中都有定义，以下 4 中数据类型是 C51 的扩充数据类型。

6. sfr（特殊功能寄存器）

MCS-51 系列单片机的特殊功能寄存器必须采用直接寻址的方式来访问。sft 是 C51 扩充的数据类型，为字节型特殊功能寄存器类型，sft 可以对 8051 的特殊功能寄存器进行定义，占一个内存单元，取值范围 0～255，利用它可以访问 MCS-51 内部的所有特殊功能寄存器。在 C51 中对特殊功能寄存器的访问必须先用 sfr 进行声明。

7. sfr16（16 位特殊功能寄存器）

sfr16 为双字节型特殊功能寄存器类型，占用两个字节单元，利用它可以访问 MCS-51 内部的所有两个字节的特殊功能寄存器（如 DPTR 等）。在 C51 中对两个字节的特殊功能寄存器进行访问时必须先用 sfr16 进行声明。

8. bit（位类型）

bit 也是 C51 中扩充的数据类型，其值可以是"1"或"0"，用于访问 MCS-51 单片机中的可寻址的位单元。bit 可以定义一个位变量，由 C51 编辑器在 8051 内部 RAM 区 20H～2FH 的 128 个位地址中分配一个为位地址，用 bit 定义的位变量在 C51 编译器编译时，在不同的时候位地址是可以变化的。

9. sbit（可寻址位类型）

sbit 在内存中也只占一个二进制位，其值可以是"1"或"0"。不同的是用 sbit 定义的位变量必须与 MCS-51 单片机的一个可以寻址位单元或可位寻址的字节单元中的某一位联系在一起，在 C51 编译器编译时，其对应的位地址是不可变化的。

例如：sbit flag =P1^0；表示 P1.0 这条 I/O 口线定义名为 flag 的标志。

表 4-1 为 Keil C51 编译器能够识别的基本数据类型。

表 4-1　Keil C51 编译器能够识别的基本数据类型

基本数据类型	长　度	取值范围
unsigned char	1 字节	0～256
signed char	1 字节	−128～+127
unsigned int	2 字节	0～65535
signed int	2 字节	−32768～+32767
unsigned long	4 字节	0～4294967295
signed long	4 字节	−2147483648～+2147483647
float	4 字节	±1.175494E−38～±3.402823E+38
bit	1 位	0 或 1
sbit	1 位	0 或 1
sfr	1 字节	0～255
sfr16	2 字节	0～65535

在 C51 语言程序中，有可能会出现在运算中数据类型不一致的情况。C51 允许任何标准数据类型的隐式转换，隐式转换的优先级顺序如下：

```
bit→char→int→long→float
signed→unsigned
```

也就是说，当 char 型与 int 型进行运算时，先自动将 char 型扩展为 int 型，然后与 int 型进行运算，运算结果为 int 型。C51 除了支持隐式类型转换，还可以通过强制类型转换符"()"对数据类型进行人为的强制转换。

在 C 语言中，用 signed 表示一个变量（或常数）是有符号类型，unsigned 表示无符号类型。它们表示的数值范围不一样。必须注意的是有符号运算比无符号运算耗资源，因此应尽可能使用无符号数。另外，C51 支持的多字节数据都是按照高字节在前，低字节在后的原则安放的，即一个多字节数，在内存单元中存储顺序为高字节存储在地址低的存储单元中，低字节存储在地址高的存储单元中。

C51 编译器除了能支持以上这些基本数据类型，还能支持一些复杂的组合型数据类型，如数组类型、指针类型、结构类型和联合类型等复杂的数据类型。

4.3　C51 的存储种类及存储区

4.3.1　常量

常量是指在程序执行过程中其值不能改变的量。在 C51 中支持整型常量、浮点型常量、字符型常量和字符串型常量。

1. 整型常量

整型常量也就是整型常数，根据其值范围在计算机中分配不同的字节数来存放。在 C51 中它可以表示成以下形式：

十进制整数：如 234、–56、0 等。

十六进制整数：以 0x 开头表示，如 0x12 表示十六进制数 12H。

长整型：在 C51 中若一个整数的值达到长整型的范围，则该数按照长整型存放，在存储器中占四个字节。另外，如果一个整数后面加一个字母 L，那么这个数在存储器中也按照长整型存放（如 123L 在存储器中占四个字节）。

2．浮点型常量

浮点型常量就是实型常数，它有两种表示形式：十进制表示形式和指数表示形式。

十进制表示形式又称为点表示形式：由数字和小数点组成，例如，0.123、34.645 等都是十进制数表示形式的浮点型常量。

指数表示形式为

```
[±]数字[数字]e[±]数字
```

例如，123.456 e–3、–3.123 e2 等都是指数形式的浮点型常量。

3．字符型常量

字符型常量是用单引号括起的字符，如 'a'、'1'、'F' 等。可以是可显示的 ASCII 字符，也可以是不可显示的控制字符。对不可显示的控制字符须在前面加反斜杠 "\" 组成转义字符。利用它可以完成一些特殊功能和输出时的格式控制。常用的转义字符见表 4-2。

表 4-2　常用的转义字符

转义字符	含　　义	ASCII 码（十六进制数）
\0	空字符	00H
\n	换行字符（LF）	0AH
\r	回车符（CR）	0DH
\t	水平制表符（HT）	09H
\b	退格符（BS）	08H
\f	换页符（FF）	0CH
\'	单引号	27H
\"	双引号	22H
\\	反斜杠	5CH

4．字符串型常量

字符串型常量由双引号 "　" 括起的字符组成。如 "D"、"1234"、"ABCD" 等。注意字符串常量与字符常量是不一样的，一个字符常量在计算机内只用一个字节存放，而一个字符串常量在内存中存放时不仅引号内的字符一个占一个字节，而且系统会自动的在后面加一个转义字符 "\0" 作为字符串结束符。因此，不要将字符常量和字符串常量混淆，例如，字符常量 'A' 和字符串常量 'A' 是不一样的。

4.3.2　变量

变量是在程序运行过程中其值可以改变的量。一个变量由两部分组成：变量名和变量值。

每个变量都有一个变量名，在存储器中占用一定的存储单元，变量的数据类型不同，占用的存储单元数也不一样。在存储单元中存放的内容就是变量值。

在 C51 中，变量在使用前必须对变量进行定义，指出变量的数据类型和存储模式。以便编译系统为它分配相应的存储单元。定义的格式如下：

```
[存储种类]   数据类型说明符  [存储器类型]   变量名 1[=初值],变量名 2[=初值]…;
```

1．数据类型说明符

在定义变量时，必须通过数据类型说明符指明变量的数据类型，指明变量在存储器中占用的字节数。可以是基本数据类型说明符，也可以是组合数据类型说明符，还可以是用 typedef 或#define 定义的类型别名。

在 C51 中，为了增加程序的可读性，允许用户为系统固有的数据类型说明符 typedef 或 #define 起别名，格式如下：

```
typedef   c51 固有的数据类型说明符    别名;
或 #define    别名    c51 固有的数据类型说明符;
```

定义别名后，就可以用别名代替数据类型说明符对变量进行定义。别名可以用大写，也可以用小写，为了区别一般用大写字母表示。

【例 4-1】 typedef 的使用。

```
typedef  unsigned  int  WORD;
#define  BYTE  unsigned  char
BYTE  a1=0x12;
WORD  a2=0x1234;
```

2．变量名

变量名是 C51 为区分不同变量，替不同变量取的名称。在 C51 中规定变量名可以由字母、数字和下线三种字符组成，且第一个字母必须为字母或下划线。变量名有两种：普通变量名和指针变量名。它们的区别是指针变量名前面要带"*"号。

3．存储种类

存储种类是指变量在程序执行过程中的作用范围。C51 变量的存储种类有四种，分别是自动（auto）、外部（extern）、静态（static）和寄存器（register）。

（1）auto：使用 auto 定义的变量称为自动变量，其作用范围为定义它的函数体或复合语句内部。当定义它的函数体或复合语句执行时，C51 才为该变量分配内存空间，结束时占用的内存空间释放。自动变量一般分配在内存的堆栈空间中。定义变量时，如果省略存储种类，则该变量默认为自动（auto）变量。

（2）extern：使用 extern 定义的变量称为外部变量。在一个函数体内，要使用一个已在该函数体外或别的程序中定义过的外部变量时，该变量在该函数体内要用 extern 说明。外部变量被定义后可分配固定的内存空间，在程序整个执行时间内都有效，直到程序结束才释放。

（3）static：使用 static 定义的变量称为静态变量。它又分为内部静态变量和外部静态变量。在函数体内部定义的静态变量为内部静态变量，它在对应的函数体内有效，一直存在，但在函数体外不可见。这样不仅使变量在定义它的函数体外被保护，还可以实现当离开函数时值不被改变。外部静态变量是在函数外部定义的静态变量，它在程序中一直存在，但在定义的范围之外是不可见的。例如，在多文件或多模块处理时，外部静态变量只在文件内部或模块内部有效。

（4）register：使用 register 定义的变量称为寄存器变量。它定义的变量存放在 CPU 内部的寄存器中，处理速度快，但数目少。C51 编译器编译时能自动识别程序中使用频率最高的变量，并自动将其作为寄存器变量，用户可以无需专门声明。

4．存储器类型

存储器类型用于指明变量所处的单片机的存储器区域情况。存储器类型与存储种类完全不同。C51 编译器只能识别的存储器类型有以下几种，见表 4-3。

表 4-3　C51 编译器只能识别的存储器类型

存储器类型	描　述
data	直接寻址的片内 RAM 低 128B，访问速度快
bdata	片内 RAM 的可位寻址区（20H～2FH），允许字节和位混合访问
idata	间接寻址访问的片内 RAM，允许访问全部片内 RAM
pdata	用 Ri 间接访问的片外 RAM 的低 256B
xdata	用 DPTR 间接访问的片外 RAM，允许访问全部 64KB 片外 RAM
code	程序存储器 ROM 64KB 空间

定义变量时也可以省略存储器类型，省略时 C51 编译器将按编译模式默认存储器类型。

【例 4-2】　变量定义存储种类和存储器类型相关情况。

```
char data var1;/*在片内 RAM 低 128B 定义用直接寻址方式访问的字符型变量 var1*/
int idata var2;/*在片内 RAM 256B 定义用间接寻址方式访问的整型变量 var2*/
auto unsigned long data var3;  /*在片内 RAM 128B 定义用直接寻址方式访问的自动无符
号长整型变量 var3*/
extern float xdata var4;   /*在片外 RAM 64KB 空间定义用间接寻址方式访问的外部实型变
量 var4*/
int code var5;   /*在 ROM 空间定义整型变量 var5*/
unsigned char bdata var6;   /*在片内 RAM 位寻址区 20H～2FH 单元定义可字节处理和位处
理的无符号字符型变量 var6*/
```

5．特殊功能寄存器变量

MCS-51 系列单片机片内有许多特殊功能寄存器，通过这些特殊功能寄存器可以控制 MCS-51 系列单片机的定时器、计数器、串口、I/O 接口及其他功能部件，每一个特殊功能寄存器在片内 RAM 中都对应一个字节单元或两个字节单元。

在 C51 中，允许用户对这些特殊功能寄存器进行访问，访问时需通过 sfr 或 sfr16 类型说明符进行定义，定义时需指明它们所对应的片内 RAM 单元的地址。格式如下：

```
sfr 或 sfr16       特殊功能寄存器名=地址;
```

sfr 用于对 MCS-51 单片机中单字节的特殊功能寄存器进行定义，sfr16 用于对双字节特殊功能寄存器进行定义。特殊功能寄存器名一般用大写字母表示。地址一般用直接地址形式，具体特殊功能寄存器地址见前面内容。

【例 4-3】 特殊功能寄存器的定义。

```
sfr PSW=0xD0;        /*定义程序状态字 PSW 的地址为 D0H*/
sfr TMOD=0x89;       /*定义定时器/计数器方式控制寄存器 TMOD 的地址为 89H*/
sfr P1=0x90;         /*定义 P1 口的地址为 90H*/
```

6. 位变量

在 C51 中，允许用户通过位类型符定义变量。位类型符有两个：bit 和 sbit。可以定义两种位变量。

```
bit 位类型符用于定义一般的可进行位处理的位变量。它的格式如下：
bit  位变量名；
```

在格式中可以加上各种修饰，但注意存储器类型只能是 bdata、data、idata。只能是片内 RAM 的可位寻址区，严格来说只能是 bdata。

【例 4-4】 bit 型变量的定义。

```
bit data   a1;      /*正确*/
bit bdata  a2;      /*正确*/
bit pdata  a3;      /*错误*/
bit xdata  a4;      /*错误*/
```

sbit 位类型符用于定义在可位寻址字节或特殊功能寄存器中的位，定义时需指明其位地址，可以是位直接地址，也可以是可位寻址变量带位号，还可以是特殊功能寄存器名带位号。格式如下：

```
sbit  位变量名=位地址；
```

如果位地址为位直接地址，则其取值范围为 0x00～0xff；如果位地址是可位寻址变量带位号或特殊功能寄存器名带位号，则在它前面需对可位寻址变量或特殊功能寄存器进行定义。字节地址与位号之间、特殊功能寄存器与位号之间一般用"^"作间隔。

【例 4-5】 sbit 型变量的定义。

```
sbit CY=0xD7;        /*定义进位标志 CY 的地址为 D7H*/
sbit AC=0xD0^6;      /*定义辅助进位标志 AC 的地址为 D6H*/
sbit RS0=0xD0^3;     /*定义 RS0 的地址为 D3H*/
```

在 C51 中，为了用户处理方便，C51 编译器把 MCS-51 单片机的常用的特殊功能寄存器和特殊位进行了定义，放在一个"reg51.h"或"reg52.h"的头文件中。当用户要使用时，只需要在使用之前用一条预处理命令"#include <reg52.h>"把这个头文件包含到程序中，然后就可使用特殊功能寄存器名和特殊位名称。

4.3.3 C51 存储模式

C51 编译器支持三种存储模式：SMALL 模式、COMPACT 模式和 LARGE 模式。不同的存储模式对变量默认的存储器类型不一样。

（1）SMALL 模式。SMALL 模式称为小编译模式，在 SMALL 模式下，编译时函数参数和变量被默认在片内 RAM 中，存储器类型为 data。

（2）COMPACT 模式。COMPACT 模式称为紧凑编译模式，在 COMPACT 模式下编译时函数参数被默认在片外 RAM 的低 256B 空间，存储器类型为 pdata。

（3）LARGE 模式。LARGE 模式称为大编译模式，在 LARGE 模式下，编译时函数参数和变量被默认在片外 RAM 的 64B 空间，存储器类型为 xdata。

在程序中变量的存储模式的指定通过#pragma 预处理命令来实现。函数的存储模式可通过在函数定义时后面带存储模式说明。如果没有指定，则系统都隐含为 SMALL 模式。

【例 4-6】　变量的存储模式

```
#pragma  small                    /*变量的存储模式为 SMALL*/
char  k1;
int  xdata  m1;
#pragma  compact                  /*变量的存储模式为 COMPACT*/
char  k2;
int  xdata  m2;
int  func1(int  x1,int  y1)  large  /*函数的存储模式为 LARGE*/
{
 return(x1+y1);
}
int  func2(int  x2,int  y2)         /*函数的存储模式隐含为 SMALL*/
{
 return(x2-y2);
}
```

程序编译时，k1 变量存储器类型为 data，k2 变量存储器类型为 pdata，而 m1 和 m2 由于定义时带了存储器类型 xdata，因而它们为 xdata 型；函数 func1 的形参 x1 和 y1 的存储器类型为 xdata 型，而函数 func2 由于没有指明存储模式，隐含为 SMALL 模式，形参 x2 和 y2 的存储器类型为 data。

4.3.4　绝对地址访问

在 C51 中，可以通过变量的形式访问 MCS-51 单片机的存储器，也可以通过绝对地址来访问存储器。对于绝对地址，访问形式有三种。

1. 使用 C51 运行库中预定义宏

C51 编译器提供了一组宏定义来对 51 系列单片机的 code、data、pdata 和 xdata 空间进行绝对寻址。规定只能以无符号数方式访问，定义了 8 个宏定义，其函数原型如下：

```
#define  CBYTE((unsigned  char  volatile*)0x50000L)
#define  DBYTE((unsigned  char  volatile*)0x40000L)
#define  PBYTE((unsigned  char  volatile*)0x30000L)
#define  XBYTE((unsigned  char  volatile*)0x20000L)

#define  CWORD((unsigned  int  volatile*)0x50000L)
#define  DWORD((unsigned  int  volatile*)0x40000L)
#define  PWORD((unsigned  int  volatile*)0x30000L)
#define  XWORD((unsigned  int  volatile*)0x20000L)
```

这些函数原型放在 absacc.h 文件中。使用时需用预处理命令把头文件包含到文件中，形式为 include ＜absacc.h＞。

其中，CBYTE 以字节形式对 code 区寻址，DBYTE 以字节形式对 data 区寻址，PBYTE 以字节形式对 pdata 区寻址，XBYTE 以字节形式对 xdata 区寻址，CWORD 以字节形式对 code 区寻址，DWORD 以字节形式对 data 区寻址，PWORD 以字节形式对 pdata 区寻址，XWORD 以字节形式对 xdata 区寻址。访问形式如下：

```
宏名[地址]
```

宏名为 CBYTE、DBYTE、PBYTE、XBYTE、CWORD、DWORD、PWORD 或 XWORD。地址为存储单元的绝对地址，一般用十六进制形式表示。

【例 4-7】 绝对地址对存储单元的访问。

```
#Include <absacc.h>              /*将绝对地址头文件包含在文件中*/
#include <reg52.h>               /*将寄存器头文件包含在文件中*/
#define uchar unsigned char      /*定义符号 uchar 为数据类型符 unsigned char*/
#define uint unsigned int        /*定义符号 uint 为数据类型符 unsigned int*/
void main(void)
{
uchar var1;
uint var2;
var1=XBYTE[0x0005];              /* XBYTE[0x0005]访问片外 RAM 的 0005 字节单元*/
var2=XWORD[0x0002];              /* XWORD[0x0002]访问片外 RAM 的 0002 字节单元*/
...
while(1);
}
```

在上面程序中，XBYTE[0x0005]就是以绝对地址方式访问的片外 RAM 0005 字节单元；XWORD[0x0002]就是绝对地址方式访问的片外 RAM 0002 字节单元。

2. 通过指针访问

采用指针的方法，可以实现 C51 程序中对任意指定的存储器单元进行访问。

【例 4-8】 通过指针实现绝对地址的访问。

```
#define uchar unsigned char      /*定义符号 uchar 为数据类型符 unsigned char*/
#define uint unsigned int        /*定义符号 uint 为数据类型符 unsigned int*/
void func(void)
{
  uchar data var1;
  uchar pdata *dp1;              /*定义一个指向 pdata 区的指针 dp1*/
  uint xdata *dp2;               /*定义一个指向 xdata 区的指针 dp2*/
  uchar xdata *dp3;              /*定义一个指向 data 区的指针 dp3*/
  dp1=0x30;                      /*dp1 指针赋值,指向 pdata 区的 30H 单元*/
  dp2=0x1000;                    /*dp2 指针赋值,指向 xdata 区的 1000H 单元*/
  *dp1=0xff;                     /*将数据 0xff 送到片外 RAM 30H 单元*/
  *dp2=0x1234;                   /*将数据 0x1234 送到片外 RAM 1000H 单元*/
  dp3=&var1;                     /*dp3 指针指向 data 区的 var1 变量*/
  *dp3=0x20;                     /*给变量 var1 赋值 0x20*/
}
```

3. 使用 C51 扩展关键字_at_

使用_at_是对指定的存储器空间的绝对地址进行访问，一般格式如下：

[存储器类型]　数据类型说明符　变量名　_at_　地址常数;

其中，存储器类型为 data、bdata、idata、 pdata 等 C51 能识别的数据类型，如果省略则按存储模式规定的默认存储类型确定变量的存储器区域；数据类型为 C51 支持的数据类型；地址常用于指定变量的绝对地址，必须位于有效的存储空间之内；使用_at_定义的变量必须为全局变量。

【例 4-9】通过_at_实现绝对地址的访问。

```
#define  uchar  unsigned char    /*定义符号 uchar 为数据类型符 unsigned char*/
#define  uint  unsigned int      /*定义符号 uint 为数据类型 unsigned  int*/
void  main(void)
{
  data  uchar  x1_at_0x40;       /*在 data 区中定义字节变量 x1,它的地址为 40H*/
  xdata  uint  x2_at_0x2000;     /*在 xdata 区中定义字变量 x2,它的地址为 2000H*/
  x1=0xff;
  x2=0x1234;
…
  while (1);
}
```

4.4　C51 构造数据类型

前面介绍了 C51 语言中字符型、整型、浮点型、位型和寄存器型等基本数据类型。另外，C51 中还提供了指针类型和由基本数据类型构造的组合数据类型，组合数据类型主要有数组、结构、共同体和枚举等。

4.4.1　数　组

数组是一组有序数据的集合，数组中的每一个数据都属于同一数据类型。数组中的各个元素可以用数组名和下标来唯一确定。根据下标的个数，数组分为一维数组、二维数组和多维数组。数组在使用之前必须先进行定义。根据数组中存放的数据可分为整型数组、字符数组等。不同的数组在定义、使用上基本相同，这里仅介绍使用最多的一维数组和字符数组。

1. 一维数组

一维数组只有一个下标，定义的形式如下：

数据类型说明符　数组名[常量表达式][={初值 1,初值 2,…}]

各部分说明如下：
（1）"数据类型说明符"说明了数组各个元素存储的数据的类型。
（2）"数组名"是整个数组的标识符，它的取名方法与变量的取名方法相同。

（3）"常量表达式"要求取值要为整型常量，必须用方括号"[ ]"括起来。用于说明该数组的长度，即该数组元素的个数。

（4）"初值部分"用于给数组元素赋初值，这部分在数组定义时属于可选项。对数组元素赋值，可以在定义时赋值，也可以定义之后赋值。在定义时赋值，后面需带等号，初值需用花括号括起来，括号内的初值两两之间用逗号隔开，可以对数组的全部元素赋值，也可以只对部分元素赋值。初值为 0 的元素可以只用逗号占位而不写初值 0。

例如，下面是定义数组的两个例子。

```
unsigned  char  x[5];
unsigned  int  y[3]={1,2,3};
```

第一句定义了一个无符号字符数组，数组名为 x，数组中的元素个数为 5。

第二句定义了一个无符号整型数组，数组名为 y，数组中的元素个数为 3，定义的同时给数组中的第三个元素赋初值，赋初值分别为 1、2、3。

需要注意的是，C51 语言中数组的下标是从 0 开始的，因此，上面第一句定义的 5 个元素分别是，x[0]、x[1]、x[2]、x[3]、x[4]。第二句定义的 3 个元素分别是，y[0]、y[1]、y[2]。赋值情况为 y[0]=1；y[1]=2；y[2]=3。

C51 规定在引用数组时，只能逐个引用数组中的各个元素，而不是一次引用整个数组。但如果是字符数组则可以一次引用整个数组。

【例 4-10】 用数组计算并输出 Fibonacci 数列的前 20 项。

解：Fibonacci 数列在数学和计算机算法中十分有用。Fibonacci 数列是这样的一组数：第一个数字为 0，第二个数字为 1，之后每一个数字都是前两个数字之和。设计时通过数组存放 Fibonacci 数列，从第三项开始可通过累加的方法计算得到。

程序如下：

```
#include <reg52.h>        //包含特殊功能寄存器库
#include <stdio.h>        //包含 I/O 函数库
extern  serial_initial();
main()
{
  int  fib[20],i;
  fib[0]=0;
  fib[1]=1;
  serial_initial();
  for  (i=2;i<20;i++)  fib[i]=fib[i-2]+fib[i-1];
  for  (i=0;i<20;i++)
  {
    if  (i%5==0) printf("\n");
    printf("%6d",fib[i]);
  }
  while(1);
}
```

程序执行结果：

```
0       1       1       2       3
5       8       13      21      34
55      89      144     233     377
610     987     1597    2584    4148
```

2. 字符数组

用来存放字符数据的数组称为字符数组，它是 C 语言中常用的一种数组。字符数组中的每一个元素都用来存放一个字符，也可用字符数组来存放字符串。字符数组的定义同一般数组相同，只是在定义时把数据类型定义为 char 型。

例如，

```
char  string1[10];
char  string2[20];
```

上面定义了两个字符数组，分别定义了 10 个元素和 20 个元素。

在 C 语言中，字符数组用于存放一组字符或字符串。存放字符时，一个字符占一个数组元素；而存放字符串时，由于 C 语言中规定字符串以"\0"作为结束符，符号"\0"是一个 ASCII 码为 0 的字符，它是一个不可显示字符，字符串存放于字符数组中时，结束符自动存放于字符串的后面，也要占一个元素位置，因而定义数组长度时应比字符串长度大 1。

对于只存放一般字符的字符数组的赋值与使用和一般的数组完全相同，只能逐个元素进行访问。对于存放字符串的字符数组，既可以对字符数组的元素逐个访问，也可以对整个数组进行处理。对整个数组进行访问时是按字符串的方式处理的，赋值时可以直接用字符串对字符数组赋值，也可以以字符输入的形式对字符数组赋值。输出时可以按字符串形式输出。按字符串形式输入/输出时，格式字符用%s，字符数组用数组名。

【例 4-11】　对字符数组进行输入和输出。

解：具体程序如下。

```
#include  <reg52.h>        //包含特殊功能寄存器库
#include  <stdio.h>        //包含 I/O 函数库
 jiaoexter serial_initial();
main()
{
char string[20];
serial_initial();
printf("please  type  any  character:");
scanf("%s",string);
printf("%s\n",string);
while(1);
}
```

程序中用"%s"格式控制输入/输出字符串，针对的是整个字符数组。数据项用数组名 string。程序执行时，从键盘输入"HOW ARE YOU"，回车，系统会自动在输入的字符串后面加一个结束符"\"。存入到字符数组 string 中，然后输出"HOW ARE YOU"。

4.4.2　指针

指针是 C 语言中的一个重要概念。指针类型数据在 C 语言程序中使用十分普遍，正确地使用指针类型数据，可以有效地表示复杂的数据结构；可以动态地分配存储器，直接处理内存地址。

1. 指针的概念

要了解指针的基本概念，先要了解数据在内存的存储和读取方法。我们知道，数据一般放在内存单元中，而内存单元是按字节来组织和管理的。每个字节有一个编号，即内存单元的地址，内存单元存放的内容是数据。

在汇编语言中，对内存单元数据的访问是通过指明内存单元的地址来实现的，访问时有两种方式：直接寻址方式和间接寻址方式。直接寻址是通过在指令中直接给出数据所在单元的地址而访问该单元的数据。例如，MOV A,20H。在指令中直接给出所访问的内存单元地址 20H，访问的是地址位 20H 的单元的数据，该指令把地址为 20H 的片内 RAM 单元的内容送给累加器 A；间接寻址是指所操作的数据所在的内存单元地址不通过指令直接提供，该地址存放在寄存器中或其他的内存单元中，指令中指明存放地址的寄存器或内存单元来访问相应的数据。

在 C 语言中，可以通过地址方式来访问内存单元的数据，但 C 语言作为一种高级程序设计语言，数据通常是以变量的形式进行存放和访问的。对于变量，在一个程序中定义了一个变量，编译器在编译时就在内存中给这个变量分配一定的字节单元进行存储。例如，对整型变量（int）分配 2 个字节单元，对于浮点型变量（float）分配 4 个字节单元，对于字符型变量分配 1 个字节单元等。变量在使用时需分清两个概念：变量名和变量的值。前一个是数据的标识，后一个是数据的内容。变量名相当于内存单元的地址，变量的值相当于内存单元的内容。对于内存单元的数据访问方式有两种，对于变量也有两种访问方式：直接访问方式和间接访问方式。

直接访问方式：对于变量的访问，大多数时候是直接给出变量名。例如，printf("%d", a)，直接给出变量 a 的变量名来输出变量 a 的内容。在执行时，根据变量名得到内存单元的地址，然后从内存单元中取出数据按指定的格式输出，这就是直接访问方式。

间接访问方式：例如，要存取变量 a 中的值时，可以先将变量 a 的地址放在另一个变量 b 中。访问时先找到变量 b，从变量 b 中取出变量 a 的地址，然后根据这个地址从内存单元中取出变量 a 的值，这就是间接访问方式。在这里，从变量 b 中取出的不是所访问的数据，而是所访问数据（变量 a 的值）的地址，这就是指针，变量 b 称为指针变量。

关于指针，注意两个基本概念：变量的指针和指向变量的指针变量。变量的指针就是变量的地址。对于变量 a，如果它所对应的内存单元地址为 2000H，它的指针就是 2000H。指针变量是指一个专门用来存放另一个变量地址的变量，它的值是指针。上面变量 b 中存放的是变量 a 的地址，变量 b 中的值是变量 a 的指针，变量 b 就是一个指向变量 a 的指针变量。

如上所述，指针实质上就是各种数据在内存单元的地址。在 C51 语言中，不仅有指向一般类型变量的指针，还有指向各种组合类型变量的指针。

2. 指针变量的定义

在 C51 语言中指针变量使用之前必须对它进行定义，指针变量的定义与一般变量的定义类似，定义的一般形式为

> 数据类型说明符 [存储器类型] *指针变量名；

数据类型说明符说明了该指针变量所指向的变量的类型。一个指向字符变量的指针变量不能用来指向整型变量。反之，一个指向整型变量的指针变量也不能用来指向字符型变量。

存储器类型是可选项，它是 C51 编译器的一种扩展。如果带有此项，指针就被定义为基于存储器的指针。无此项时，被定义为一般指针。这两种指针的区别在于它们占的存储字节不

同。一般指针在内存中占用 3 个字节，第一个字节存放该指针存储器类型的编码（由编译时编译模式的默认值确定），第二和第三个字节分别存放该指针的高位和低位地址偏移量。存储器类型的编码值如图 4-4 所示。

存储器类型	idata	xdata	pdata	data	code
编码值	1	2	3	4	5

图 4-4　存储器类型的编码值

例如，存储器类型为 data，地址值为 0x1234 的指针变量在内存中的标示如图 4-5 所示。

字节地址	+0	+1	+2
内容	0×4	0×12	0×34

图 4-5　0x1234 的指针变量在内存中的表示

若指针变量被定义为基于存储器的指针，则该指针的长度可为一个字节（存储器类型选项为 idata、data、pdata 的片内数据存储单元）或两个字节（存储器类型选项为 code、xdata 的片外数据存储单元或程序存储器单元）。

下面是几个指针变量定义的例子：

```
int   * p1;        /*定义一个指向整型变量的指针变量p1*/
char  * p2;        /*定义一个指向字符变量的指针变量p2*/
char  data * p3;   /*定义一个指向字符变量的指针变量p3,该指针访问的数据在片内数据存储器中,该指针在内存中占一个字节*/
float xdata * p4;  /*定义一个指向浮点变量的指针变量p4,该指针访问的数据在片外数据存储器中,该指针在内存中占两个字节*/
```

3. 指针变量的引用

指针变量是存放另一变量地址的特殊变量，指针变量只能存放地址。指针变量使用时需注意两个运算符：& 和 *。这两个运算符在前面已经介绍，其中，"&"是取地址运算符，"*"是指针运算符。通过"&"取地址运算符可以把一个变量的地址送给指针变量，使指针变量指向该变量；通过"*"指针运算符可以实现通过指针变量访问它所指向的变量的值。

指针变量经过定义之后可以像其他基本类型变量一样引用。例如，

```
int  x,* px,* py;  /*变量及指针变量定义*/
px=&x;             /*将变量x的地址赋给指针变量px,使px指向变量x*/
px=5;              /*等价于x=5*/
py=px;             /* 将指针变量px中的地址赋给指针变量py,使指针变量py也指向x*/
```

【例 4-12】 输入两个整数 x 与 y，经比较后按大小顺序输出。
解：具体程序如下。

```
#include <reg52.h>
#include <stdio.h>
ertern serial_initial();
main()
{
  int  x, y;
  int  * p,* p1,* p2;
```

```
serial_initial();
printf("input  x  and  y:\n");
scanf("%d%d",&x,&y);
p1=&x;p2=&y;
if  (x<y)  {p=p1;p1=p2;p2=p;}
printf("max=%d,min=%d\n",*p1,*p2);
while(1);
}
```

程序执行结果：

```
input  x  and  y:
4    8
max=8,min=4
```

在这个程序中定义了三个指针变量：* p、* p1 和* p2，它们都指向整型变量。经过赋值后，p1 指向 x，p2 指向 y。然后比较变量 x 和 y 的大小，若 x<y，则将 p1 和 p2 交换，使 p1 指向 y，p2 指向 x；若 x>=y，则不交换。最后的结果，指针 p1 指向较大的数，指针 p2 指向较小的数，按顺序输出* p1 和* p2 的值，就能得到正确的结果，值得注意的是在程序执行过程中，变量 x 和 y 的值并没有交换。

4.4.3 结 构

前面介绍的数组是把同一数据类型的数据合成一个整体使用。在实际应用中，常常还需要把不同数据类型的数据合在一起使用。在 C51 语言中，不同数据类型的数据合成一个整体使用时是通过结构这种数据类型来实现的。结构是一种组合数据类型，它是将若干个不同类型的变量结合在一起而形成的一种数据的集合体。组合该集合体的各个变量称为结构元素或成员。整个集合体使用一个单独的结构变量名，一般来说结构中的各个变量之间存在某种关系，例如，时间数据的时、分、秒，日期数据中的年、月、日等。结构便于对一些复杂而相互之间又有联系的一组数据进行管理。

1．结构与结构变量的定义

结构与结构变量是两个不同的概念，结构是一种组合数据类型，结构变量是取值为结构这种组合数据类型的变量，相当于整型数据类型与整型变量的关系。对于结构与结构变量的定义有两种方法。

1）先定义结构类型再定义结构变量

结构的定义形式如下：

```
struct  结构名
{结构元素表};
```

结构变量的定义如下：

```
struct   结构名   结构变量名 1,结构变量名 2,……;
```

其中，"结构元素表"为结构中的各个成员，它可以由不同的数据类型组成。在定义时需指明各个成员的数据类型。例如，定义一个日期类型 data，它由三个结构元素 year、month、day 组成，定义结构变量 d1 和 d2，定义如下：

```
struct  data
{
int  year;
char  month,day;
  };
struct  data  d1,d2;
```

2）定义结构类型的同时定义结构变量名

这种方法是将两个步骤合在一起，格式如下：

```
struct  结构名
{结构元素表}结构变量名 1,结构变量名 2,……;
```

例如，对于上面的日期结构变量可以按以下格式定义：

```
struct  data
 {
  int  year;
  char  month,day;
  }d1,d2;
```

对于第二种格式，若在后面不再使用 data 结构类型定义变量，则定义时 data 结构名可以不要。

对于结构的定义说明如下：

① 结构中的成员可以是基本数据类型，也可以是指针或数组，还可以是另一结构类型变量，形成结构的结构，即结构的嵌套。结构的嵌套可以是多层次的，但这种嵌套不能包含其自身。

②定义的一个结构是一个相对独立的结合体，结构中的元素只在该结构中起作用，因而一个结构中的结构元素的名字可以与程序中的其他变量的名称相同，它们两者代表不同的对象，在使用时互相不影响。

③ 结构变量在定义时也可以像其他变量在定义时加各种修饰符对它进行说明。

④ 在 C51 中允许将具有相同结构类型的一组结构变量定义成结构数组，定义时与一般数组的定义相同,结构数组与一般变量数组的不同就在于结构数组的每一个元素都是具有同一结构的结构变量。

2. 结构变量的引用

在定义一个结构变量之后，就可以对它进行引用，即可以进行赋值、存取和运算。一般情况下，结构变量的引用是通过对其结构元素的引用来实现的，结构元素的引用一般格式如下：

```
结构变量名.结构元素名
```

或

```
结构变量名->结构元素名
```

其中，“.”是结构的成员运算符，例如，d1.year 表示结构变量 d1 中的元素 year，d2.day 表示结构变量 d2 中的元素 day 等。若一个结构变量中结构元素又是另一个结构变量，即结构的嵌套，则需要用到若干个成员运算符，一级一级地找到最低一级的结构元素，并且只能对这个最低级的结构元素进行引用，形如 d1.time.hour 的形式。

【例 4-13】 输入 3 个学生的语文、数学、英语的成绩，分别统计他们的总成绩并输出结果。

解：具体程序如下。

```c
#include <reg52.h>
#include <stdio.h>
extern serial_initial();
struct student
{
  unsigned char name[10];
  unsigned int chinese;
  unsigned int math;
  unsigned int english;
  unsigned int total;
}p1[3];
main()
{
  unsigned char I;
  serial_initial();
  printf("input 3 student name and result:\n");
  for (i=0;i<3;i++)
  {
  printf("input name:\n");
  scanf("%s,p1[I].name);
  printf("input result:\n");
  scanf("%d,%d,%d",&p1[i].chinese,&p1[i].math,&p1[i].english);
  }
  for (i=0;i<3;i++)
  {
  p1[i].total=p1[i].chinese+p1[i].english;
  }
  for (i=0;i<3;i++)
  {
  printf("%s total is %d",p1[i].name,p1[i].total);
  printf("\n");
  }
  while(1);
}
```

程序执行结果：

```
input 3 student name and result;
input name
wang
input result:
76,87,69
input name:
zhang
input result:
72,81,79
wang total is 232
```

```
yang  total  is  241
zhang total  is  232
```

程序中定义了一个结构 student，它包含 5 个成员，其中第一个为数组 name，其余为 int 型数据，分别用于存放每个学生的姓名、语文成绩、数学成绩、英语成绩和总成绩。定义结构的同时定义了结构数组 p1，它的元素个数为 3，用于存放 3 个学生的相关信息。在程序中引用了结构元素，且给结构元素进行了赋值、运算和输出。从中可以看出，通过结构处理一组有相互关系的数据非常方便。

4.4.4　联合

前面介绍的结构能够把不同类型的数据组合在一起使用，另外，在 C51 语言中，还提供了一种组合类型——联合，也能够把不同类型的数据组合在一起使用，但它与结构又不一样，结构中定义的各个变量在内存中占用不同的内存单元，在位置上是分开的，而联合中定义的各个变量在内存中都是从同一个地址开始存放的，即采用了"覆盖技术"。这种技术可让不同的变量分时使用同一内存空间，以提高内存的利用效率。

1. 联合的定义

联合的定义与结构的定义类似，可以先定义联合类型再定义联合变量，也可以定义联合类型的同时定义联合变量。格式如下所述。

1）先定义联合类型再定义联合变量

定义联合类型，格式如下：

```
union  联合类型名
{成员列表};
```

定义联合变量，格式如下：

```
union   联合类型名  变量列表;
```

例如，

```
union  datal
{float  I;
int  j;
char  k;
};
union  datal  a,b,c;
```

2）定义联合类型的同时定义联合变量

格式如下：

```
union  联合类型名
{成员列表}变量列表;
```

例如，

```
union  datal;
{
float  i;
int  j;
```

```
    char  k;
}datal  a,b,c;
```

可以看出，定义时结构与联合的区别只是将关键字由 struct 换成 union，但在内存的分配上两者完全不同。结构变量占用的内存长度是其中各个元素占用的内存长度的总和；而联合变量所占用的内存长度是其中各元素的长度的最大值。结构变量中的各个元素可以同时进行访问，联合变量中的各个元素在一个时刻只能对一个进行访问。在上面的例子中，float 型数据占 4 个内存单元，int 型数据占 2 个内存单元，char 型数据占 1 个内存单元，若用它们定义结构变量，则结构变量在内存中共占 7 个内存单元。而例中定义的 d_1、d_2 和变量 a、b、c 都只占 4 个内存单元，即 float 型数据所占的内存单元数。定义成结构变量时，结构中的 i、j、k 三个元素可以在程序中同时使用，而定义成联合变量时，联合中的 i、j、k 三个元素不能在程序中同时使用，因为它们占用同一段内存，在不同时刻只能保存一个变量。

2. 联合变量的引用

与结构变量一样，定义了一个联合变量之后，就可以对它进行引用，可以对它进行赋值、存取和运算。同样，联合变量的引用是通过对其元素的引用来实现的，联合变量中元素的引用与结构变量中元素的引用格式相同，形式如下：

联合变量名.联合元素

或

联合变量名->联合元素

例如，对于前面定义的联合变量 a、b、c 中的元素可以通过下面形式引用。

```
a. i;
b. j;
c. k;
```

分别引用联合变量 a 中的 float 型元素 i，联合变量 b 中的 int 型元素 j，联合变量 c 中的 char 型元素 k，可以用这样的引用形式给联合变量元素赋值、存取和运算，在使用过程中注意，尽管联合变量中的各元素在内存中的起码地址相同，但它们的数据类型不一样，在使用时必须按时且按相应的数据类型进行运用。

【例 4-14】 利用联合类型把某一地址开始的两个单元分别按字方式和两个字节方式使用。

```
#include  <reg52.h>
union
{
  unsigned  int  word
  struct{unsigned  char  high;unsigned  char  low;}bytes;
}count_times;
```

这样定义之后，对于 count_times 联合变量对应的两个字节，若用 count_times.word，则按字节方式访问；若用 count_times.bytes.high 和 count_times.bytes.low，则按高字节和低字节方式访问，这样增加了访问的灵活性。

4.4.5　枚举

在 C51 语言中,用做标志的变量通常只能被赋予如下两个值中的一个: True(1)或 False(0)。但是在编程中,常常会将作为标志使用的变量赋予除 True(1)或 False(0)以外的值。另外,标志变量通常被定义为 int 数据类型,在程序中的作用往往会模糊不清。为避免这种情况,C51 语言中提供枚举类型来处理这种情况。

枚举数据类型是一个有名字的某些整型常量的集合。这些整型常量是该类型变量可取的所有合法值。枚举定义时应当列出该类型变量的所有可取值。

枚举定义的格式与结构和联合基本相同,也有两种方法。

先定义枚举类型再定义枚举变量,格式如下:

```
enum  枚举名  {枚举值列表};
enum  枚举名  {枚举变量列表};
```

或在定义枚举类型的同时定义枚举变量,格式如下:

```
enum  枚举名  {枚举值列表}枚举变量列表;
```

例如,定义一个取值为星期日的枚举变量 d1。

```
enum  week {Sun,Mon,Tue,Wed,Thu,Fri,Sat};
enum  week  d1;
```

或

```
enum  week {Sun,Mon,Tue,Wed,Thu,Fri,Sat} d1;
```

以后就可以把枚举值列表中各个值赋给变量 d1 进行使用了。

4.5　C51 运算符与表达式

C51 有很强的数据处理能力,具有十分丰富的运算符,利用这些运算符可以组成各种表达式及语句。在 C51 中,运算符按其在表达式所起的作用,可分为赋值运算符、算术运算符、自增与自减运算符、关系运算符、逻辑运算符、位运算符、复合赋值运算符、逗号运算符、条件运算符、指针和地址运算符和强制类型转换运算符等。另外,运算符按其在表达式中与运算对象的关系,又可分为单目运算符、双目运算符和三目运算符等。表达式则是由运算符及运算对象所组成的具有特定含义的式子。

4.5.1　赋值运算

赋值运算符"＝",在 C51 中的功能是将一个数据赋值给一个变量,如 x=10。利用赋值运算符将一个变量与一个表达式连接起来的式子称为赋值表达式,在赋值表达式的后面加一个分号";"就构成了赋值语句,一个赋值语句的格式如下:

```
变量＝表达式;
```

执行时先计算出右边表达式的值，然后赋值给左边的变量。例如，

```
x=8+9;    /*将 8＋9 的值赋值给变量 x*/
x=y=5;    /*将常数 5 同时赋值给变量 x 和 y*/
```

在 C51 中，允许在一个语句中同时给多个变量赋值，赋值顺序自右向左。

4.5.2　算术运算符

C51 中支持的算术运算符有以下几个。

+	加或取正值运算符
−	减或取负值运算符
*	乘运算符
/	除运算符
%	取余数运算符

加、减、乘运算相对比较简单，而对于除运算，若相除的两个数为浮点数，则运算的结果也为浮点数；若相除的两个数为整数，则为整除。例如，25.0/20.0 结果为 1.25，而 25/20 结果为 1。

对于取余运算，要求参加运算的两个数必须为整数，运算结果为它们的余数。例如，$x=5\%3$，结果 x 的值为 2。

4.5.3　关系运算符

C51 中有 6 中关系运算符：

>	大于
<	小于
>=	大于等于
<=	小于等于
==	等于
!=	不等于

关系运算符用于比较两个数的大小，用关系运算符将两个表达式连接起来形成的式子称为关系表达式。关系表达式通常用来作为判别条件构成分支或循环程序。关系表达式的一般形式如下：

表达式 1　关系运算符　表达式 2

关系运算的结果为逻辑量，成立为真（1），不成立为假（0），其结果可以作为一个逻辑量参与逻辑运算。例如，5>3，结果为真（1），而 10＝＝100，结果为假（0）。

注意：关系运算符等于 "＝＝" 是由两个 "＝" 组成的。

4.5.4　逻辑运算符

C51 有 3 种逻辑运算符：

‖	逻辑或
&&	逻辑与

| ！ | 逻辑非 |

关系运算符用于反映两个表达式之间的大小关系，逻辑运算符则用于求条件式的逻辑值，用逻辑运算符将关系表达式或逻辑量连接起来的式子就是逻辑表达式。

逻辑与格式：

| 条件式 1&&条件式 2 |

当条件式 1 与条件式 2 都为真时结果为真（非 0 值），否则为假（0 值）。

逻辑或格式：

| 条件式 1‖条件式 2 |

当条件式 1 与条件式 2 都为假时结果为假（0 值），否则为真（非 0 值）。

逻辑非格式：

| ！条件式 |

当条件式原来为真（非 0 值），逻辑非后结果为假（0 值）。当条件式原来为假（0 值），逻辑非后结果为真（非 0 值）。

例如，若 a＝8，b＝3，c＝0，则！a 为假，a&&b 为真，b&&c 为假。

4.5.5　位运算符

C51 语言能对运算对象按位进行操作，它与汇编语言使用一样方便。位运算是按位对变量进行运算，但并不改变参与运算的变量的值。若要求按位改变变量的值，则要利用相应的赋值运算。C51 中位运算符只能对整数进行操作，不能对浮点数进行操作。C51 中的位运算符有以下几个。

&	按位与
|	按位或
∧	按位异或
~	按位取反
<<	左移
>>	右移

【例 4-15】　设 a=0x54=01010100B，b=0x3b=00111011B，则 a&b、a｜b、a^b、~a、a<<2、b>>2 分别为多少？

```
a&b=00010000B=0x10
a|b=01111111B=0x7f
a^b=01101111B=0x6f
~a=10101011B=0xab
a<<2=01010000B=0x50
b>>2=00001110B=0x0e
```

4.5.6　复合赋值运算符

C51 语言中支持在赋值运算符"＝"的前面加上其他运算符，组成复合赋值运算符。下面是 C51 中支持的复合赋值运算符：

+ =	加法赋值	- =	减法赋值
* =	乘法赋值	/ =	除法赋值
% =	取模赋值	& =	逻辑与赋值
| =	逻辑会赋值	^ =	逻辑异或赋值
~ =	逻辑非赋值	>> =	右移位赋值
<< =	左移位赋值		

复合赋值运算的一般格式如下：

变量 复合运算赋值符 表达式

它的处理过程：先把变量与后面的表达式进行某种运算，然后将运算的结果赋给前面的变量。其实这是 C51 语言中简化程序的一种方法，大多数二目运算都可以用复合赋值运算符简化表示。例如，a+=6 相当于 a=a+6；a*=5 相当于 a=a*5；b&=0x55 相当于 b=b&0x55；x>>=2 相当于 x=x>>2。

4.5.7　逗号运算符

在 C51 语言中，逗号"，"是一个特殊的运算符，可以用它将两个或两个以上的表达式连接起来，称为逗号表达式。逗号表达式的一般格式为

表达式 1,表达式 2,…,表达式 n

程序执行时对逗号表达式的处理：按从左至右的顺序依次计算出各个表达式的值，而整个逗号表达式的值是最右边的表达式（表达式 n）的值。例如，x=(a=3,6*3)结果 x 的值为 18。

4.5.8　条件运算符

条件运算符"？："是 C51 语言中唯一的一个三目运算符，它要求有三个运算对象，用它可以将三个表达式连接在一起构成一个条件表达式。条件表达式的一般格式为

逻辑表达式? 表达式 1:表达式 2

其功能是先计算逻辑表达式的值，当逻辑表达式的值为真（非 0 值）时，将计算的表达式 1 的值作为整个条件表达式的值；当逻辑表达式的值为假（0 值）时，将计算的表达式 2 的值作为整个条件表达式的值。例如，条件表达式 max=(a>b)?a:b 的执行结果是将 a 和 b 中较大的数赋给变量 max。

4.5.9　指针与地址运算符

指针是 C51 语言中的一个十分重要的概念，在 C51 中的数据类型中专门有一种指针类型。指针为变量的访问提供了另一种方式，变量的指针就是该变量的地址，还可以定义一个专门指向某个变量的地址的指针变量。　为了表示指针变量和它所指向的变量地址之间的关系，C51 中提供了两个专门的运算符：

*	指针运算符
&	取地址运算符

指针运算符"*"放在指针变量前面，通过它可以访问以指针变量的内容为地址所指向的

存储单元。例如，指针变量 p 中的地址 2000H，则*p 中所访问的是地址为 2000H 的存储单元，x=*p，实际上是把地址为 2000H 的存储单元的内容送给变量 x。

取地址运算符 "&" 放在变量的前面，通过它取得变量的地址，变量的地址通常送给指针变量。例如，设变量 x 的内容为 12H，地址为 2000H，则&x 的值为 2000H。例如，有一指针变量 p，则通常用 p=&x，实现将 x 变量的地址送给指针变量 p，指针变量 p 指向变量 x，以后可以通过*p 访问变量 x。

4.6　表达式语句及复合语句

4.6.1　表达式语句

C51 语言是一种结构化的程序设计语言，它提供了十分丰富的程序控制语句，表达式语句是最基本的一种语句。在表达式的后边加一个分号 "；" 就构成了表达式语句，下面的语句都是合法的表达式语句：

```
a=++b*9;
x=8; y=7;
++k;
```

在编写程序时，可以一行放一个表达式形成表达式语句，也可以一行放多个表达式形成表达式语句，这时每个表达式后面都必须带 "；" 号。另外，还可以仅由一个分号 "；" 占一行形成一个表达式语句，这种语句称为空语句。空语句是表达式语句的一个特例，空语句在语法上是一个语句，但在语义上它并不做具体的操作。

空语句在程序设计中通常用于以下两种情况。

① 在程序中为有关语句提供标号，用以标记程序执行的位置。例如，采用下面的语句可以构成一个循环。

```
repeat:;
;
goto repeat;
```

② 在用 while 语句构成的循环语句后面加一个分号，形成一个不执行其他操作的空循环体。这种结构通常用于对某位进行判断，当不满足条件时则等待，满足条件则执行。

【例 4-16】　下面这段子程序用于读取 8051 单片机的串行口的数据，当没有接收到则等待，接收数据后返回，返回值为接收的数据。

```
#include  <reg51.h>
char  getchar()
{
char  c;
while(!RI);    //当接收中断标志位 RI 为 0 则等待,当接收中断标志为 1 则结束等待。
c=SBUF;
RI=0;
return(c);
}
```

4.6.2 复合语句

复合语句是由若干条语句组合而成的一种语句。在 C51 中，用一个大括号"{}"将若干条语句集合在一起就形成了一个复合语句。复合语句最后不需要以分号"；"结束，但它内部的各条语句仍需以分号"；"结束。复合语句的一般形式为

```
{
局部变量定义;
语句 1;
语句 2;
}
```

复合语句在执行时，其中的各条单语句按顺序依次执行，整个复合语句在语法上等价于一条单语句，因此在 C51 中可以将复合语句视为一条单语句。通常复合语句出现在函数中，实际上，函数的执行部分（即函数体）就是一个复合语句；复合语句中的单语句一般是可执行语句。此外，还可以是变量的定义语句（说明变量的数据类型）。在复合语句内部语句所定义的变量，称为该复合语句中的局部变量，它仅在当前这个复合语句中有效。利用复合语句将多条单语句组合在一起，以及在复合语句中进行局部变量定义是 C51 语言的一个重要特征。

4.7 C51 的输入/输出

在计算机中，输入和输出是相对于计算机主机而言的。将计算机主机内的信息送给外部设备称为输出，从外部设备传送信息给计算机主机称为输入。在汇编语言中，输入和输出通过输入/输出指令实现；在其他高级语言中，输入和输出是通过相应语句实现的。而在 C51 语言中，它本身不提供输入和输出语句，输入和输出操作是由函数来实现的。在 C51 的标准函数库中提供了一个名为"stdio.h"的一般 I/O 函数库，它当中定义了 C51 中的输入和输出函数。当对输入和输出函数使用时，需先用预处理命令"#include<stdio.h>"将该函数库包含到文件中。

在 C51 的一般 I/O 函数库中定义了 C51 中的 I/O 函数，它们以 getkey()和 putchar()函数为基础，包括字符输入函数 getchar()和字符输出函数 putchar()；字符串输入函数 get()和字符串输出函数 puts()；格式输入函数 printf()和格式输出函数 scanf()等。在 C51 中，输入和输出函数用得较少，用得较多的是格式输入和输出函数。

在 C51 的一般 I/O 函数库中定义的 I/O 函数都是通过串行接口来实现的。在使用 I/O 函数之前，应先对 MCS-51 单片机的串行接口进行初始化。选择串口工作于方式 1，波特率由定时/计数器 1 溢出率决定。例如，设系统时钟为 12MHz，波特率为 2400bps，则初始化程序如下：

```
SCON=0x52;
TMOD=0X20;
TH1=0xf3;
TR1=1;
```

如果希望支持其他的 I/O 接口，就可以通过改动 getkey()和 putchar()函数来实现。

4.7.1　格式输出函数 printf()

printf()函数的作用是通过串行接口输出若干任意类型的数据，它的格式如下：

```
printf(格式控制,输出参数表);
```

格式控制是用双引号括起来的字符串，也称转换控制字符串，它包括三种信息：格式说明符、普通字符和转义字符。

① 格式说明符，由"%"和格式字符组成，用于指明输出的数据的格式，如%d、%f 等，它们的具体情况见表 4-4。

② 普通字符，这些字符按原样输出，用来输出某些提示信息。

③ 转义字符，就是前面介绍的转义字符（见表 4-2），用来输出特定的控制符，如输出转义字符\n 就是使输出换一行。

输出参数表是需要输出的一组数据，可以是表达式。

表 4-4　C51 中的 printf 函数的格式字符及功能

格式字符	数据类型	输出格式
d	int	有符号十进制数
u	int	无符号十进制数
o	int	无符号八进制数
x	int	无符号十六进制数，用"a～f"表示
X	int	无符号十六进制数，用"A～F"表示
f	float	带符号十进制数浮点数，形式为[-]dddd.dddd
e,E	float	带符号十进制数浮点数，形式为[-]d.ddddE±dd
g,G	float	自动选择 e 或 f 格式中更紧凑的一种输出格式
c	char	单个字符
s	指针	指向一个带结束符的字符串
P	指针	带存储器指示符和偏移量的指针，形式为 M:aaaa，其中，M 可分别为 C(code), D(data), I(data), P(pdata)，若 M 为 a，则表示的是指针偏移量

4.7.2　格式输入函数 scanf()

scanf()函数的作用是通过串行接口实现数据输入，它的使用方法与 printf()类似，scanf()的格式如下：

```
scomf() (格式控制,地址列表);
```

格式控制与 printf()函数的情况类似，也是用双引号括起来的一些字符，可以包括以下三种信息：格式说明符、普通字符和转义字符。

① 空白字符，包含空格、制表符和换行符等，这些字符在输出时被忽略。

② 普通字符，除了以百分百"%"开头的格式说明符外的所有非空白字符，在输入时要求原样输入。

③ 格式说明，由百分号"%"和格式说明符组成，用于指明输入数据的格式，它的基本情况与 printf() 相同，具体情况见表 4-5。

地址列表由若干个地址组成，它可以是指针变量、取地址运算符"&"加变量（变量的地址）或字符串名（表示字符串的首地址）。

表 4-5 C51 中 scanf 函数的格式字符及功能

格式字符	数据表格	输入格式
d	int 指针	有符号十进制数
u	int 指针	无符号十进制数
o	int 指针	无符号八进制数
x	int 指针	无符号十六进制数
f,e,E	float 指针	浮点数
c	char 指针	字符
s	string 指针	字符串

【例 4-17】 使用格式输入/输出函数的例子。

```
#include <reg52.h>              //包含特殊功能寄存器库
#include <stdio.h>              //包含 I/O 函数库
void main(void)                 //主函数
{
  int  x,y;                     //定义整型变量 x 和 y
  SCON=0x52;                    //串口初始化
  TMOD=0x20;
  TH1=0XF3;
  TR1=1;
  printf ("input  x,y:\n");     //输出提示信息
  scanf("%d%d",&x,&y);          //输入 x 和 y 的值
  printf("\n");                 //输出换行
  printf("%d+%d=%d",x,y,x+y);   //按十进制形式输出
  printf("\n");                 //输出换行
  printf("%xh+%xh=%XH",x,y,x+y);//按十六进制形式输出
  while(1);                     //结束
}
```

4.8 C51 程序基本结构与相关语句

4.8.1 C51 的基本结构

C51 语言是一种结构化设计语言，程序由若干模块组成，每个模块包含若干基本结构，每个基本结构中可以有若干语句。C51 语言有三种基本结构：顺序结构、选择结构和循环结构。

1. 顺序结构

顺序结构是最基本、最简单的结构，在这种结构中，程序由低地址到高地址依次执行，图

4-6 给出了顺序结构流程图，程序先执行 A 操作，然后执行 B 操作。

2. 选择结构

选择结构可使程序根据不同的情况，选择执行不同的分支。在选择结构中，程序先对一个条件进行判断。当条件成立，即条件语句为"真"时，执行一个分支。当条件不成立时，即条件语句为"假"时，执行另一个分支。如图 4-7 所示，当条件 P 成立时，执行分支 A；当条件 P 不成立时，执行分支 B。

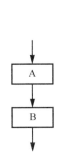

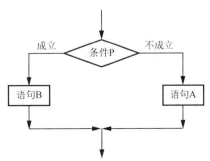

图 4-6　顺序结构流程图　　　　　　　　图 4-7　选择结构流程图

在 C51 中，实现选择结构的语句为 if/else，if…else　if 语句。另外在 C51 中还支持多分支结构，多分支结构既可以通过 if 和 else if 语句嵌套实现，也可用 switch/case 语句实现。

3. 循环结构

在程序处理过程中，有时需要某一段程序重复执行多次，这时就需要循环结构来实现，循环结构就是能够使程序段重复执行的结构。循环结构又分为两种：当（while）型循环结构和直到（do…while）型循环结构。

1）当型循环结构

当型循环结构如图 4-8 所示，当条件 P 成立（为"真"）时，重复执行语句 A，当条件不成立（为"假"）时停止重复，执行后面的程序。

2）直到型循环结构

直到型循环结构如图 4-9 所示，先执行语句 A，再判断条件 P。当条件成立（为"真"）时，再重复执行语句 A，直到条件不成立（为"假"）时停止重复，执行后面的程序。

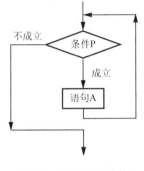

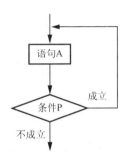

图 4-8　当型循环结构　　　　　　　　图 4-9　直到型循环结构

构成循环结构的语句主要有 while、do…while、for 和 goto 等。

以上描述过程中，对于各种结构中的语句，可以用单语句，也可以用复合语句。

4.8.2　if 语句

if 语句为 C51 中的一个基本条件选择语句，它通常有三种格式。

① if(表达式){语句;}

② if(表达式){语句 1;}　else　　{语句 2;}

③ if(表达式 1){语句 1;}

```
else if(表达式2){语句2;}
   else if(表达式3){语句3;}
            …
         else if(表达式n-1){语句n-1;}
            else {语句n;}
```

【例 4-18】　if 语句的用法。

用法一：

```
if (x!=y)  printf("x=%d,y=%d\n",x,y);
```

执行上面语句时，若 x 不等于 y，则输出 x 的值和 y 的值。

用法二：

```
if (x>y)   max=x;
   else    max=y;
```

执行上面语句时，若 x 大于 y 成立，则把 x 送给最大值变量 max；若 x 大于 y 不成立，则把 y 送给最大值变量 max。使 max 变量得到 x、y 中的大数。

用法三：

```
if (score>=90)  printf("Your result is an A\n");
  else if (score>=80)  printf("Your result is an B\n");
    else if (score>=70)  printf("Your result is an C\n");
      else if (score>=60)  printf("Your result is an D\n");
        else printf("Your result is an E\n");
```

执行上面语句后，能够根据分数 score 分别打出 A、B、C、D、E 这 5 个等级。

4.8.3　switch/case 语句

if 语句通过嵌套可以实现多分支结构，但结构复杂。switch 是 C51 中提供的专门处理多分支结构的多分支选择语句。它的格式如下：

```
switch (表达式)
  { case  常量表达式1: { 语句1;}break;
    case  常量表达式2: {语句2;}break;
    …
    case  常量表达式n: {语句n;}break;
    default:{语句n+1;}
  }
```

说明如下：

① switch 后面括号内的表达式，可以是整型或字符型表达式。

② 当该表达式的值与某一 case 后面的常量表达式的值相等时，就执行该 case 后面的语句，然后遇到 break 语句退出 switch 语句。若表达式的值与所有 case 后的常量表达式的值都不相同，则执行 default 后面的语句，然后退出 switch 结构。

③ 每一个 case 常量表达式的值必须保持不同，否则会出现"自相矛盾"的现象。

④ case 语句和 default 语句的出现次序对执行过程没有影响。

⑤ 每个 case 语句后面可以有 break 语句，也可以没有。若有 break 语句，执行到 break 时则退出 switch 结构；若没有，则会按顺序执行后面的语句，直到遇到 break 或结束。

⑥ 每一个 case 语句后面可以带一个语句，也可以带多个语句，还可以不带。语句可以用花括号，也可以不用。

⑦ 多个 case 可以共用一组执行语句。

【例 4-19】 switch/case 语句的用法。

对学生成绩划分为 A～E，对应不同的百分制分数，要求根据不同的等级打印出它的对应百分数。可以通过下面的 switch/case 语句实现。

```
...
switch(grade)
case  'A':printf("90~100\n")   ;break;
case  'B':printf("80~90\n")    ;break;
case  'C':printf("70~80\n")    ;break;
case  'D':printf("60~70\n")    ;break;
case  'E':printf("<60\n")      ;break;
default:printf("error"\n)
}
```

4.8.4　while 语句

while 语句在 C51 中用于实现当型循环结构，它的格式如下：

```
while(表达式)
{语句;}   /*循环体*/
```

while 语句后面的表达式是能否循环的条件，后面的语句是循环体。当表达式为非 0（"真"）时，就重复执行循环体内的语句；当表达式为 0（"假"）时，则终止 while 循环，程序将执行循环结构之外的下一条语句。它的特点是，先判断条件，后执行循环体。在循环体中对条件进行改变，然后判断条件。若条件成立，则再执行循环体；若条件不成立，则退出循环；若条件第一次就不成立，则循环体一次也不执行。

【例 4-20】 下面程序是通过 while 语句实现计算并输出 1～100 的累加和。

```
#include <reg52.h>      //包含特殊功能寄存器库
#include <stdio.h>      //包含 I/O 函数库
void main(void)         //主函数
{
  int  i,s=0;           //定义整型变量 x 和 y
  i=1;
```

```
    SCON=0x52;              //串口初始化
    TMOD=0x20;
    TH1=0Xf3;
    TR1=1;
    while (i<=100)          //累加 1~100 之和在 s 中
      {
        s=s+i;
        i++;
      }
printf("1+2+3+…+100=%d\n",s);
while(1);
}
```

程序执行的结果：

```
1+2+3+… + 100=5050
```

4.8.5   do…while 语句

do…while 语句在 C51 中用于实现直到型循环结构，它的格式如下：

```
do
{语句;}    /*循环体*/
while(表达式);
```

它的特点是，先执行循环体中的语句，后判断表达式。如表达式成立（"真"），则再执行循环体，然后又判断，直到有表达式不成立（"假"）时，退出循环，执行 do…while 结构的下一条语句。do…while 语句在执行时，循环体内的语句至少会被执行一次。

【例 4-21】 通过 do…while 语句实现计算并输出 1~100 的累加和。

```
#include <reg52.h>       //包含特殊功能寄存器库
#include <stdio.h>       //包含 I/O 函数库
void main(void)          //主函数
{
  int  i,s=0;            //定义整型变量 x 和 y
i=1;
SCON=0x52;               //串口初始化
TMOD=0x20;
TH1=0Xf3;
TR1=1;
do                       //累加 1~100 之和在 s 中
{
  s=s+i;
  i++;
}while  (i<=100);
printf("1+2+3+…+100=%d\n",s);
while(1);
}
```

程序执行的结果：

```
1+2+3+… + 100=5050
```

4.8.6　for 语句

在 C51 语言中，for 语句是使用最灵活、用得最多的循环控制语句，同时也最复杂。它可以用于循环次数已经确定的情况，也可以用于循环次数不确定的情况。它完全可以代替 while 语句，功能最强大。它的格式如下：

```
for(表达式1;表达式2;表达式3)
{语句;}  /*循环体*/
```

for 语句后面带 3 个表达式，它的执行过程如下：

① 先求解表达式 1 的值。

② 求解表达式 2 的值。如果表达式 2 的值为真，则执行循环体中的语句。然后执行步骤的操作；如果表达式 2 的值为假，则结束 for 循环，转到最后一步。

③ 若表达式 2 的值为真，则执行完循环体中的语句后，求解表达式 3，然后转到第 4 步。

④ 转到步骤②继续执行。

⑤ 退出 for 循环，执行下面的一条语句。

在 for 循环中，一般表达式 1 为初值表达式，用于给循环变量赋初值；表达式 2 为条件比表达式，对循环变量进行判断；表达式 3 为循环变量更新表达式，用于对循环变量的值进行更新，若循环变量不满足条件则退出循环。

【例 4-22】　用 for 语句实现计算，并输出 1～100 的累加和。

```
#include <reg52.h>          //包含特殊功能寄存器库
#include <stdio.h>          //包含I/O函数库
void main(void)             //主函数
{
 int  i,s=0;                //定义整型变量 x 和 y
i=1;
SCON=0x52;                  //串口初始化
TMOD=0x20;
TH1=0Xf3;
TR1=1;
for(i=1;i< =100;i++)
s=s+i;                      //累加 1～100 之和在 s 中
printf("1+2+3+…+100=%d\n",s);
while(1);
 }
```

程序执行的结果：

```
1+2+3+…+100=5050
```

4.8.7　循环的嵌套

在一个循环的循环体中允许又包含一个完整的循环结构，这种结构称为循环的嵌套。外面的循环称为外循环，里面的循环称为内循环，如果在内循环的循环体内又包含循环结构，就构成了多重循环。

在 C51 中，允许三种循环结构相互嵌套。

【例 4-23】 用嵌套结构构造一个延时程序。

```
void delay(unsigned int  x)
{
unsigned char j;
while(x- -)
{for  (j=0;j<125;j++);}
}
```

这里，用内循环构造一个基准的延时，调用时通过参数设置外循环的次数，这样就可以形成各种延时关系。

4.8.8 break 和 continue 语句

break 和 continue 语句通常用于循环结构中，用来跳出循环结构。但是二者又有所不同，下面分别介绍。

1. break 语句

前面已介绍过用 break 语句可以跳出 switch 结构，使程序继续执行 switch 结构后面的一个语句。使用 break 语句还可以从循环体中跳出循环，提前结束循环而接着执行循环结构下面的语句。它不能用在除循环语句和 switch 语句之外的任何其他语句中。

【例 4-24】 下面一段程序用于计算圆的面积，当计算到面积大于 100 时，由 break 语句跳出循环。

```
for(r=1;r<=10;r++)
{
  area=pi*r*r;
  if (area>100) break;
  printf ("%f\n",area);
  }
```

2. continue 语句

Continue 语句用在循环体结构中，用于结束本次循环，跳过循环体中 Continue 下面尚未执行的语句，直接进行下一次是否执行循环的判断。

Continue 语句和 break 语句的区别在于：continue 语句只是结束本次循环不是终止整个循环；break 语句则是结束循环，不再进行条件判断。

【例 4-25】 输出 100～200 间不能被 3 整除的数。

```
for  (i=100;i<=200;i++)
{
 if  (i%3= =0)  continue;
 printf ("%d",i);
}
```

在程序中，当 i 能被 3 整除时，执行 continue 语句，结束本次循环，跳过 printf()函数。只有不能被 3 整除时才执行 printf()函数。

4.8.9　return 语句

return 语句一般放在函数的最后位置，用于终止函数的执行，并控制程序返回调用该函数时所处的位置。返回时还可以通过 return 语句带回返回值。return 语句格式有两种：

```
① return;
② return (表达式);
```

若 return 后面带有表达式，则要计算表达式的值，并将表达式的值作为数的返回值。若不带表达式，则函数返回时将返回一个不确定的值。通常用 return 语句把调用函数取得的值返回给主调用函数。

4.9　函数

在程序设计过程中，对于较大的程序一般采用模块化结构。通常将其分成若干个子程序模块，每个子程序模块完成一种特定的功能。在 C51 中，子程序模块是用函数来是实现的。在前面已经介绍了 C51 的程序结构，C51 的程序由一个主函数和若干个子函数组成，每个子函数完成一定的功能。在一个程序中只能有一个主函数，主函数不能被调用。程序执行时从主函数开始，到主函数最后一条语句结束。子函数可以被主函数调用，也可以被其他子函数或其本身调用形成子程序嵌套。在 C51 中，系统提供了丰富的功能函数放于标准函数库中以供用户调用。如果用户需要的函数没有包含在函数库中，那么用户也可以根据需要自己定义函数以便使用。

4.9.1　函数的定义

用户用 C51 进行程序设计过程中，既可以用系统提供的标准库函数，也可以使用用户自己定义的函数。对于系统提供的标准库函数，用户使用时需在之前通过预处理命令#include 将对应的标准函数库包含到程序开始处。而对于用户自定义函数,在使用之前必须对它进行定义,定义之后才能调用。函数定义的一般格式如下：

```
函数类型    函数名(形式参数表)    [reentrant][interrupt m][using  n]
形式参数说明
{
  局部变量定义
  函数体
}
```

前面部件称为函数的首部，后面称为函数的尾部，格式说明如下所述。

1. 函数类型

函数类型说明了函数返回值的类型。它可以是前面介绍的各种数据类型,用于说明函数最后的 return 语句送回给被调用处的返回值的类型。如果一个函数没有返回值，则函数类型可以不写。实际处理中，这时一般把它的类型定义为 void。

2. 函数名

函数名是用户为自定义函数取的名字，以便调用函数时使用。它的取名规则与变量的命名一样。

3. 形式参数表

形式参数表用于列举在主调用与被调用函数之间进行数据传递的形式参数。在函数定义时形式参数的类型必须说明，可以在形式参数表的位置说明，也可以在函数名后面、函数体前面进行说明。如果函数没有参数传递，那么在定义时，形式参数可以没有或用 void，但括号不能省略。

【例 4-26】 定义一个返回两个整数最大值的函数 max()。

```
int max(int x,int y)
{
  int z;
  z=x>y?x:y;
  return(z);
}
```

也可以用成这样：

```
int max(x,y)
int x,y;
{
  int z;
  z=x>y?x:y;
  return(z);
}
```

4. reentrant 修饰符

在 C51 中，这个修饰符用于把函数定义为可重入函数。所有可重入函数都是允许被递归调用的函数。函数的递归调用是指当一个函数正被调用尚未返回时，又直接或间接调用函数本身。一般的函数不能做到这样，只有重入函数才允许递归调用。在 C51 中，当函数被定义为重入函数，C51 编译器编译时将会为重入函数生成一个模拟栈，通过这个模拟栈来完成参数传递和局部变量存放。关于重入函数，注意以下几点：

（1）用 reentrant 修饰的重入函数被调用时，实参表内不允许使用 bit 类型的参数。函数体内也不允许存在任何关于位变量的操作，更不能返回 bit 类型的值。

（2）编译时，系统为重入函数在内部或外部存储器中建立一个模拟堆栈区，称为重入栈。重入函数的局部变量及参数被放在重入栈中，使重入函数可以实现递归调用。

（3）在参数的传递上，实际参数可以传递给间接调用的重入函数。无重入属性的间接调用函数不能包含调用参数，但是可以使用定义的全局变量来进行参数传递。

5. interrupt m 修饰符

interrupt m 是 C51 函数中非常重要的一个修饰符，这是因为中断函数必须通过它进行修饰。在 C51 程序设计中经常用到中断函数用于实现系统实时性，提高程序处理效率。

在 C51 程序设计中，当函数定义时用了 Interrupt m 修饰符，系统编译时把对应函数转化为中断函数，自动加上程序头段和尾段，并按 MCS-51 系统中断的处理方式自动把它安排在程序存储器中的相应位置。在该修饰符中，m 的取值为 0～31，对应的中断情况如下：

0——外部中断 0

1——定时/计数器 T0

2——外部中断 1

3——定时/计数器 T1

4——串行口中断

5——定时/计数器 T2

其他值预留。

编写 MCS-51 中断函数注意如下：

① 中断函数不能进行参数传递，如果中断函数中包含任何参数声明，那么都将导致编译出错。

② 中断函数没有返回值，如果企图定义一个返回值，那么将得不到正确的结果，建议在定义中断函数时将其定义为 void 类型，以明确说明没有返回值。

③ 在任何情况下都不能直接调用中断函数，否则，会产生编译错误。因为中断函数的返回是由 8051 单片机的 RETI 指令完成的，RETI 指令影响 8051 单片机的硬件中断系统。如果在没有实际中断情况下直接调用中断函数，RETI 指令的操作结果会产生一个致命的错误。

④ 若在中断函数中调用了其他函数，则被调用函数所使用的寄存器必须与中断函数相同。否则，会产生不正确的结果。

⑤ C51 编译器对中断函数编译时会自动在程序开始和结束处加上相应的内容，具体是，在程序开始处 ACC、B、DPH、DPL 和 PSW 入栈，结束时出栈。中断函数未加 using n 修饰符的，开始时还要将 R0～R1 入栈，结束时出栈。如果中断函数加 using n 修饰符，则在开始将 PSW 入栈后还要修改 PSW 中的工作寄存器组选择位。

⑥ C51 编译器从绝对地址 8m+3 处产生一个中断矢量，其中 m 为中断号，也即 interrupt 后面的数字。该矢量包含一个到中断函数入口地址的绝对跳转。

⑦ 中断函数最好写在文件的尾部，并且禁止使用 extern 存储类型说明，以防止其他程序调用。

【例 4-27】 编写一个用于统计外中断 0 的中断次数的中断服务程序。

```
entern int x;
void int0() interrupt 0 using 1
{
 x++;
}
```

6. using n 修饰符

MCS-51 单片机有四组工作寄存器：0 组、1 组、2 组和 3 组。每组有 8 个寄存器，分别用 R0～R7 表示。修饰符 using n 用于指定本函数内部使用的工作寄存器组，其中 n 的取值为 0～3，表示寄存器组号。

对于 using n 修饰符的使用，注意以下几点。

① 加入 using n 后，C51 在编译时自动在函数的开始处和结束处加入以下指令。

```
{
  PUSH PSW                    ;标志寄存器入栈
  MOV PSW,#与寄存器组号 n 相关的常量    ;常量值为(psw&OXET)&n*8
  ...
  POP PSW                     ;标志寄存器出栈
}
```

② using n 修饰符不能用于有返回值的函数，因为 C51 函数的返回值是放在寄存器中的。如果寄存器组改变了，返回值就会出错。

4.9.2 函数的调用与声明

1. 函数的调用

函数调用的一般形式如下：

```
函数名(实参列表);
```

对于有参数的函数调用，若实参列表包含多个实参，则各个实参之间用逗号隔开。主调函数的实参与形参的个数应该相等，类型一一对应。实参与形参的位置一致。调用时实参按顺序一一把值传递给形参。在 C51 编译系统中，实参表求值顺序为从左到右。若调用的是无参数函数，则实参也不需要，但是圆括号不能省略。

按照函数调用在主调函数中出现的位置，函数调用方式有以下三种：

（1）函数语句。把被调用函数作为主调用函数的一个语句。

（2）函数表达式。函数被放在一个表达式中，以一个运算对象的方式出现。这时调用函数要求带返回语句，以返回一个明确的数值参加表达式的运算。

（3）函数参数。被调用函数作为另一个函数的参数。

在 C51 中，在一个函数中调用另一个函数时，要求被调用函数必须是已经存在的函数，可以是库函数，也可以是用户自定义函数。若是库函数，则要在程序的开头用#include 预处理命令将被调用函数的函数库包含到文件中；如果是用户自定义函数，那么在使用时，应根据定义情况作相应的处理。

2. 自定义函数的声明

在 C51 程序设计中，如果一个自定义函数的调用在函数的定义之后，在使用函数时可以不对函数进行说明；若一个函数的调用在定义之前，或调用的函数不在本文件内部，而是在另一个文件中，则在调用之前需对函数进行声明，指明所调用的函数在程序中有定义或在另一个文件中，并将函数的有关信息通知编译系统。函数的声明是通过函数的原型来指明的。

在 C51 中，函数原型一般定义如下：

```
[extern] 函数类型 函数名(形式参数表);
```

函数声明的格式与函数定义时函数的首部基本一致，但函数的声明与函数的定义不一样。函数的定义是对函数功能的确立，包括指定函数名、函数值类型、形参及类型和函数体等，它是一个完整的函数单位。而函数的声明则是把函数的名字、函数类型，以及形参的类型、个数和顺序通知编译系统，以便调用函数时系统进行对照检查。函数的后面要加分号。

若声明的函数在文件内部，则声明时不用 extern；若声明函数不在文件内部，而在另一个文件中，则声明时需带 extern，指明使用的函数在另一个文件中。

【例 4-28】　函数的使用。

解：具体步骤如下。

```
#include <reg52.h>          //包含特殊功能寄存器库
#include <stdio.h>          //包含 I/O 函数库
int max(int x,int y);
void main(void)             //主函数
{
  int a,b;
  SCON=0x52;               //串口初始化
  TMOD=0x20;
  TH1=0XF3;
  TR1=1;
  scanf("please input a,b:%d,%d",&a,&b);
  printf("\n");
  printf("max id:%d\n",max(a, b));
  while(1);
  }
  int max(int x,int y)
  {int z;
   z=(x>=y?x:y);
   return(z);
}
```

【例 4-29】　外部函数的使用。

解：具体步骤如下。

```
程序 serial_initial.c
#include <reg52.h>          //包含特殊功能寄存器库
#include <stdio.h>          //包含 I/O 函数库
void serial_initial(void)
{
SCON=0x52;                 //串口初始化
TMOD=0x20;
TH1=0XF3;
TR1=1;
}
程序 y1.c
#include <reg52.h>          //包含特殊功能寄存器库
#include <stdio.h>          //包含 I/O 函数库
extern serial_initial();
void main(void)            //主函数
{
int a,b;
serial_initial();
scanf("please input a,b:%d,%d",&a,&b);
printf("\n");
printf("max is:%d\n",a>=b?a:b);
```

```
     while(1);
   }
```

在上面两个例子中，例 4-28 的主函数使用了一个在后面定义的函数 max()，在使用之前用函数原型"int max(int x,int y);"进行了声明。例 4-29 的程序 y1.c 中调用了一个在另一个程序 serial_initial.c 中定义的函数 serial_initial()，在调用之前对它进行了声明，且声明时前面加了 extern，指明该函数是另外一个程序文件中的函数，是一个外部函数。

注意：*输入/输出对串口的初始化往往采用这种方式。在以后的例子中，我们通常直接调用串口初始化函数对串口初始化。*

4.9.3 函数的嵌套与递归

1. 函数的嵌套

在 C51 语言中，函数的定义是相互平行、互相独立的。在函数定义时一个函数体内不能包含另一个函数，即函数不能嵌套定义。但是在一个函数的调用过程中可以调用另一个函数，即允许嵌套调用函数。C51 编译器通常依靠堆栈来进行参数传递，由于 C51 的堆栈设在片内 RAM 中，而片内 RAM 的空间有限，因而嵌套的深度比较有限，一般在几层以内。如果层数过多，就会导致堆栈空间不够而出错。

【例 4-30】 函数的嵌套调用。

解：具体步骤如下。

```c
#include <reg52.h>         //包含特殊功能寄存器库
#include <stdio.h>         //包含I/O函数库
extern serial_initial();
int max(int a,int b)
{
  int z;
  z=a>=b?a:b;
  return(z);
}
int add(int c,int d,int e,int f)
{
  int result;
  result=max(c,d)+max(e,f);
  return(result);
}
main( )
{
  int final;
  serial_initial();
  final=add(7,5,2,8);
  printf("%d",final);
}
```

在主函数中调用了函数 add，而在函数 add 中又调用了函数 max，形成了两层嵌套调用。

2．函数的递归

递归调用是嵌套调用的一个特殊情况。若在调用一个函数过程中又出现了直接或间接调用该函数本身，则称为函数的递归调用。

在函数的递归调用中要避免出现无终止的自身调用，应通过条件控制结束递归调用，使得递归的次数有限。

下面是一个利用递归调用求 $n!$ 的例子。

【例 4-31】递归求数的阶乘 $n!$。

解：在数学计算中，一个数 n 的阶乘等于该数本身乘以数的 n-1 阶乘，即 $n!=n\times(n-1)!$，用 n-1 的阶乘来表示 n 的阶乘就是一种递归表示方法。在程序设计中可通过函数递归调用来实现。程序如下：

```
#include <reg52.h>          //包含特殊功能寄存器库
#include <stdio.h>          //包含I/O函数库
extern serial_initial();
int fac(int n) reentrant
{
int result;
if (n==0)
  result=1;
    else
      result=n*fac(n-1);
  result(result);
}
main( )
{
  int fac_result;
  serial_initial( );
  fac_result=fac(11);
  printf("%d\n",fac_result);
}
```

使用 fac(n)求数 n 的阶乘时，当 n 不等于 0 时调用函数 fac(n-1)，而求 n-1 的阶乘时，当 n-1 不等于 0 时调用函数 fac(n-2)，依此类推，直到 n 等于 0 为止。在函数定义时使用了 reentrant 修饰符。

4.10　汇编语言与 C 语言混合编程

由于单片机硬件的限制，在有些场合无法用 C 语言编写，而只能用汇编语言来编写程序。例如在下列情况下，人们往往更喜欢使用汇编语言程序：

（1）希望利用已写好的、成熟的汇编语言程序。

（2）希望某个特定函数的执行速度更快。

（3）程序存储空间较小，希望编译出的机器代码尽量短，并已确定用汇编编出的程序代码比 C51 的程序代码占用的存储空间更少。

（4）对某些用 C51 难以方便实现，而用汇编则可方便实现的功能，例如需要直接从汇编操纵 SFR 或存储影射 I/O 设备。

在大多数情况下，汇编程序能和用 C 语言编写的程序很好地结合在一起。只要遵守一些编程规则，就可以实现在 C 语言程序中调用或嵌入汇编程序，使用在汇编模块中声明的公共变量。

1. 增加段和局部变量

在把汇编程序加入 C 程序之前，必须使汇编程序和 C 程序一样具有明确的边界、参量、返回值和局部变量。

在汇编语言程序编写的程序中，一般变量的传递参数所使用的寄存器是无规律的，这将导致汇编语言编写的函数之间参数传递混乱，维护困难。如果在编写汇编功能函数时仿照 C 函数，并且按照 C51 的参数传递标准，程序就会有很好的可读性，同时有利于维护，这样编写出的函数很容易和 C 语言编写的函数进行连接。

汇编程序中每一个功能函数都有自己的程序存储区，如果有局部变量，就会有相应的存储空间 DATA、XDATA 等。当程序中需要快速寻址的变量时，就可以把它声明在 DATA 段中，如果需要查寻表格，就可声明在 CODE 段中。要注意的是，局部变量只对当前使用它们的程序段有效。

2. 函数声明

为了使汇编程序段和 C 程序段能够兼容，必须为汇编语言编写的程序段指定段名并进行定义。如果要在它们之间传递函数，就必须保证汇编程序用来传递函数的存储区和 C 函数使用的存储区是一样的。被调用的汇编函数不仅要在汇编程序中使用伪指令以使 CODE 选项有效，并声明为可再定位的段类型，而且还要在调用它的 C 语言主程序中进行声明。函数名的转换规律见表 4-6。

表 4-6 函数名的转换规律

主函数中的声明	汇编符号名	说　明
Void func(void)	FUNC	无参数传递或不含寄存器的函数名不作改变转入目标中，名字只是简单地转为大写形式
Void func(char)	_ FUNC	带寄存器参数的函数名，前面加"_"前缀，它表明这类函数包含寄存器内的参数传递
Void func(void) reentrant	_? FUNC	对于重入函数，前面加"_?" 前缀，它表明该函数包含栈内的参数传递

以下是一个典型的可被 C 程序调用的汇编函数，该函数不传递参数。

```
? PR?CLRMEM SEGMENT CODE        ;程序存储区声明
PUBLIC CLRMEM                    ;输出函数名
RSEG ?PR? CLRMEM                ;该函数可被连接器放置在任何地方
/************************************************
函数: CLRMEM
功能描述: 清除内部 RAM 区
参数: 无
返回值: 无
```

```
**********************************************************/
CLRMEM:
MOV R0,#7FH
CLR A
IDATALOOP:
MOV @R0, A
DJNZ R0, IDATALOOP
RET
END
```

从上例可以看出汇编文件的格式化是很简单的,只需给存放功能函数的段指定一个段名即可。因为是在代码区内,所以段名的开头为 PR,这两个字符是为了和 C51 的内部命名转换兼容的。命名转换规律见表 4-7。

表 4-7　命名转换规律

存储区	命名转换
CODE	?PR?CO
XDATA	?XD
DATA	?DT
BIT	?BI
PDATA	?PD

RSEG 为段名的属性,这意味着连接器可把该段放置在代码区的任意位置。当段名确定后,文件必须声明公共符号,如上例中的 PUBLIC CLRMEM 语句,然后编写代码。对于有传递参数的函数必须符合参数的传递规则,Kiel C51 在内部 RAM 中传递参数时一般都用当前的寄存器组。当函数接收 3 个以上参数时,存储区中的一个默认段将用来传递剩余的参数。用作接收参数的寄存器见表 4-8。

表 4-8　接收参数寄存器

参数序号	char	int	Long, float	通用指针
1	R7	R6&R7	R4~R7	R1~R3
2	R5	R4&R5	—	—
3	R3	R2&R3	—	—

以下是几个参数传递的例子:

func1(int a): a 是第一个参数,整型（int）,在 R6,R7 中传递。

func2(int a,intb,int*c): a 是第一个参数,在 R6,R7 中传递,b 是第二个参数,在 R4,R5 中传递,c 是指针,在 R1、R2、R3 中传递。

func3(long a,long b): a 在 R4~R7 中传递,b 不能在寄存器中传递,只能在参数传递段中传递。

3. Keil C51 与汇编的接口

1）模块内接口

在对硬件进行操作或在一些对时钟要求很严格的场合,有时需要使用汇编语言来编写程序，但又不希望用汇编语言来编写全部程序或调用汇编语言编写的函数，那么可以通过预编译指令"asm"在 C 代码中插入汇编代码。

方法是用#pragma 语句，具体结构是：

```
#pragma asm
汇编行
#pragma endasm
```

这种方法是通过 asm 和 endasm 告诉 C51 编辑器，中间行不用编译成汇编行。

例如：

```
#include <reg51.h>
extern unsigned char code newval[256];
void func1(unsigned char param){
{
unsigned char temp;
temp= newval[param];
temp*=2; temp/=3
#pragma asm                 ;预编译指令"asm"
MOV P1, R7
NOP
NOP
NOP
MOV P1, #0
#pragma endasm
```

2）模块间接口

C 模块与汇编模块的接口较简单，分别用 C51 与 A51 对源文件进行编译，然后用 L51 连接 obj 文件即可。模块接口间的关键问题在于 C 函数与汇编函数之间的参数传递。C51 中有两种参数传递方法。

（1）通过寄存器传递函数参数。

汇编函数要得到参数值时就要访问这些寄存器，如果这些值正被使用并保存在其他地方或已经不再需要了，则这些寄存器可被用作其他用途。

下面举例介绍 C 程序与汇编程序的接口。要注意的是通过内部 RAM 传递参数的函数将使用规定的寄存器，汇编函数将使用这些寄存器接收参数。对于要传递多于 3 个参数的函数，剩余的参数将在默认的存储器段中传递。

```
//C 程序中汇编函数的声明
bit devwait(unsigned char ticks, unsigned char xdata *buf);
if (devwait(5, &outbuf))
  {bytes_out++;}
//汇编代码
?PR?_DEVWAIT SEGMENT CODE;      //在汇编存储区中定义段
PUBLIC _DEVWAIT;                //输出函数名
RSEG ?PR? _DEVWAIT;            //该函数可被连接器放置在任何地方
/***********************************************************
```

函数：_devwait

功能描述：等待定时器 0 溢出，向外部器件表明 P1 中的数据是有效的。如果定时器尚未溢出，将被写入 XDATA 的指定地址中。

　　参数：R7 (存放要等待的定时长度)：R4 和 R5（存放要写入的 XDATA 区地址）。

　　返回值：读数成功返回 1，时间到返回 0。

```
******************************************************************/
_DEVWAIT:
CLR TR0                          ;设置定时器 0
CLR TF0
MOV TH0, #00
MOV TL0, #00
SETB TR0
JBC TF0, L1                      ;检测定时标志位
JB TI, L2                        ;检测数据是否准备就绪
L1:
DJNZ R7, _DEVWAIT               ;减 1
CLR C
CLR TR0                          ;停止定时器 0
RET
L2:
MOV DPH, R4                      ;取地址并放入 DPTR
MOV DPL, R5
PUSH ACC
MOV A, P1                        ;得到输出数据
MOVX @DPTR, A
POP ACC
CLR TR0                          ;停止定时器 0
SETB C                           ;设置返回值
RET
END
```

　　在上例中并没有讨论返回值问题。在这里，函数返回一个位变量。如果时间到，将返回 0；如果输入字节被写入指定的地址中，返回 1。当从函数中返回值时，C51 通过转换使用内部存储器，编译器将使用当前寄存器组来传递返回参数。返回参数所使用的寄存器如表 4-9 所示。返回这些类型的函数可使用这些寄存器来存储局部变量，直到这些寄存器被用来返回参数。如果函数要返回一个长整型，就可以方便地使用 R4～R7 这 4 个寄存器，而不需要声明一个段来存放局部变量，存储区就更加优化了。返回值类型与寄存器对照见表 4-9。要注意的是，函数不应随意使用没有被用来传递参数的寄存器。

表 4-9　返回值类型与寄存器对照

返回值类型	寄存器	说　　明
bit	C（标志位）	由具体标志位返回
Cher/unsigned char 1_byte 指针	R7	单字节由 R7 返回
Int/ unsigned int 2_byte 指针	R6&R7	双字节由 R6 和 R7 返回，高位在 R6，低位在 R7 中
Long/ unsigned long	R4~R7	高位在 R4 中，低位在 R7 中
float	R4~R7	32bit IEEE 格式，指数和符号位在 R7 中
通用指针	R1~R3	存储类型在 R3 中，高位在 R2 中，低位在 R1 中

（2）通过固定存储区传递（Fixed Memory）。

这种方式将 bit 型参数传到一个存储段中：

```
?function_name? BIT
```

将其他类型参数均传给下面的段：

```
?function_name? BYTE
```

并且按照预选顺序存放。至于这个固定存储区本身在何处，则由存储模式默认指定。

3）SRC 控制

该控制指令将 C 文件编译生成汇编文件（.SRC），该汇编文件在改名后，生成汇编.ASM 文件，再用 A51 进行编译。

本 章 小 结

本章系统地介绍了 C51 的数据类型、运算符及表达式、表达式语句及复合语句；C51 的输入输出、程序基本结构；C51 的常用函数及其调用与声明；C51 的构造数据类型等。

在介绍常用格式和语法外，重点介绍了 C51 与标准 C 语言的不同点，强调用 C 语言编写单片机应用程序时，需根据单片机存储结构及内部资源定义相应的数据类型和变量。在使用 C51 时请注意 C51 包含的数据类型、变量存储模式、输入/输出处理、函数等方面与标准 C 语言有一定的区别。同时也介绍了汇编语言与 C51 混合编程的方法。

习 题 4

4-1 C 语言有哪些特点？

4-2 有哪些数据类型是 MCS-51 单片机直接支持的？

4-3 C51 特有的数据结构类型有哪些？

4-4 C51 中存储类型有几种，它们分别表示的存储器区域是什么？

4-5 C51 中，bit 位与 sbit 位有什么区别？

4-6 在 C51 中，通过绝对地址来访问存储器的有几种？

4-7 在 C51 中，中断函数与一般函数有什么不同？

4-8 按给定存储器类型和数据类型，写出下列变量的说明形式。

（1）在 data 区定义字符变量 va11。

（2）在 idata 区定义整型变量 va12。

（3）在 xdata 区定义无符号字符数组 va13[4]。

（4）在 xdata 区定义一个指向类型的指针 px。

（5）定义可寻址位变量 flag。

（6）定义特殊功能寄存器变量 p3。

（7）定义特殊功能寄存器变量 SCON。

（8）定义 16 位的特殊功能寄存器 T0。

4-9 写出下列关系表达式或逻辑表达式的结果，设 a=3，b=4，c=5。

（1）a+b>c&&b==c

（2）a‖b+c&&b-c

（3）!(a>b)&&!c‖1

（4）!(a+b)+c−1&&b+c/2

4-10　在 C51 语言中，设变量 a，b 都为 unsigned char 类型，a=78（十进制），b=209（十进制），用十六进制表示以下表达式的计算结果：

a&b=_____；a^b=_____；b>>2=_____；～a =_____；(a>b)? a：b=_____。

4-11　C51 程序是基于 MCS-51 系列单片机的 C 程序，在 C51 程序中，int 型数据所能表示的数值范围是多少？。

4-12　break 和 continue 语句的区别是什么？

4-13　用分支结构编程实现，当输入“1”显示“A”，输入“2”显示“B”，输入“3”显示“C”，输入“4”显示“D”，输入“5”结束。

4-14　输入三个无符号字符数据，要求按由大到小的顺序输出。

4-15　用三种循环结构编写程序实现输出 1 到 10 的平方之和。

4-16　对一个 5 个元素的无符号字符数组按由小到大顺序排序。

4-17　用指针实现，输入 3 个无符号字符数据，按由大到小的顺序输出。

4-18　有 3 个学生，每个学生包括学号、姓名、成绩，要求找出成绩最高的学生的姓名和成绩。

第5章 MCS-51 系列单片机内部硬件资源及应用

▶ **学习目标** ◀

通过本章学习，了解 MCS-51 单片机提供的内部硬件资源，掌握其并行通信口、中断、定时/计数器、串行口通信口的基本结构、工作原理、软件编程方法等，为单片机的应用打下基础。

5.1 MCS-51 系列单片机的并行 I/O 接口

MCS-51 单片机的内部硬件资源除了有 CPU、ROM、RAM 等外，并行 I/O 接口、中断系统、定时器/计数器、串行接口也是单片机应用系统中的重要部件，单片机的大部分功能都是通过对这些资源的使用来实现的。单片机应用领域非常广泛，在电子衡器、办公自动化、工业自动化检测和控制、航天飞机导航系统等领域应用广泛。

MCS-51 单片机共有 4 个 8 位准双向 I/O 接口，分别是 P0、P1、P2、P3，共 32 位口线。每位均有自己的锁存器、输出驱动器和输入缓冲器。P0 口负载能力为 8 个 LSTTL 门电路；P1～P3 负载能力为 4 个 LSTTL，当实际负载超过其能力时，应外加驱动器或放大电路。

5.1.1 端口输入/输出操作

P0～P3 用做输入时，口锁存器必须先写"1"，否则读入的数据可能会出错。MCS-51 单片机没有专门的 I/O 指令，其中向口输出数据的指令有（其中 $x=0\sim3$）以下几个。

```
MOV  Px,A
MOV  Px,Rn
MOV  Px,@Ri
MOV  Px,direct
```

从口输入数据的指令有以下几个。

```
MOV  A,Px
MOV  Rn,Px
MOV  @Ri,Px
MOV  direct,Px
```

5.1.2　I/O 接口的位操作指令

由于 I/O 接口具有位寻址功能，因此有关位操作的指令也都适用于它们。常用指令有以下几个。

```
CLR  Px.y
SETB Px.y
CPL  Px.y
```

5.1.3　并行口应用举例

【例 5-1】 根据图 5-1 所示电路，利用单片机的 P1.4～P1.7 接 4 个发光二极管，P1.0～P1.3 接 4 个开关，要求当开关动作时，对应（低位对低位）的发光二极管亮或灭，请编程实现。

解：要求对应的发光二极管亮或灭，只须把 P1 口的内容读入后，把高低 4 位互换，通过 P1 口输出即可。

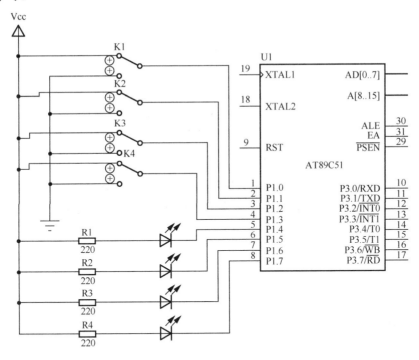

图 5-1　P1 口低 4 位开关控制高 4 位灯的工作情况

汇编参考程序：

```
       ORG  1000H
LOOP:  MOV  P1,#0FH;设定 P1 口低 4 位为输入状态
       MOV  A,P1
       SWAP A
       MOV  P1,A
       SJMP LOOP
```

C51 参考程序：

```
#include <reg51.h>
void main (void)
{
    unsigned char temp;
    P1=0x0F;
    while(1)                    //无限循环,防止程序跑飞

    {
        temp=P1;                //暂存
        temp=temp<<4;           //开关状态移入高 4 位
        temp=temp+0x0F;         //将低 4 位设成输入状态
        P1=temp;                //开关状态从 P1.4~P1.7 引脚输出
    }
}
```

【例 5-2】 根据图 5-2 所示电路，设计闪烁亮灯程序，要求 8 支发光二极管闪烁点亮，点亮时间为 200ms。f_{osc}=6MHz。

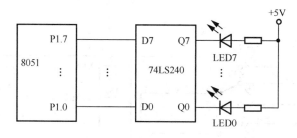

图 5-2 LED 闪烁电路

解：在图 5-2 所示硬件电路中，8051 单片机的 P1 口作为输出口，经驱动电路（74LS240 是一个 8 位反相三态缓冲/驱动器）接 8 只发光二极管。当 P1.x 输出高电平时，相应的 LED 灯亮。

汇编参考程序：

```
LOOP:   MOV   A,#00H
        MOV   P1,A
        LCALL DELAY
        MOV   P1,#0FFH
        LCALL DELAY
        SJMP  LOOP
DELAY:                          ;学生自编 200ms 延时子程序
```

C51 参考程序：

```
#include < reg52.h >
void delay02s(void)             //延时 0.2s 子程序
{   unsigned char i,j;          //定义无符号字符变量,单字节数据,值域为 0~255
    for(i=200; i>0;i--)
    for  (j=110;j>0;j--)
    ;                           //空操作,延时
}
```

```
void main (void)
{ while (1)                    //无限循环
     { P1=0;                   //熄灭 LED 灯
        delay02s();            //调用延时函数
        P1=0xff;               //P1=1111 1111B,点亮 LED 灯
        delay02s();            //延时
     }
}
```

5.2　中断系统

中断系统是为使 CPU 具有对单片机外部或内部随机发生的事件的实时处理而设置的。MCS-51 系列单片机片内的中断系统能大大提高处理外部或内部突发事件的能力，化解快速的 CPU 和慢速的外设之间的矛盾。

5.2.1　中断的基本概念

1. 中断的概念

中断是通过硬件来改变 CPU 的运行方向的。当 CPU 正在执行主程序的时候，外部或内部发生的某一事件（如某个引脚上电平的变化，一个脉冲沿的发生或计数器的计数溢出等）请求 CPU 迅速去处理，CPU 暂时中断当前程序的执行而转去执行相应的处理程序，待处理程序执行完毕后，CPU 再继续执行原来被中断的程序，这样的过程称为中断，如图 5-3 所示。中断需要解决两个主要问题：一是如何从主程序转到中断服务程序；二是如何从中断服务程序返回主程序。

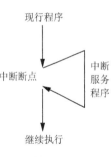

图 5-3　中断示意

2. 中断的特点

1）分时操作

单片机有了中断功能，可使 CPU 与外设由串行工作变为分时并行工作，且实现了 CPU 和多个外设的同步工作，大大地提高了单片机的效率。

2）实时处理

在实时控制中，现场的各种参数、信息均随时间和现场而变化。这些外界变量可根据要求随时向 CPU 发出中断申请，请求 CPU 及时处理。如果中断条件满足，CPU 马上就会响应，进行实时处理。

3）故障处理

针对随机发生的情况或故障，如掉电、存储出错、电路故障等，可通过中断系统由故障源向 CPU 发出中断请求，再由 CPU 转到相应的故障处理程序进行处理，而不必停机。

5.2.2　MCS-51 系列单片机的中断系统

MCS-51 系列单片机的中断系统是在硬件基础上再配以相应的软件而实现的，MCS-51 可

以提供至少 5 个中断请求源、2 个中断优先级。MCS-51 的中断控制系统由中断的特殊功能寄存器、中断入口、顺序查询逻辑电路等组成，其结构如图 5-4 所示。

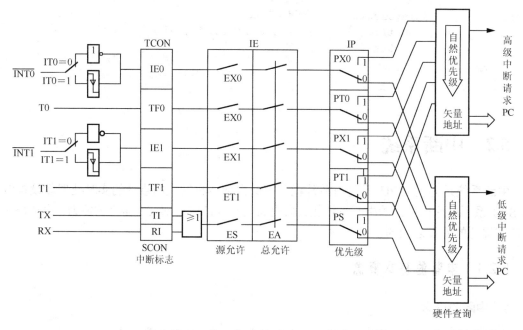

图 5-4　MCS-51 中断系统内部结构示意

由图 5-4 可知，与中断有关的寄存器有 4 个，分别为中断源寄存器 TCON 和 SCON、中断允许控制寄存器 IE 和中断优先级控制寄存器 IP。要使用中断资源，必须对它们进行编程设定。

1. 中断源和中断标志

1）中断源与中断入口

中断源就是引起中断的事件，MCS-51 的 5 个中断源详述如下。

① $\overline{INT_0}$：外部中断 0 中断请求，由 P3.2 脚输入。通过 IT0 脚（TCON.0）来决定是低电平有效还是下跳变有效。一旦输入信号有效，就向 CPU 申请中断，并建立 IE0 标志。

② $\overline{INT_1}$：外部中断 1 中断请求，由 P3.3 脚输入。通过 IT1 脚（TCON.2）来决定是低电平有效还是下跳变有效。一旦输入信号有效，就向 CPU 申请中断，并建立 IE1 标志。

③ TF0：定时器 T0 溢出中断请求。当定时器 0 产生溢出时，定时器 0 中断请求标志位（TCON.5）置位（由硬件自动执行），请求中断处理。

④ TF1：定时器 TI 溢出中断请求。当定时器 1 产生溢出时，定时器 1 中断请求标志位置位（由硬件自动执行），请求中断处理。

⑤ RI 或 TI：串行中断请求。当接收或发送完一串行帧时，内部串行口中断请求标志位 RI 或 TI 置位（由硬件自动执行），请求中断。

2）中断请求标志

MCS-51 单片机 5 个中断源的中断请求标志分别锁存在特殊功能寄存器 TCON 和 SCON 中。

（1）TCON 寄存器中的中断标志。TCON 为定时/计数器中断控制寄存器（字节地址 88H），其各位定义如下：

TF1	TR1	TF0	TR0	IE1	IT1	IE0	IT0

与中断有关位如下所述。

① IT0（IT1）：外部中断 0（或 1）触发方式控制位。

IT0（或 IT1）被设置为 0 时，则选择外部中断为电平触发方式；在这种方式下，CPU 在每个机器周期的 S5P2 期间对 P3.2（或 P3.3）引脚采样，若为低电平，则认为有中断申请，随即使 IE0（或 IE1）标志置位；IT0（或 IT1）被设置为 1，则选择边沿触发方式。

② IE0（IE1）：外中断标志。

当检测到 P3.2（或 P3.3）引脚上有中断请求时，由硬件使 IE0（IE1）=1，当 CPU 转向中断服务程序时，由硬件使 IE0（IE1）=0。

③ TF0（TF1）：定时器 0（或）1 的溢出中断标志。

T0（或 T1）被启动计数后，从初值做加 1 计数，计满溢出后由硬件置位 TF0（TF1），同时向 CPU 发出中断请求，此标志一直保持到 CPU 响应中断后才由硬件自动清 0。也可由软件查询该标志，并由软件清 0。

（2）SCON 寄存器中的中断标志（字节地址 98H）。SCON 是串行口控制寄存器，其低两位 TI 和 RI 锁存串行口的发送中断标志和接收中断标志。

① TI（SCON.1）：串行发送中断标志。

CPU 将数据写入发送缓冲器 SBUF 时，就启动发送，每发送完一个串行帧，硬件将使 TI 置位。但 CPU 响应中断时并不清除 TI，必须由软件清除。

② RI（SCON.0）：串行接收中断标志。

在串行口允许接收时，每接收完一个串行帧，硬件将使 RI 置位。同样，CPU 在响应中断时不会清除 RI，必须由软件清除。

2．中断控制

中断控制包括中断开放、中断判优、中断响应、中断查询、中断处理等。它们分别由特殊功能寄存器 IE 和 IP 的相应位程控。

1）中断的开放和屏蔽

MCS-51 系列单片机的 5 个中断源都是可屏蔽中断，其中断系统内部设有一个专用寄存器 IE，用于控制 CPU 对各中断源的开放或屏蔽。IE 寄存器各位定义如下：

EA			ES	ET1	EX1	ET0	EX0

（1）EA：总中断允许控制位。EA=1，开放所有中断，各中断源的允许和禁止可通过相应的中断允许位单独加以控制；EA=0，禁止所有中断。

（2）ES：串行口中断允许位。ES=1，允许串行口中断；ES=0，禁止串行口中断。

（3）ET1（或 ET0）：定时器 1（或 0）中断允许位。ET1（或 ET0）=1，允许定时器中断；ET1（或 ET0）=0，禁止中断。

（4）EX1（或 EX0）：外部中断 1（或 0）中断允许位。EX1（或 EX0）=1，允许外部中断 1（或 0）中断；EX1=0，禁止外部中断 1（或 0）中断。

2）中断优先权控制

8051 单片机有两个中断优先级，每个中断源都可以通过编程确定为高优先级中断或低优先级中断，因此，可实现二级嵌套。同一优先级别中的中断源可能不止一个，也有中断优先权排队的问题。专用寄存器 IP 为中断优先级寄存器，锁存各中断源优先级控制位，IP 中的每一位均可由软件来置 1 或清 0，且 1 表示高优先级，0 表示低优先级。IP 寄存器各位定义如下：

			PS	PT1	PX1	PT0	PX0

PS：串行口中断优先级控制位；

PT1：T1 中断优先级控制位；

PX1：INT1 优先级控制位；

PT0：T0 中断优先级控制位；

PX0：INT0 中断优先级控制位。

对于同级中断源，系统默认的优先权顺序如下：

外部中断 0 中断>定时器/计数器 0 中断>外部中断 1 中断>定时器/计数器 1 中断>串行口中断。

对于中断优先权和中断嵌套，MCS-51 单片机有以下三条规定。

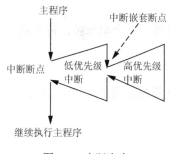

图 5-5　中断嵌套

（1）正在进行的中断过程不能被新的同级或低优先级的中断请求所中断。

（2）正在进行的低优先级中断服务程序能被高优先级中断请求所中断，实现两级中断嵌套。

（3）CPU 同时接收到几个中断请求时，首先响应优先级最高的中断请求。

中断嵌套只能高优先级"中断"低优先级，低优先级不能"中断"高优先级，同一优先级也不能相互"中断"，如图 5-5 所示。中断嵌套结构类似与调用子程序嵌套，不同的是以下两个方面。

（1）子程序嵌套是在程序中事先安排好的；中断嵌套是随机发生的。

（2）子程序嵌套无次序限制，中断嵌套只允许高优先级"中断"低优先级。

【例 5-3】　对寄存器 IE、IP 设置如下：

```
MOV  IE，#83H
MOV  IP，#06H
```

问此时对该系统进行何种设定？

解：第一条指令完成的功能是 CPU 中断允许，允许外部中断 0、定时器/计数器 0 提出的中断申请。

第二条指令完成的功能是设定中断源的中断优先次序为：

定时器/计数器 0 中断>外部中断 1>外部中断 0>定时器/计数器 1 中断>串行口中断

3）中断响应

（1）中断响应的条件。单片机响应中断的条件：中断源有请求（IE 相应位置 1），且 CPU 开中断（EA=1）。这样，在每个机器周期内，单片机对所有中断源都进行顺序检测，并可在任 1 个周期的 S6 期间，找到所有有效的中断请求，并对其优先级进行排队。但是，必须满足下列条件：

① 无同级或高级中断正在服务。

② 现行指令执行到最后 1 个机器周期且已结束。

③ 若现行指令为 RETI 或需访问特殊功能寄存器 IE 或 IP 的指令时，执行完该指令且紧随其后的另 1 条指令也已执行完。单片机便在紧接着的下 1 个机器周期的 S1 期间响应中断。否则，将丢弃中断查询的结果。

（2）中断响应过程。单片机一旦响应中断，首先对相应的优先级有效触发器置位。然后执行 1 条由硬件产生的子程序调用指令，把断点地址压入堆栈，再把与各中断源对应的中断服务程序的入口地址送入程序计数器 PC，同时清除中断请求标志（串行口中断和外部电平触发中断除外），从而转入相应的中断服务程序。以上过程均由中断系统硬件自动完成。

（3）中断响应时间。中断响应时间是指从查询中断请求标志位到转入中断服务程序入口地址所需的时间。响应中断最短需要 3 个机器周期。若 CPU 查询中断请求标志的周期正好是执行 1 条指令的最后 1 个机器周期，则不需等待就可以响应。而响应中断执行 1 条长调用指令需要 2 个机器周期，加上查询的 1 个机器周期，一共需要 3 个机器周期才开始执行中断服务程序。若系统中只有一个中断源，则相应时间在 3～8 个机器周期。

4）中断服务和返回

中断服务程序从中断入口地址开始执行，到返回指令 RETI 为止。一般包括两部分内容，一是保护现场，二是完成中断源请求的服务。

编写中断服务程序时需注意以下几点：

① 各中断源的中断入口地址之间只相隔 8 个字节，一般容纳不下中断服务程序，因此，在中断入口地址单元通常存放一条无条件转移指令，可将中断服务程序转至存储器的其他任何空间。

② 若要在执行当前中断程序时禁止其他更高优先级中断，需先用软件关闭 CPU 中断，或用软件禁止相应高优先级的中断，在中断返回前再开放中断。

③ 在保护和恢复现场时，为了不使现场数据遭到破坏或造成混乱，一般规定此时 CPU 不再响应新的中断请求。因此，在编写中断服务程序时，要注意在保护现场前关中断。在保护现场后，若允许高优先级中断，则应开中断。同样，在恢复现场前也应先关中断，恢复之后再开中断。

④ 在中断服务程序的末尾，必须安排一条中断返回指令 RETI，使程序自动返回主程序。

5）中断请求的撤销

CPU 响应中断请求后即进入中断服务程序，在中断返回前，应撤销该中断请求，否则，会重复引起中断而导致错误。MCS-51 各中断源中断请求撤销的方法各不相同，如下所述。

（1）定时器中断请求的撤销。对于定时器 0 或 1 溢出中断，CPU 在响应中断后即由硬件自动清除其中断标志位 TF0 或 TF1，无须采取其他措施。

（2）串行口中断请求的撤销。对于串行口中断，CPU 在响应中断后，硬件不能自动清除中断请求标志位 TI、RI，必须在中断服务程序中用软件将其清除。

（3）外部中断请求的撤销。外部中断可分为边沿触发型和电平触发型。对于边沿触发的外部中断 0 或 1，CPU 在响应中断后由硬件自动清除其中断标志位 IE0 或 IE1，无须采取其他措施。对于电平触发方式，只要 P3.2（或 P3.3）引脚为低电平，IE0（或 IE1）就置 1，请求中断，如果在中断服务程序返回时，P3.2（或 P3.3）引脚还为低电平，则又会中断，这样就会出现一

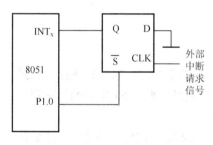

图 5-6　外部中断请求的撤销电路

次请求，中断多次的情况。为避免这种情况，只有在中断服务程序返回前撤销 P3.2（或 P3.3）的中断请求信号，即使 P3.2（或 P3.3）为高电平。通常通过图 5-6 所示电路来实现。

外部中断请求信号加在 D 触发器的 CLK 端。由于 D 端接地，当外部中断请求的正脉冲信号出现在 CLK 端时，Q 端输出为 0，外部中断向单片机发出中断请求。当 CPU 响应中断后，可在中断服务程序中采用两条指令撤销中断请求：

```
CLR    P1.0
SETB   P1.0
```

第一条指令使 P1.0 为 0，因 P1.0 与 D 触发器的异步置 1 端相连，Q 端输出为 1，从而撤销中断请求；第二条指令使 P1.0 变为 1，使异步置 1 端无效，Q 端继续受 CLK 控制，即新的外部中断请求信号又能向单片机申请中断。

5.2.3　MCS-51 系列单片机中断系统的应用

在中断服务程序编程时，首先要对中断系统进行初始化，也就是对几个特殊功能寄存器的有关控制位进行赋值。具体来说，就是要完成下列工作：

① 开中断和允许中断源中断。

② 确定各中断源的优先级。

③ 若是外部中断，则应规定是电平触发还是边沿触发。

C51 编译器支持在 C 语言源程序中直接编写 51 系列单片机的中断服务函数程序，从而减轻了采用汇编语言编写中断服务程序的烦琐程度。为了能在 C 语言源程序中直接编写中断服务函数，C51 编译器对函数的定义有所扩展，增加了一个扩展关键字 interrupt。关键字 interrupt 是函数定义时的一个选项，加上这个选项即可以将函数定义成中断服务函数。

C51 的中断服务函数格式如下：

```
void  函数名()interrupt  n  [using m]
    {
        中断服务程序内容
    }
```

函数名可以任意取，但不要与 C 语言的关键字相同；中断函数不带任何参数，所以函数名后面的小括号内容为空；Interrupt 后面的 n 是中断号，对应中断源的编号（见表 5-1），n 的取值范围为 0~31。编译器从 8n+3 处产生中断向量（中断服务程序入口地址），具体的中断号和中断向量取决于不同的 51 系列单片机芯片。51 单片机的常用中断号、中断源和中断向量（中断服务程序入口地址）见表 5-1。

表 5-1　中断源的中断服务程序入口分配表

中断编号 n（C 语言用）	中 断 源	中断向量（汇编语言用）
0	外部中断 0	0003H
1	定时器/计数器 0	000B H

续表

中断编号 n（C 语言用）	中 断 源	中断向量（汇编语言用）
2	外部中断 1	0013H
3	定时器/计数器 1	001BH
4	串行口中断	0023H

各中断服务程序入口地址仅间隔 8 个字节,在汇编编程时一般在这些地址放入无条件转移指令,跳转到服务程序的实际入口地址。

最后面的 using m 是指这个中断函数使用单片机 4 组工作寄存器中的哪一组,取值为 0～3。C51 编译器在编译程序时会自动分配工作组,通常 using 工作组编号可以省略不写。一个简单中断服务程序写法如下:

```
void  T0_time()interrupt 1          //"interrupt"声明函数为中断服务函数
                                    //其后的 1 为定时器 T0 的中断编号

    {
        TH0=(65536-30000)/256       //定时器 T0 的高 8 位赋初值
        TL0=(65536-30000)%256       //定时器 T0 的低 8 位赋初值
    }
```

上面的代码是一个定时器/计数器 0 的中断服务程序,定时器/计数器 0 的中断号是 1,若写成 interrupt 3,则是定时器/计数器 1 的中断服务程序,相应的 TH0 换成 TH1,TL0 换成 TL1。一般在中断服务程序中不要写过多的处理语句,能在主程序中完成的功能就不放在中断函数中,因为如果语句过多,有可能中断服务程序中的代码还未执行完,下一次中断又来临,程序执行就会乱套,造成致命的错误。

1. 外部中断应用举例

【例 5-4】 如图 5-7 所示,用外中断 1 的中断方式控制 P1 口 8 盏发光管的亮暗,要求每按一次开关 K,灯由亮变暗或由暗变亮,请编程实现。

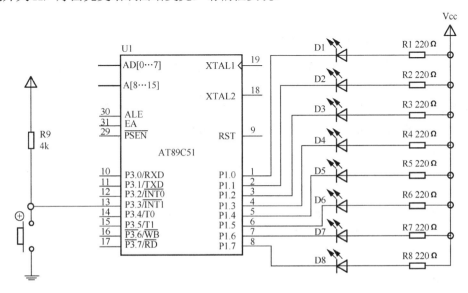

图 5-7 用外中断 1 的中断方式控制 P1 口灯亮暗电路

解：

汇编参考程序如下：

```
        ORG 0000H
        LJMP    MAIN            ;转主程序
        ORG 0013H               ;外部中断 1 中断服务程序入口
        MOV A, P1
        CPL A
        MOV P1,A
        RETI                    ;中断返回
        ORG 1000H
MAIN:   SETB EA
        SETB    EX1
        SETB    PX1             ;置为高优先级
        SETB IT1
        SJMP $                  ;动态停机
```

C 语言参考程序如下：

```
#include <reg51.h>
sbit  K=P3^3;                   //将 K 位定义为 P3.3,该定义可省略
void main(void)
  {
  EA=1;                         //开放总中断
  EX1=1;                        //允许使用外中断
  IT1=1;                        //选择负跳变来触发外中断
   P1=0xff;                     //设定 P1 口为输入状态
   while(1) ;                   //无限循环
  }
void int1(void) interrupt 2     //外中断 1 的中断编号为 2
{
  P1=~P1;                       //每产生一次中断请求,P1 取反一次
}
```

2．中断与查询结合法扩充外部中断举例

尽管 8051 单片机外部中断源只有 2 个，但有办法可以实现多个输入信号共用一个为外部中断信号。

【例 5-5】 某工业监控系统，具有温度、压力、pH 值等多路监控功能，中断源的连接如图 5-8 所示。当 pH<7 时向 CPU 申请中断，CPU 响应中断后使 P1.7 引脚输出高电平，使加碱管道电磁阀接通 1s，以调整 pH 值。

解：系统监控通过外中断 INT0 来实现，多个中断源通过"线与"接于 INT0 上。无论哪个中断源提出请求，系统都会响应中断，进入中断服务程序，在中断服务程序中通过对 P1 口线的逐一检测来确定哪一个中断源提出了中断请求,进一步转到对应的中断服务程序入口位置执行对应的处理程序。这里只针对 pH<7 时的中断构造了相应的中断服务程序 INT02。

汇编参考程序：

```
        ORG 0000H
        LJMP  START
        ORG  0003H              ;外部中断 0 中断服务程序入口
```

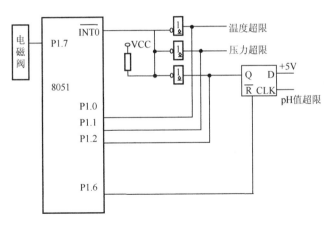

图 5-8　某工业监控系统示意

```
        JB  P1.0,INT00        ;查询中断源,转向对应的中断服务子程序
        JB  P1.1,INT01
        JB  P1.2,INT02
        ORG  0100H
START:MOV P1,#0FFH;           ;设定 P1 口为输入状态
        SETB  EA
        SETB  EX0
        CLR  IT0
        SJMP  $
        ORG  0300H            ;pH 值超限中断服务程序
INT02:PUSH  PSW               ;保护现场
        SETB  PSW.3           ;工作寄存器设置为 1 组,以保护原 0 组的内容
        SETB  P1.7            ;接通加碱管道电磁阀
        ACALL  DELAY          ;调用延时 1s 子程序
        CLR  P1.7             ;1s 到加碱管道电磁阀
        CLR  P1.6
        SETB   P1.6           ;这两条用来撤除 pH<7 的中断请求
        POP  PSW
        RETI
```

C 语言参考程序:

```
#include <reg51.h>
sbit  P10=P1^0;               //将 P10 定义为 P1.0
sbit  P11=P1^1;
sbit  P12=P1^2;
sbit  P16=P1^6;
sbit  P17=P1^7;
void  main()
{ PX0 = 1;                    //设置外部中断 0 为高优先级中断
  EX0 = 1;                    //开外部中断 0 允许
  EA = 1;                     //开中断
  P10=1;P11=1;P12=1;
  For(;;)                     //无限循环,防止程序跑飞
}
  void  int0( )  interrupt  0  using1   //"interrupt"声明函数为中断服务函数
```

```
                          //其后的 0 为外中断 0 的中断编号;使用第 1 组工作寄存器
{
  void int00();
  void int01();
  void int02();
  if (P10= =1)
  {int00( );}
  else if (P11= =1) {int01();}
  else if (P12= =1) {int02();}
}
void int02( )
{
unsigned char i;
P17=1;
for (i=0;i<255;i++); //延时
P17=0;
P16=0;P16=1;
}
```

5.3 MCS-51 系列单片机的定时/计数器

在工业控制及智能仪器中，经常要实现定时和计数功能，有多种方法可以实现定时，如软件定时、硬件定时、可编程定时器定时。软件定时通过循环程序来实现延时，系统不需要增加任何硬件，但该定时方法需要长期占用 CPU；硬件定时需要系统额外增加电路，而且使用上不够灵活；80C51 的单片机内有 2 个 16 位可编程的定时/计数器，除了可用做定时器或计数器，还可用做串行接口的波特率发生器。

5.3.1 定时/计数器的结构与工作原理

1. 定时/计数器的结构

8051 单片机内部有两个 16 位的可编程定时/计数器，称为定时器 0（T0）和定时器 1（T1），可编程选择其作为定时器用或作为计数器用。其逻辑结构如图 5-9 所示。

由图 5.9 可知，8051 定时/计数器的核心是 1 个加 1 计数器，它的输入脉冲有两个来源：一个是外部脉冲源；另一个是系统机器周期（时钟振荡器经 12 分频以后的脉冲信号）。由定时器 0、定时器 1、定时器方式寄存器 TMOD 和定时器控制寄存器 TCON 组成。定时器 0 由 TH0 和 TL0 组成，定时器 1 由 TH1 和 TL1 组成。

2. 定时/计数器的工作原理

当定时/计数器设置为定时工作方式时，计数器对内部机器周期 $T_{f_{osc}}$ 计数，每过一个机器周期，计数器加 1，直至计满溢出。定时器的定时时间与系统的振荡频率紧密相关，因 MCS-51 单片机的一个机器周期由 12 个振荡脉冲组成，如果单片机系统采用 12 MHz 晶振，则计数周期为 1μs，适当选择定时器的初值可获取各种定时时间。

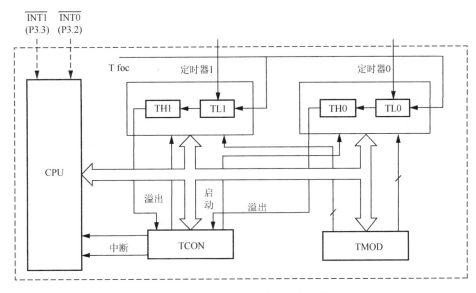

图 5-9　8051 定时/计数器逻辑结构

当定时/计数器设置为计数工作方式时，计数器对来自输入引脚 T0（P3.4）和 T1（P3.5）的外部信号计数，外部脉冲的下降沿将触发计数。在每个机器周期的 S5P2 期间采样引脚输入电平，若前一个机器周期采样值为 1，后一个机器周期采样值为 0，则计数器加 1。新的计数值是在检测到输入引脚电平发生 1 到 0 的负跳变后，于下一个机器周期的 S3P1 期间装入计数器中的，可见，检测一个由 1 到 0 的负跳变需要两个机器周期，所以，最高检测信号频率应为振荡频率的 1/24。

3. 控制定时器的特殊功能寄存器

定时/计数器的初始化是通过定时/计数器的方式寄存器 TMOD 和控制寄存器 TCON 完成的。

1）定时/计数器方式寄存器 TMOD

TMOD 为定时器 0、定时器 1 的工作方式寄存器，其格式如下：

GATE	C/T	M1	M0	GATE	C/T	M1	M0

TMOD 的低 4 位为定时器 0 的方式字段，高 4 位为定时器 1 的方式字段，它们的含义完全相同。各位的意义如下所述。

（1）M1M0：工作方式选择位。

　　0　0　　方式 0：13 位定时/计数器；

　　0　1　　方式 1：16 位定时/计数器；

　　1　0　　方式 2：常数自动重装的 8 位定时/计数器；

　　1　1　　方式 3：仅适用 T0，分为两个 8 位定时/计数器。

（2）C/T：定时/计数器的选择位。

　　0：为定时方式；

　　1：为计数方式。

（3）GATE：门控位。

GATE=0 时，只要 TRi=1，定时/计数器就开始工作，称为软启动。

GATE=1 时，只有 INTi 脚和 TRi 同时为"1"时，定时器/计数器才开始工作。主要用于测量 INT 脚上高电平脉冲的宽度，称为硬启动。

2）定时/计数器控制寄存器 TCON

TCON 的作用是控制定时/计数器的启动、停止，标志定时器的溢出和中断情况。与定时有关的各位其格式如下：

TF1	TR1	TF0	TR0				

（1）TF1（TF0）：定时/计数器 T1（T0）的溢出标志。

当 T1（T0）被允许计数后，T1（T0）从初始值开始加 1 计数，最高位产生溢出时，该位由内部硬件置位。并向 CPU 请求申请中断，当 CPU 响应时，由硬件清"0"。

（2）TR1（TR0）的运行控制位。

由软件置 1 或清 0 来启动或关闭定时器/计数器。

5.3.2　定时/计数器的工作方式

通过对 TMOD 寄存器中 M0、M1 位进行设置，可选择四种工作方式，下面逐一进行论述。

1. 方式 0

M1M0 为 00 时，定时/计数器工作于方式 0，构成一个 13 位定时/计数器。图 5-10 是定时器 0 在方式 0 时的逻辑电路结构，定时器 1 的结构和操作与定时器 0 完全相同。

由图 5-10 可知，16 位加法计数器（TH0 和 TL0）只用了 13 位，其中，TH0 占高 8 位，TL0 占低 5 位（只用低 5 位，高 3 位未用）。当 TL0 低 5 位溢出时自动向 TH0 进位，而 TH0 溢出时向中断位 TF0 进位（硬件自动置位），并申请中断。

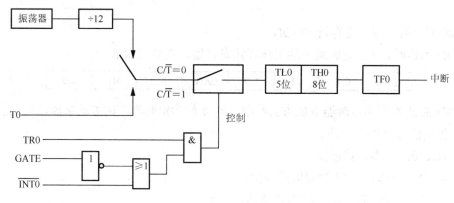

图 5-10　定时器 0 在方式 0 时的逻辑电路结构

2. 方式 1

M1M0 为 01 时，定时器工作于方式 1，构成一个 16 位定时/计数器，其结构与操作几乎完全与方式 0 相同，唯一差别是二者计数位数不同。

3．方式 2

M1M0 为 01 时，定时/计数器工作于方式 2，其逻辑结构如图 5-11 所示。

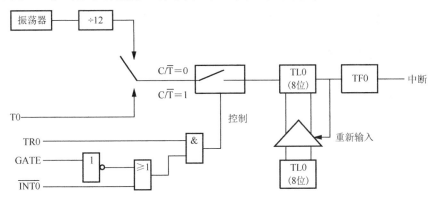

图 5-11　定时器 0 在方式 2 时的逻辑结构

由图 5-11 可知，方式 2 中，16 位加法计数器的 TH0 和 TL0 具有不同功能，其中，TL0 是 8 位计数器，TH0 是重置初值的 8 位缓冲器，TH0 用以保持初值。在程序初始化时，TL0 和 TH0 由软件赋予相同的初值。一旦 TL0 计数溢出，TF0 将被置位，同时，TH0 中的初值装入 TL0，从而进入新一轮计数，

4．方式 3

M1M0 为 01 时，定时/计数器工作于方式 3，其逻辑结构如图 5-12 所示。

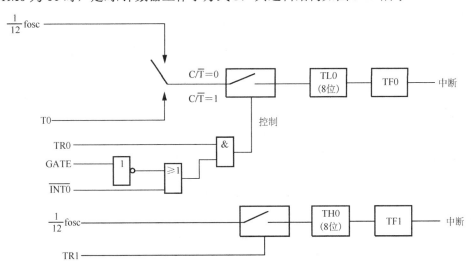

图 5-12　定时器 0 在工作方式 3 时的逻辑结构

方式 3 只适用于定时/计数器 0，当定时/计数器 0 设定工作于方式 3 时，定时/计数器 0 占用定时/计数器 1 的中断标志位，为避免中断冲突，此时定时/计数器 1 一定不能用在中断的场合。当定时/计数器 1 设定工作于方式 3 时，T1 定时器不计数。

由图 5-12 可知，方式 3 时，定时器 0 被分解成两个独立的 8 位计数器 TL0 和 TH0。其中，TL0 占用原定时器 0 的控制位、引脚和中断源。除计数位数不同于方式 0、方式 1 外，其功能、

操作与方式 0、方式 1 完全相同，可定时也可计数。TH0 占用原定时器 1 的控制位 TF1 和 TR1，同时还占用了定时器 1 的中断源，其启动和关闭仅受 TR1 置 1 或清 0 控制。TH0 只能用做简单的内部定时，不能用做对外部脉冲进行计数，是定时器 0 附加的一个 8 位定时器。在这种情况下，定时器 1 一般用做串行口波特率发生器或不需要中断的场合。

5.3.3 定时/计数器的应用

1. 定时/计数器的初始化

定时/计数器的功能是由软件编程确定的，在使用定时/计数器前都要对其进行初始化。初始化步骤如下所述。

① 确定工作方式，对 TMOD 赋值。

MOV TMOD #10H；表明定时器 1 工作在方式 1，且工作在定时器方式。

② 计算定时或计数的初值，将初值写入 TH0、TL0 或 TH1、TL1。

定时/计数器的初值因工作方式的不同而不同。设最大计数值为 M，则各种工作方式下的 M 值为

方式 0： $M = 2^{13} = 8192$

方式 1： $M = 2^{16} = 65536$

方式 2： $M = 2^8 = 256$

方式 3：定时器 0 分成两个 8 位计数器，所以两个定时器的 M 值均为 256。

因定时/计数器工作的实质是做"加 1"计数，所以，当最大计数值 M 值已知时，初值 X 可计算如下：

$$X = M - 计数值$$

如果设单片机系统的晶振（或振荡）频率为 12MHz，选用定时器 T0，试计算定时时间 2ms 所需的定时器初值。

解：因为方式 2 和方式 3 都是 8 位的定时器，最大计时时间为 0.256ms，所以选用工作方式 0 或方式 1。

方式 0：初值 $X=2^{13}-2ms=8192-2000=6192=1830H$

按方式 0 是 13 位定时器的格式，将 1830H 的低 5 位放在 TL0 的低 5 位，其余放在 TH0 的 8 位中。得初值： TH0=0C1H， TL0=10H。

方式 1：初值 $X=2^{16}-2ms=65536-2000=63536=0F830H$

得初值： TH0=0F8H， TL0=30H。

③ 根据需要开启定时/计数器中断，对 IE 寄存器赋值。

④ 启动定时/计数器工作，将 TR0 或 TR1 置 1。

2. 定时/计数器的应用

【例 5-6】 设系统晶振频率 f_{osc}=12MHz，利用定时/计数器 T0 编程实现从 P1.0 输出周期为 20ms 的方波。

解：从 P1.0 输出周期为 20ms 的方波，只须 P1.0 每隔 10ms 取反一次则可。当系统时钟为 12MHz，定时/计数器 T0 工作于方式 1 时，最大的定时时间为 65536μs，满足 10ms 的定时要求。系统晶振频率为 12MHz，计数值 N 为 10000，初值 X=65536−10000=D8F0H，则 TH0=D8H、

TL0=F0H。

方法 1：采用查询方式编程

汇编参考程序：

```
        ORG  0000H
        AJMP MAIN
        ORG  0300H
MAIN:   MOV  TMOD,#01H        ;定时/计数器 T0 工作于方式 1
        MOV  TH0,#0D8H        ;定时器 T0 赋初值
        MOV  TL0,#0F0H
        SETB TR0
LOOP:   JBC  TF0,NEXT         ;查询计数溢出
        SJMP LOOP
NEXT:   CPL  P1.0
        MOV  TH0,#0D8H
        MOV  TL0,#0F0H
        SJMP LOOP
        SJMP $
```

C 语言参考程序：

```
    # include <reg51.h>
    sbit P1_0=P1^0;          //将 P1_0 位定义为 P1.0
    void main()
{
    char i;
    TMOD=0x01;               //使用定时器 T0 的模式 1
    TR0=1;                   //启动定时器 T0
    for( ; ;)                //无限循环
    {
        TH0=0Xd8; TL0=0Xf0;  //定时器 T0 赋初值
        do { } while (!TF0)  //查询计数溢出
        { P1_0=! P1_0;       //取反
        TF0=0;               //计数器溢出后,将 TF0 清 0
        }
    }
}
```

方法 2：采用中断方式编程

汇编参考程序：

```
        ORG  0000H
        LJMP MAIN
        ORG  000BH           ;中断处理程序
        CPL  P1.0
        MOV  TH0,#0D8H
        MOV  TL0,#0F0H
        RETI
        ORG  0200H           ;主程序
MAIN:   MOV  TMOD,#01H
        MOV  TH0,#0D8H
        MOV  TL0,#0F0H
        SETB EA
```

```
        SETB  ET0
        SETB  TR0
        SJMP  $
```

C 语言参考程序：

```
# include <reg51.h>                        //包含特殊功能寄存器库
sbit  P1_0=P1^0;
void  main()
{
    TMOD=0x01;                             //使用定时器 T0 的模式 1
    TH0=0XD8;                              //定时器 T0 的高 8 位赋初值
    TL0=0XF0;                              //定时器 T0 的低 8 位赋初值
    EA=1;                                  //开总中断
    ET0=1;                                 //定时器 T0 中断允许
    TR0=1;                                 //启动定时器 T0
    while(1);
}
void  time0_int(void)  interrupt 1         //中断服务程序
{
  P1_0=!P1_0;                              //取反
  TH0=0XD8;TL0=0XF0;                       //定时器 T0 赋初值
}
```

在例 5-6 中，定时时间在 256μs 以内，用方式 2 处理方便。如大于 256μs 时就不能用方式 2 直接处理。如定时时间小于 65 536μs，一般选用方式 1 直接处理较方便（方式 0 因为是 13 位定时器设初值不太方便，一般不太选用）。处理时与方式 2 不同在于定时时间到后需重新置初值。如果定时时间大于 65 536μs，这时用一个定时/计数器直接处理不能实现，可以配合软件计数方式处理或者用两个定时/计数器共同处理。下面举例说明：

【例 5-7】 设单片机系统晶振频率为 12MHz，编程实现从 P1.1 口输出周期为 1s 的方波。

解：此例要求 P1.1 输出方波的时间较长，用一个定时/计数器不能直接实现，解决的方法有两种：一种是用定时器加软件计数的方法实现，另一种是用两个定时器合用的方法实现。下面分别介绍这两种方法。

方法 1：

解：用定时/计数器 T0 产生周期为 10ms 的定时，然后用一个寄存器 R7 对 10ms 计数 50 次或用定时/计数器 T1 对 10ms 计数 50 次实现。

因系统晶振频率为 12MHz，定时/计数器 T0 定时 10ms，计数值为 10 000 次，只能选择方式 1，方式控制字为 00000001B(01H)。

初值 X=65536-10000=55536=1101100011110000B=D8F0H

则 TH0=11011000H=D8H，TL0=11110000B=F0H

汇编程序：

```
ORG  0000H
LJMP  MAIN
ORG  000BH
LJMP  INTT0
ORG  0100H
MAIN: MOV TMOD, #01H                       ;定时/计数器 T0 工作于方式 1
```

```
        MOV TH0, #0D8H          ;定时器 T0 赋初值
        MOV TL0, #0F0H
        MOV R7, 00H
        SETB EA
        SETB ET0
        SETB TR0
        SJMP $
INTT0: MOV TH0, #0D8H
        MOV TL0, #0F0H
        INC R7
        CJNE R7, #32H, NEXT     ;判计数次数到否
        CPL P1.1                ;取反
        MOV R7, #00H
NEXT: RETI
        END
```

C 语言参考程序：

```c
#include <reg51.h>
sbit  P1_1=P1^1;
char i;
void main( )                       //主函数
{
TMOD=0x01;                         //使用定时器 T0 的模式 1
TH0=(65536-10000)/256;             //定时器 T0 的高 8 位赋初值
TL0=(65536-10000)%256;             //定时器 T0 的低 8 位赋初值
EA=1;  ET0=1;                      //开总中断
i=0;
TR0=1;                             //允许计数
while(1);
}
void time0(void) interrupt 1       //中断服务程序
{
TH0=(65536-10000)/256;
TL0=(65536-10000)%256;
i++;
if (i==50)                         //判计数次数到否
{P1_1=!P1_1;  i=0;}                //取反
}
```

方法 2：

用计数器 T1 工作于计数方式时，计数脉冲通过 T1(P3.5)输入，电路如图 5-13 所示。设定时/计数器 T0 定时 10ms，T0 的定时时间到时，对 T1(P3.5)取反一次，则 T1(P3.5)每 20ms 产生一个计数脉冲，那么定时 500ms 只需计数 25 次。

设定时/计数器 T1 工作于方式 2，初值 X=256-25=231=11100111B=E7H，则 TH1=E7H，TL1=E7H。因为定时/计数器 T0 工作于方式 1，定时方式，所以这时的方式控制字为 01100001B(61H)。定时/计数器 T0 和 T1 都采用中断方式工作。

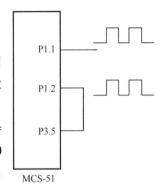

图 5-13　例 5-7 方法 2 线路

汇编程序：

```
    ORG 0000H
    LJMP MIAN
    ORG 000BH              ;定时/计数器 T0 中断处理程序
    MOV TH0,#0D8H
    MOV TL0,#0F0H
    CPL P1.2              ;P3.5 取反
    RETI
    ORG 001BH             ;定时/计数器 T1 中断处理程序
    CPL P1.1
    RETI
    ORG 0100H
MAIN:MOV TMOD,#61H        ; T0 为定时器，工作于方式 1， T1 为计数器工作于方式 2
    MOV TH0,#0D8H         ;定时器 T0 赋初值
    MOV TL0,#0F0H
    MOV TH1,#0E7H         ;定时器 T1 赋初值
    MOV TL1,#0E7H
    SETB EA              ;开中断
    SETB ET0
    SETB ET1
    SETB TR0             ;允许计数
    SETB TR1
    SJMP $
    END
```

C 语言参考程序：

```
#include <reg51.h>          //包含特殊功能寄存器库
sbit P1_1=P1^1;
sbit P1_2=P1^2;
void main( )                //主函数
{
TMOD=0X61;                  //T0 为定时器，工作于方式 1， T1 为计数器工作于方式 2
TH0=(65536-10000)/256;      //定时器 T0 赋初值
TL0=(65536-10000)%256;
TH1=0xe7;                   //定时器 T1 赋初值
TL1=0xe7;
EA=1                        //开中断
ET0=1; ET1=1;
TR0=1;   TR1=1
while(1);
}
Void time0(void)  interrupt 1   //T0 中断服务程序
{
TH0=(65536-10000)/256;      //定时器 T0 赋初值
TL0=(65536-10000)%256;
P1_2=! P1_2;                //P2.2 取反
}
Void time1(void)  interrupt 3   //T1 中断服务程序
{
P1_1=! P1_1;                //P1.1 取反
}
```

【例 5-8】 利用定时器 T0 测量某正脉冲信号宽度，脉冲从 P3.2 输入。已知此脉冲宽度小于 10ms，系统晶振频率为 12MHz。要求测量此脉冲宽度，并把结果顺序存放在片内 30H 单元为首地址的数据存储单元中。

解：利用门控位的功能，当 GATE 为 1 时，只有 INTx＝1 且软件使 TRx 置 1，才能启动定时器。利用这个特性，便可测量输入脉冲的宽度（系统时钟周期数）。

汇编参考程序：

```
        ORG  0000H
        AJMP  MAIN
        ORG  0300H
MAIN:  MOV  TMOD,#09H      ;定时/计数器 T0 工作于计数方式,GATE=1
        MOV  TH0,#00H       ;装入计数初值
        MOV  TL0,#00H
LP:    JB  P3.2,LP         ;等待 INT0 变低
LOOP:  JNB  P3.2,LOOP      ;等待 INT0 变高,即脉冲上升沿
        SETB  TR0           ;开始计数
HERE:  JB  P3.2,HERE
        CLR  TR0            ;停止计数
        MOV  30H,TL0
        MOV  31H,TH0
        SJMP  $
```

C 语言参考程序：

```
#include<reg51.h>
sbit P3_2=P3^2;
void main()
{
    unsigned char *P;        //定义一个指向 DATA 存储器空间的指针
    P=0x30;                  //指针指向片内 30H 单元
    TMOD=0x09;               //GATE=1,工作方式为计数器
    TL0=0x00;TH0=0x00;       //装入初值
    do{}while(P3_2==1);      //等待 INT0 变低
    TR0=1;                   //启动定时器 T0
     while(P3_2==0);         //等待 INT0 变高,即脉冲上升沿
    while(P3_2==1);          //等待 INT0 变低,即脉冲下降沿
    TR0=0;                   //停止计数
    *P=TL0;                  //读入 TL0 值(十六进制)存放在 30 单元
    P++                      //地址加 1
    *P=TH0;                  //读入 TH0 值(十六进制)存放在 31 单元
}
```

5.4　MCS-51 系列单片机的串行口及串行通信

本节主要讲述串行通信基本常识，并说明 MCS-51 单片机串行口 UART 结构和串行口的四种工作方式及其应用。

5.4.1 串行通信的基本概念

计算机与外界的数据交换称为通信，可分为并行通信和串行通信两种基本方式，如图 5-14 所示。

(a)并行通信　　　　　　　　(b)串行通信

图 5-14　两种通信方式的示意

并行通信是指各个数据位同时进行传送的数据通信方式。因此有多少个数据位，就需要多少根数据线，并行数据传送速度快、效率高，但成本高，通常只适合 30m 内的数据传送。串行数据传送按位顺序进行，最少需要两根传输线。因此，传送速度慢、效率低。优点是传送距离远，而且可使用现有的通信通道（如电话线、各种网络等），故在集散控制系统等远距离通信中使用很广。

根据同步时钟提供的不同，串行通信可分为异步串行（或称为串行异步）和同步串行两种通信方式。在单片机中使用大都是串行异步通信，在此仅介绍串行异步通信方式。

1. 异步串行通信的字符格式

在异步通信中，接收端是依靠字符帧格式来判断发送端是何时开始发送，何时结束发送的。字符帧格式是异步通信的一个重要指标。

字符帧也称为数据帧，由起始位、数据位、奇偶校验位和停止位四部分组成，如图 5-15 所示。

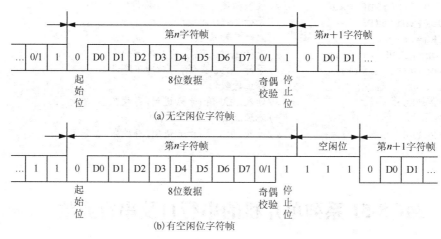

(a)无空闲位字符帧

(b)有空闲位字符帧

图 5-15　异步通信的字符帧格式

① 起始位：位于字符帧开头，只占一位，为逻辑 0 低电平，用于向接收设备表示发送端开始发送一帧信息。

② 数据位：紧跟起始位之后，用户根据情况可取 5 位、6 位、7 位或 8 位，低位在前高位在后。

③ 奇偶校验位：位于数据位之后，仅占一位，用来表征串行通信中采用奇校验还是偶校验，由用户决定。

④ 停止位：位于字符帧最后，为逻辑 1 高电平。通常可取 1 位、1.5 位或 2 位，用于向接收端表示一帧字符信息已经发送完，也为发送下一帧做准备。

从起始位开始到停止位结束是一字符的全部内容，也称为"一帧"。帧是一个字符的完整通信格式，因此还把串行通信的字符格式称为"帧格式"。

2．异步串行通信的传送速率

异步串行通信的传送速率用于表示数据传送的快慢。在串行通信中，以每秒钟传送二进制的位数来表示，也称波特率（baud rate），单位为位/秒（bps）或波特（baud）。波特率既反映了串行通信的速率，也反映了对传输通道的要求，波特率越高，要求传输通道的频带也越宽。在异步通信时，波特率为每秒传送的字符个数和每字符所含二进制位数的乘积。例如，某异步串行通信每秒传送的速率为 120 个字符/秒，而该异步串行通信的字符格式为 10 位（1 个起始位，7 个数据位，1 个偶校验位和 1 个停止位），则该串行通信的波特率为

$$120 \text{ 字符/秒} \times 10 \text{ 位/字符} = 1200 \text{ 位/秒} = 1200 \text{ 波特}$$

通常，异步通信的波特率为 50～9600 bps。

3．异步串行通信的数据通路形式

根据同一时刻串行通信的数据方向，异步串行通信可分为以下三种数据通路形式。

（1）单工形式（Simplex）。在单工方式下，数据的传送是单向的。通信双方中，一方固定为发送方，另一方固定为接收方，如图 5-16（a）所示。在单工方式下，通信双方只需一根数据线进行数据传送。

（2）全双工形式（Full-duplex）。在全双工方式下，数据的传送是双向的，且可以同时接收和发送数据，如图 5-16（b）所示。在全双工方式下，通信双方需两根数据线进行数据传送。

（3）半双工形式（Half-duplex）。在半双工方式下，数据的传送也是双向的，但与全双工方式不同的是，任何时刻只能由其中一方进行发送，而另一方接收，如图 5-16（c）所示。因此，在半双工方式下，通信双方既可以使用一条数据线，也可以使用两条数据线。

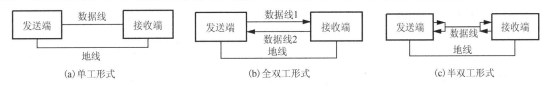

图 5-16　异步串行通信方式

5.4.2 MCS-51 系列单片机的串行口及控制寄存器

MCS-51 单片机的串行口是全双工的串行口，而且其异步通用接收发送器也已集成在芯片内部，作为单片机的组成部分。它既可以实现串行异步通信，也可作为同步移位寄存器使用。深入了解单片机串行口的结构，对用户来说非常重要。

1. MCS-51 系列单片机串行口结构

MCS-51 内部有两个独立的接收、发送缓冲器 SBUF。SBUF 属于特殊功能寄存器。发送缓冲器只能写入不能读出，接收缓冲器只能读出不能写入，两者共用一个字节地址（99H）。串行口的结构如图 5-17 所示。

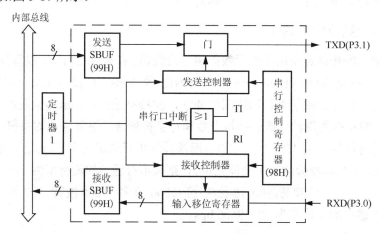

图 5-17　串行口结构示意

当数据由单片机内部总线传送到发送 SBUF 时，即启动一帧数据的串行发送过程。发送 SBUF 将并行数据转换成串行数据，并自动插入格式位，在移位时钟信号的作用下，将串行二进制信息由 TXD（P3.1）引脚按设定的波特率一位一位地发送出去。发送完毕，TXD 引脚呈高电平，并置 TI 标志位为"1"，表示一帧数据发送完毕。

当 RXD（P3.0）引脚由高电平变为低电平时，表示一帧数据的接收已经开始。输入移位寄存器在移位时钟的作用下，自动滤除格式信息，将串行二进制数据一位一位地接收进来，接收完毕，将串行数据转换为并行数据传送到接收 SBUF 中，并置 RI 标志位为"1"，表示一帧数据接收完毕。

2. MCS-51 系列单片机串行口控制寄存器

在 51 单片机中，与串行通信有关的控制寄存器如下所述。

1）串行口控制寄存器 SCON

SCON 寄存器是 MCS-51 单片机的一个可寻址的专用寄存器，用于串行数据通信的控制，其字节地址为 98H，位地址为 98H～9FH。SCON 寄存器内容表示如下：

SM0	SM1	SM2	REN	TB8	RB8	TI	RI

各位功能如下所述。

SM0SM1：串行口工作方式选择位。其定义见表 5-2。

表 5-2　串行口工作方式

SM0　SM1	工作方式	功　能	波特率
0　　0	方式 0	8 位同步移位寄存器	fosc/12
0　　1	方式 1	10 位 UART	可变
1　　0	方式 2	11 位 UART	fosc/64 或 fosc/32
1　　1	方式 3	11 位 UART	可变

SM2：多机通信控制位。仅当串行口工作于方式 2 或方式 3 时，该位才有意义。

当串行口工作于方式 2 或方式 3 接收时，若 SM2=1，则只有当接收到第 9 数据位（RB8）=1 时，才将前 8 位数据送入 SBUF 中，并置 RI=1 产生中断请求；否则将接收到的 8 位数据丢弃。而当 SM2=0 时，不管接收的第 9 数据位为 "0" 还是为 "1"，都将前 8 位数据送入接收缓冲 SBUF，并使 RI=1 产生中断。

当串行口工作于方式 0 时，SM2 一定要设为 "0"。

REN：接收允许控制。

REN 位用于对串行数据的接收控制。当 REN 位设置为 "1" 时，允许串行口接收；当 REN 位设为 "0" 时，禁止串行口接收。

TB8：发送的第 9 数据位。

串行口工作于方式 2 或 3 时，TB8 的内容是将要发送的第 9 数据位，其值由用户软件设置。在双机通信时，TB8 位常作为奇偶校验位用；在多机通信时，常以 TB8 位的状态作为表示发送机发送的是地址帧还是数据帧，一般 TB8=0，发送的前 8 位数据为数据帧；TB8=1，为地址帧。

RB8：接收的第 9 数据位。

串行口工作于方式 2 或 3 时，RB8 存放接收到的第 9 位数据。也就是说，发送机发送的第 9 位数据 TB8 被接收机接收后，存放于接收机的 SCON 寄存器的 RB8 位中。

TI：发送中断标志。

发送完一帧数据，硬件自动置 TI=1。该位可供软件查询或申请中断。与其他四个中断标志位不同，TI 位必须要由软件清 "0"。

RI：接收中断标志。

接收完一帧数据，硬件自动置 RI=1。该位可供软件查询或申请中断。与其他四个中断标志位不同，RI 位必须要由软件清 "0"。

例如，某用户使用指令 "MOV SCON, #50H"，则表示：设置 51 串行口工作于方式 1，允许接收方式。

2）电源控制寄存器 PCON

PCON 寄存器专为 CHMOS 单片机的电源控制而设置，其单元字节地址为 87H，不可位寻址。PCON 寄存器各位内容如下：

SMOD	/	/	/	GF1	GF0	PD	IDL

PD 和 IDL：是 CHMOS 单片机用于进入低功耗方式的控制位。

GF1 和 GF0：用户使用的一般标志位。

SMOD：串行口波特率倍增位，当 SMOD=1 时，串行口波特率增加一倍。系统复位时，

SMOD=0。

IE、IP、SCON、PCON 四个寄存器与串行通信有关。如果要设置 MCS-51 单片机串行口工作于方式 1，允许接收，允许串行口中断，并使串行口中断处于高优先级别。可使用下面三条指令完成：

```
MOV     SCON,#50H
MOV     IP,#10H
MOV     IE,#90H
```

5.4.3　MCS-51 系列单片机串行通信工作方式

MCS-51 的串行口有四种工作方式，可通过 SCON 中的 SM1、SM0 位来决定，下面分别介绍各种工作方式。

1.　串行工作方式 0

在方式 0 下，串行口作为同步移位寄存器使用，其主要特点是，以 RXD（P3.0）引脚接收或发送数据，TXD（P3.1）引脚发送同步移位脉冲。数据的接收和发送以 8 位为一帧，低位在前，高位在后。方式 0 时，SM2 必须为 0，这种方式常用于扩展 I/O 接口。

1）数据发送过程

当数据写入串行口发送缓冲器后，在移位时钟 TXD 控制下，由低位到高位按一定波特率将数据从 RXD 引脚传送出去，发送完毕，硬件自动使 SCON 的 TI 位置 1，再次发送数据之前，必须由软件清 TI 为 0。此时，若配以串入并出移位寄存器，如 CD4094、74LS164 等芯片，即可以将 RXD 引脚送出的串行数据重新转换为并行数据，实际上也就是把串行口当并行输出口用了。

2）数据接收过程

在满足 REN=1 和 RI=0 的条件下，串行口即开始从 RXD 端以 $f_{osc}/12$ 的波特率输入数据（低位在前），当接收完 8 位数据后，置中断标志 RI 为 1，请求中断。在再次接收数据之前，必须由软件清 RI 为 0。若将并入串出移位寄存器（如 CD4014 或 74LS165 等芯片）的输出连接到单片机的 RXD 引脚，当串行口工作于方式 0 接收时，即可以接收到 CD4014 或 74LS165 输入端的并行数据。此时，相当于把串行口当扩展输入口用了。

2.　串行工作方式 1

当设置 SCON 寄存器的 SM0SM1 位为 01 时，单片机串行口进入工作方式 1。

在方式 1 下，串行口是 10 位为一帧的异步串行通信方式，主要包括 1 位起始位、8 位数据位和 1 位停止位。其主要特点是，以 RXD（P3.0）引脚接收数据，TXD（P3.1）引脚发送数据；数据位的接收和发送为低位在前，高位在后。格式如下

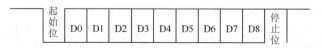

1）数据的串行发送、接收过程

当数据写入串行口发送缓冲寄存器 SBUF 后，硬件自动添加起始位和停止位，与 8 个数据位组成 10 位完整的帧格式，在设定波特率的作用下，由 TXD 引脚一位一位地发送出去。发

送完毕，硬件自动使 TI 位为 "1"。通知单片机发送下一个字符。

当 SCON 寄存器的 REN 位设置为 "1" 时，即表示允许串行口接收。若采样到 RXD 引脚由 "1" 到 "0" 的跳变时，就认定是一帧数据的起始位了。串行口将随后的 8 位数据移入移位寄存器，并转换为并行数据，在接收到停止位后，将并行数据送入接收 SBUF，再置 RI 位为 "1"，表示一帧数据接收完毕，通知单片机从接收 SBUF 取字符。

2）波特率计算

串行口工作于方式 0 时，其波特率是固定的；但在方式 1 下，波特率是可变的，与定时/计数器 1 的溢出率有关。以定时/计数器 1 工作于方式 2，即 8 位重装计数初值方式，作为串行口工作于方式 1 时的波特率发生器，所产生的波特率为

$$波特率 = \frac{2^{SMOD}}{32} \times (T1溢出率)$$

其中，SMOD 为电源控制寄存器 PCON 的最高位，即波特率倍增位。

当定时/计数器 1 工作于方式 2 定时方式时，是对内部机器周期计数，若设置计数初值为 X，那么定时/计数器 1 的溢出周期为

$$\frac{12}{f_{osc}} \times (256 - X)$$

溢出率为溢出周期的倒数，则波特率为

$$\frac{2^{SMOD}}{32} \times \frac{f_{osc}}{12 \times (256 - X)}$$

使用定时/计数器 1 工作于方式 2 作为波特率发生器，是因为该方式具有自动重装计数初值功能，可避免因反复重装计数初值而带来的定时误差，使波特率更加稳定。而在实际应用时，总是先确定波特率，再计算定时/计数器 1 的计数初值，按上式，可推得计数初值为

$$X = 256 - \frac{f_{osc} \times 2^{SMOD}}{384 \times 波特率}$$

【例 5-9】　单片机以方式 1 进行串行数据通信，波特率为 1200bps。若晶体振荡频率 f_{osc} 为 6MHz，试确定定时/计数器 1 的计数初值。

解题分析：串行口工作于方式 1 时的波特率由定时/计数器 1 的溢出率决定，计数初值为 $X = 256 - \frac{f_{osc} \times 2^{SMOD}}{384 \times 波特率}$，式中，$f_{osc}$=6MHz，波特率=1200bps 已由题中给出，设 SMOD 位为 "0"，可得计数初值

$$X = 256 - \frac{f_{osc} \times 2^{SMOD}}{384 \times 波特率} = 256 - \frac{6 \times 10^6 \times 1}{384 \times 1200} = 256 - 13 = 243D = F3H$$

因此，通过下面指令可以对单片机的串行通信进行初始化，包括串行口的工作方式和波特率设置：

```
    MOV     SCON,#50H       ;串行口工作于方式1,允许接收
    MOV     PCON,#00H       ;smod=0,波特率不倍增
    MOV     TMOD,#20H       ;定时/计数器1工作于方式2定时方式
    MOV     TH1,#0F3H       ;定时/计数器1得计数初值为 F3H
    MOV     TL1,#0F3H
    SETB    TR1             ;启动定时/计数器1工作,开始提供1200 波特率
    MOV     IE,#00H         ;不允许中断
```

3. 串行工作方式 2

当设置 SCON 寄存器的 SM0SM1 位为 10 时，单片机串行口进入工作方式 2。

在方式 2 下，串行口是 11 位为一帧的异步串行通信方式，主要包括 1 位起始位、9 位数据位和 1 位停止位。其主要特点是，以 RXD（P3.0）引脚接收数据，TXD（P3.1）引脚发送数据；数据位的接收和发送为低位在前，高位在后。格式如下：

1）数据的串行发送、接收过程

在数据发送前，使用位操作指令"SETB TR8"或"CLR TB8"先将第 9 位数据 D8 预置好，再由 SBUF 中写入数据的指令启动数据的串行发送过程。串行口按一定波特率发完 1 个起始位、8 个数据位后，按次序将 D8（即 TB8）和停止位也从 RXD 引脚发出。发送完毕，置 TI 位为"1"。

方式 2 的接收过程也与方式 1 相似，所不同的只是在第 9 位数据 D8 的接收上。串行口将前 8 位数据传送到接收 SBUF，当接收到第 9 位数据 D8 时，硬件自动将该位传送到接收机的 RB8。

第 9 数据位 TB8、RB8 可作串行通信的奇偶校验位用，也可作为多机通信时的地址、数据帧识别用。

2）波特率计算

串行口工作于方式 2 时的波特率是固定的，为 $\dfrac{2^{\text{SMOD}}}{64} \times f_{\text{osc}}$。当 PCON 寄存的 SMOD 位为"0"时，波特率为 $\dfrac{1}{64} \times f_{\text{osc}}$；而当 PCON 寄存的 SMOD 位为"1"时，波特率为 $\dfrac{1}{32} \times f_{\text{osc}}$。

4. 串行工作方式 3

当设置 SCON 寄存器的 SM0SM1 位为 11 时，单片机串行口将进入工作方式 3。

在方式 3 下，串行口是以 11 位为一帧的异步串行通信方式，其通信过程与方式 2 完全相同，所不同的是波特率。在方式 2 下，通信波特率固定为两种：$\dfrac{1}{64} \times f_{\text{osc}}$ 或 $\dfrac{1}{32} \times f_{\text{osc}}$；而方式 3 的波特率由定时/计数器 1 的溢出率决定，与方式 1 相同。

5.4.4 串行口应用举例

1. 串行口的初始化

串行口使用时必须对它进行初始化编程，主要是设置产生波特率的定时器 1、串行口控制和中断控制。一般步骤如下所述。

① 设定串口的工作方式，设定 SCON 寄存器。

② 设置波特率。

对于方式 0，不需要设置波特率；对于方式 2，设置波特率仅需对 PCON 中的 SMOD 位编程；对于方式 1 和方式 3，设置波特率不仅需对 PCON 中的 SMOD 位编程，还需开启定时器 1 信号发生器，对 T1 编程。

③ 选择查询方式或中断方式，在中断工作方式时，需对 IE 编程。

2．串行口的应用举例

利用方式 0 扩展并行 I/O 接口；利用方式 1 实现点对点的双机通信；利用方式 2 或方式 3 实现带检错功能的双机通信或多机通信。

1）利用方式 0 扩展并行 I/O 接口

【例 5-10】 用 8051 单片机的串行口外接串入并出的芯片 CD4094 扩展并行输出口控制一组发光二极管，使发光二极管从左到右依次点亮，并反复循环，如图 5-18 所示。

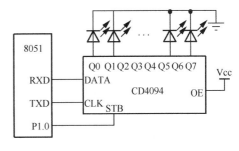

图 5-18　串口利用 CD4094 扩展 IO 口连接图

解：由硬件连接可知，要使某一个发光二极管点亮，必须使驱动该发光二极管的 CD4094 并行输出端输出高电平。因此，要点亮 Q0 对应的发光二极管，串行口应送出 80H，要实现将发光二极管由左到右依次循环点亮，只需使串行口依次循环送出 80H→40H→20H→10H→08H→04H→02H→01H 即可。串行口数据传送时，为避免 CD4094 并行输出端 Q0～Q7 的不断变化而使发光二极管闪烁，在传送时，P1.0=0（即 STB=0），每次串行口数据传送完毕，即 SCON 的 TI 位为 1 时，使 P1.0=1（即 STB=1），Q0～Q7 输出控制相应发光二极管点亮。

汇编参考程序：

```
      MOV   SCON,#00H    ;设置串行口工作于方式0
      MOV   A,#80H       ;点亮最左的发光二极管的数据
LOOP: CLR   P1.0         ;串行传送时,切断与并行输出口的连接
      MOV   SBUF,A       ;串行传送
      JNB   TI,$         ;等待串行传送完毕
      CLR   TI           ;清发送标志
      SETB  P1.0         ;串行传送完毕,选通并行输出
      ACALL DELAY        ;状态维持
      RR    A            ;选择点亮下一发光二极管的数据
      LJMP  LOOP         ;继续串行传送
DELAY: MOV  R7,#05H
LOOP: MOV   R6,#0FFH
      DJNZ  R6,$
      DJNZ  R7,LOOP
      RET
```

C 语言参考程序：

```
# include <reg51.h>
sbit P1_0=P1^0;           //将P1_0位定义为P1.0引脚
void main()
{
    unsigned char i,j;
    SCON=0x00;            //SCON=0000 0000B,使串行口工作于方式0
    j=0x80;
```

```
for (; ;)                        //无限循环,防止程序跑飞
{
    P1_0=0;
    SBUF=j;                      //将数据写入发送缓冲器,启动发送
    while (!TI) { ;}             //若没有发送完毕,等待
    P1_0=1;TI=0;                 //发送完毕,将数据从 CD4094 并行输出,TI 清 0
    for (i=0;i<=254;i++);        //   延时
    j=j/2;                       //将数据右移
    if (j= =0x00)                //判断 8 位数据移完否
    j=0x80;                      //8 盏灯已轮流点亮,重置初值
    }
}
```

在上述程序中，有几点要特别注意：第一，SCON 的 SM2 位一定要为 "0"；第二，若使用中断方法编写上面功能的程序，不能忘记软件清 TI 位；第三，DELAY 是一延时子程序，若没有延时，程序执行后，由于人眼的视觉惰性，8 只发光二极管看起来像同时被点亮了。

2）利用方式 1 或方式 2 实现点对点的双机通信

利用单片机的串行口，可以实现单片机与单片机、单片机与通用微机间点对点的串行通信。单片机之间在进行串行异步通信时，其串行接口的连接形式有多种，应根据实际需要进行选择。

（1）近距离通信连接。若传输率距离不超过 1.5m，这时双方的串行口可以直接连接，如图 5-19 所示。

（2）远距离通信连接。若传输率距离超过 1.5m，不大于 15 m，传输速率最大为 20 kbps 时就要采用 RS-232C 电平信号传输。RS-232C 是美国电子工业协会（EIA）推荐的串行通信总线标准，其全称为"使用二进制进行交换的数据终端设备（DTE）和数据通信设备（DCE）之间的接口标准"。当前几乎所有计算机都使用符合 RS-232C 传输协议的串行通信接口。目前 COM1 和 COM2 使用的是 9 针 "D" 形连接器 DB9，在计算机与终端的通信中一般只使用 3～9 条引线。图 5-20 是 9 针 "D" 形连接器的外形及其引脚编号。

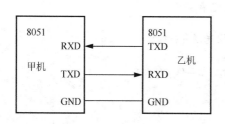

图 5-19 单片机甲、乙之间近距离通信

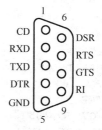

图 5-20 标准 9 针 "D" 形连接器

其引线的信号内容见表 5-3。

表 5-3 微机串行口 9 针 "D" 形连接器信号说明

引　脚	信号名称	简　称	方　向	信号功能
1	接收线路信号检测	DCD	DTE←	DCE 已接收到远程信号
2	接收数据	RXD	DTE←	DTE 接收串行数据
3	发送数据	TXD	→DCE	DTE 发送串行数据

续表

引　　脚	信号名称	简　　称	方　　向	信号功能
4	数据终端就绪	DTR	→DCE	DTE 准备就绪
5	信号地			信号地
6	数据传送设备就绪	DSR	DTE←	DCE 准备就绪
7	请求发送	RTS	→DCE	DTE 请求切换到发送方式
8	清除发送	CTS	DTE←	DCE 已切换到准备接收（清除发送）
9	振铃指示	RI	DTE←	通知 DTE，通信线路已通

RS-232C 标准规定了传送的数据和控制信号的电平，其中数据线上的信号电平规定如下：

MASK（逻辑 1）=-3～-25V，SPACE（逻辑 0）= +3～+25V

控制和状态线上的信号电平规定为

ON（逻辑 0）= +3～+25V，OFF（逻辑 1）= -3～-25V

以上信号电平与 TTL 电平显然不匹配，为了实现 TTL 电平和 RS-232C 电平的连接，必须进行信号的电平转换。以往一般多采用芯片 MC1488 和 MC1489 进行转换。现在可采用新型的芯片如 MAX232，能实现上述两片芯片的功能。MAX232 为单一+ 5V 供电，一个芯片能完成发送转换和接收转换的双重功能。其引脚及连接如图 5-21 所示。

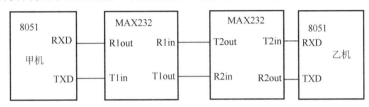

图 5-21　单片机甲、乙之间远距离通信

【例 5-11】 通过串行口方式 1，将与甲机的 P1 口连接的 8 个开关状态传送到与乙机连接的 8 个发光二极管，实现发光二极管的亮暗，电路如图 5-22 所示。

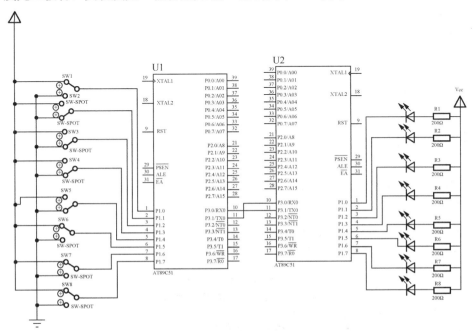

图 5-22　甲机开关控制乙机 LED 灯的亮暗

解：由于选择的是方式 1，波特率由定时/计数器 T1 的溢出率和电源控制寄存器 PCON 中的 SMOD 位决定。

设 SMOD=0，定时/计数器 T1 选择为方式 2，选择波特率为 9600，则

$$初值=256-f_{osc}\times 2^{SMOD}/（12\times 波特率\times 32）$$
$$=256-12000000/（12\times 9600\times 32）=FDH$$

根据要求定时/计数器 T1 的方式控制字为 20H。

汇编参考程序：

甲机的发送程序为

```
        ORG  0000H
        LJMP  START
        ORG  0300H
START:  MOV  TMOD,#20H
        MOV  TL1,#0FDH
        MOV  TH1,#0FDH
        MOV  SCON,#40H
        SETB  TR1
LOOP:   MOV  A, P1
        MOV  SBUF,A
WAIT:   JNB  TI, WAIT
        CLR  TI
        SJMP  LOOP
        END
```

乙机接收程序为

```
MAIN:MOV  TMOD,#20H
     MOV  TL1,#0FDH
     MOV  TH1,#0FDH
     SETB  TR1
LOOP: MOV  SCON,#50H
WAIT:JNB  RI,WAIT
     MOV  A,SBUF
     MOV  P1, A
     SJMP  WAIT
     END
```

C 语言参考程序：

甲机发送程序如下：

```
#include<reg51.h>
void main(void)
{
    TMOD=0x20;          //定时器 T1 工作于方式 2
    SCON=0x40;          //设定串口工作于方式 1
    PCON=0x00;          //波特率 9600
    TH1=0xfd;           //根据规定给定时器 T1 赋初值
    TL1=0xfd;           //根据规定给定时器 T1 赋初值
    TR1=1;              //启动定时器 T1
    while(1)            //无限循环,防止程序跑飞
    {
```

```
    P1=0xff;                //设定为输入状态
    SBUF=P1;                //开关状态从串口发送到乙机
    while(TI==0);           //等待数据发送完
      TI=0;                 //发送完毕,TI 清 0,以便发送下一帧数据
    }
}
```

乙机接收程序为

```
#include<reg51.h>
 unsigned char Receive(void)
{
  unsigned char dat;
  while(RI==0)              //只要接收中断标志位 RI 没有被置"1"
      ;                     //等待,直至接收完毕(RI=1)
    RI=0;                   //为了接收下一帧数据,需将 RI 清 0
    dat=SBUF;               //将接收缓冲器中的数据存于 dat
    return dat;
}
void main(void)
{
    TMOD=0x20;              //定时器 T1 工作于方式 2
    SCON=0x50;              //SCON=0101 0000B,串口工作方式 1,允许接收(REN=1)
    PCON=0x00;              //PCON=0000 0000B,波特率 9600
    TH1=0xfd;               //装入初值
    TL1=0xfd;
    TR1=1;                  //启动定时器 T1
    while(1)
    {
        P1=Receive();       //将接收到的数据送 P1 口显示
    }
}
```

【例 5-12】 用汇编程序和 C 语言编程实现双机通信。

分析：要求甲机发送，乙机接收，在收发时先要确定具体的通信协议和握手信号。当甲机开始发送时，先送出一个"AA"信号，乙机收到后发回一个"BB"信号，表示同意接收。当甲机收到"BB"信号后，开始发送数据，每发送一次求一个"校验和"，以提高数据的可靠性。设数据块为 10 个字节，数据缓冲区的起始地址为 40H，数据块发完后发送"校验和"。乙机接收数据并将其转存到 50H 开始的缓冲区，每接收到一个数据也求一次"校验和"，一个数据块收完后，再接收甲机发来的"校验和"，并与乙机求出的结果相比较。若两者相等，则说明接收正确，乙机发回"00H"；若不等，则说明接收错误，乙机发回"0FFH"，请求重发。甲机收到"00H"的回答后，结束发送。否则，将数据重发一次。双方约定工作在串行方式 2。

汇编参考程序：

甲机发送程序如下：

```
      ORG   0000H
      MOV   PCON,#0
      MOV   SCON,#90H
JT1:  MOV   SBUF,#0AAH      ;发送联络信号
LP1:  JBC   TI,JR1          ;等待发送
```

```
        SJMP  LP1
JR1:  BC   RI,JR2          ;等待乙机回答
        SJMP  JR1
JR2:  MOV  A,SBUF
        XRL  A,#0BBH
        JNZ   JT1           ;未收到回答,继续联络
JT2:  MOV  R0,#40H         ;准备取数发送
        MOV  R2,#0AH
        MOV  R3,#0          ;清校验和寄存器
JT3:  MOV  SBUF,@ R0       ;发送一个数据字节
        MOV  A,R3
        ADD  A,@ R0
        MOV  R3,A           ;保存校验和
        INC  R0
LP2:  JBC  TI,JT4
        SJMP  LP2
JT4:  DJNZ  R2,JT3          ;判断数据块是否发完
        MOV  SBUF,R3        ;发送校验和
LP3:  JBC  TI,JR3
        SJMP  LP3
JR3:  JNB  RI,JR3          ;等待乙机回答
        CLR  RI
        MOV  A,SBUF
        JNZ   JT3           ;收到回答出错信息,重发
        RET
```

乙机接收程序如下：

```
        MOV  SCON,#90H
        MOV  PCON,#0
YR1:JBC  RI,YR2             ;等待甲机联络信号
        SJMP  YR1
YR2:MOV  A,SBUF
        XRL  A,#0AAH
        JNZ   YR1           ;判断甲机是否有请求
        MOV  SBUF,#0BBH     ;发应答信号
LP1:JBC  TI, YR3
        SJMP  LP1
YR3:  MOV  R0, #50H
        MOV  R5, #0AH
        MOV  R6, #0
YR4:JBC  RI, YR5
        SJMP  YR4
YR5:MOV  A,SBUF
        MOV  @ R0,A
        INC  R0
        ADD  A,R6           ;求校验和
        MOV  R6,A
        DJNZ  R5,YR4        ;判断数据块是否发完
LP2:JBC  RI,YR6             ;接收甲机校验和
        SJMP  LP2
YR6:MOV  A,SBUF
```

```
    XRL   A,R6            ;
    JZ    OVER
    MOV   SBUF,#0FFH       ;校验和错误,发 FF 数据
LP3:JBC   TI,YR3
    SJMP  LP3              ;数据出错,重新接收
OVER:MOV  SBUF,#0          ;反馈正确信息
    RET
```

C 语言参考程序:

甲机发送程序如下:

```
#include<reg51.h>
#define uchar unsigned char
 uchar  idata buf[10];              //定义数组
 uchar sum; uchar i;
  void  main()
{ PCON=0x00;
  SCON=0x90;                        //串行口工作在方式 2,允许接收
  do {    SBUF=0xaa;                //发送联络信号"AA"
     while (TI= =0);  TI=0;
     while (RI= =0);  RI=0;         //等待乙机回答
     }
     while (SBUF^0xBB)!=0);         //乙机未准备好,继续联络
     do{      sum=0;
       for(i=0;i<10;i++)
           {
               SBUF=buf[i];
               sum+=buf[i];         //求校验和
               while(TI= =0);  TI=0;
           }
       SBUF=sum;                    //发送校验和
     while(TI= =0);TI=0;
   while (RI= =0);RI=0;             //等待乙机应答
   }
 while(SBUF!=0);                    //出错则重发
}
```

乙机接收程序如下:

```
#include<reg51.h>
#define uchar unsigned char
 uchar  idata buf[10];
 uchar sum; uchar i;
 void  main()
{
  PCON=0x00;
  SCON=0x90;                        //串行口工作在方式 2,允许接收
  do
    { while (RI= =0); RI=0;
    }
  while ((SBUF^0xaa)!=0)            //判断 A 机是否发出请求
  SBUF=0xbb;                        //发送应答信号"BB"
  while(TI= =0);    TI=0;           //等待结束
```

```
while(1)
{   sum=0;                          //清校验和
for (i=0;i<10;i++)
    {while (RI= =0);RI=0;
     buf[i]=SBUF;                   //接收数据
     sum+=buf[i];
    }
   while (RI= =0);  RI=0;
   if((SBUF^sum)= =0)               //比较检验和
     { SBUF=0x00;break;}            //校验和相同则发"00"
       else    {SBUF=0xFF;}         //出错发"FF",重新接收
       while(TI= =0);TI=0;
     }
   }
}
```

3）多机通信

利用单片机串行口工作于方式 2、方式 3 可实现多机通信。

（1）多机通信基本原理。在单片机串行口控制器 SCON 中，设有多机通信控制 SM2 位。当串行口以方式 2 或 3 接收时，若 SM2=1，则必须在接收到第 9 数据位（RB8）=1 时，才可将前 8 位数据送入接收 SBUF 中，并置 RI=1；否则，将接收到的 8 位数据丢弃。而当 SM2=0 时，不管接收的第 9 数据位为"0"还是为"1"，都将前 8 位数据送入接收 SBUF，并使 RI=1。利用这一特性，便可实现主机与多个从机之间的串行通信。

设主机与多个从机如图 5-23 所示连接进行串行通信，各从机有不同的地址。主机用第 9 数据位 TB8 进行地址/数据帧辨别。若 TB8=0，则表示发送的数据帧；若 TB8=1，则表示发送的是地址帧。

（2）多机通信的程序设计。多机通信的过程如下：

① 首先各从机编地址。

② 设置主、从机工作于方式 2 或 3，相同波特率，允许接收，并使各从机 SM2 位为"1"，准备接收地址帧。

③ 主机使 TB8=1，发地址帧，即呼叫从机地址。

④ 各从机因 SM2 位为"1"，接收到的 RB8 为"1"

图 5-23 多机通信硬件连接

而使 RI=1 接收到地址，并在各自对 RI=1 的处理程序中判别是否被寻址，若是则清本从机的 SM2 位，否则维持 SM2 位为"1"不变。

⑤ 主机使 TB8=0，发数据。

⑥ 只有被呼叫的从机由于 SM2=0 而产生接收中断 RI=1，才接收主机发送的数据信息。其余从机由于 SM2=1，而接收到 RB8=0 从而丢失接收数据，不产生接收中断。

⑦ 主机数据发送完毕，再发送一特殊信息（复位命令），原被寻址的从机执行该命令，恢复其 SM2=1，等待接收下一地址帧。

（3）通信协议的约定。要保证通信的可靠和有条不紊，主、从机相互通信时，必须有严格的通信协议。一般通信协议都有通用标准，协议较完善，但很复杂。这里为了说明 MCS-51 单片机多机通信程序设计的基本原理，仅谈几条最基本的条款。

① 规定系统中从机容量数及地址编号。

② 规定对所有从机都起作用的控制命令，即复位命令，命令所有从机恢复 SM2=1 的状态。

③ 设定主、从机数据通信的长度和校验方式。

④ 制定主机发送的有效控制命令代码，其余即为非法代码。从机接收到命令代码后必须先进行命令代码的合法性检查，检查合法后才执行主机发出的命令。

⑤ 设置从机工作状态字，说明从机目前状态。例如，从机是否准备好，从机接收数据是否正常等。

4）PC 与 89C51 单片机串行通信

近年来，在智能仪器仪表、数据采集、嵌入式自动控制等场合，越来越普遍应用单片机作为核心控制部件。但当需要处理较复杂数据或要对多个采集的数据进行综合处理，以及需要进行集散控制时，单片机的运算能力显得不足，这时需要借助计算机系统。将单片机采集的数据通过串行口传送给 PC，由 PC 对数据进行处理，或者实现 PC 对远端单片机进行控制。用 MAX232 芯片实现 PC 与 AT89C51 单片机串行通信的典型电路如图 5-24 所示。图中外接电解电容 C1、C2、C3、C4 用于电源电压变换，可提高抗干扰能力，它们可取相同容量的电容，一般取 1.0μF/16V。电容 C5 的作用是对+5V 电源的噪声干扰进行滤波，一般取 0.1μF。选用两组中的任意一组电平转换电路实现串行通信，如图中选 Tlin、Rlout 分别与 AT89C51 的 TXD、RXD 相连，Tlout、Rlin 分别与 PC 中 R232 接口的 RXD、TXD 相连。

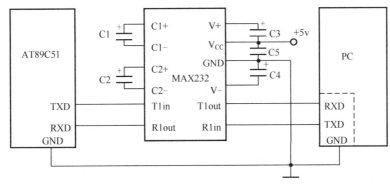

图 5-24　PC 与 89C51 单片机串行通信接口电路

在 PC 上安装"串口调试助手 V2.1.exe"软件，"串口调试助手 V2.1.exe"软件的使用很简单，只要将串口号选择对，波特率设置正确，数据位为 8 位。由串口调试助手以十六进制向单片机发送一数据，如果单片机接收到数据将会原样返回给计算机，并且显示在串口调试助手的接收框内。

【例 5-13】　编写一段程序，实现通过串口向 PC 发送自己的姓名（拼音）和学号。

解：

```
#include<reg51.h>              //头文件
#include<intrins.h>
#define uchar unsigned char    //定义别名
#define uint unsigned int
void TxData (uchar x)          //通过串口发送一个字符
{
    SBUF=x;
    while (TI= =0);            //循环等待 TI 为 1,直到发送成功
```

```
        TI=0;                              //设置 TI 为 0
    }
//向串口发送一个字符串,strlen 为该字符串长度
void send_string_com(uchar  *str, uint strlen) //循环调用 TxData 函数,发送字符串
{   uint k=0;
    do
    { TxData(*(str + k));               //发送第 k 个字符
      k++;
    } while(k < strlen);               //发送长度大于 strlen,结束
}
void main( )
{
    SCON = 0x50;                       //串口初始化,串口工作在方式 1
    TMOD = 0x20;                       //设置定时器 0 为工作方式 2
    TH1 = 0xfd;                        //波特率:9600  fosc=11.0592MHz
    TL1=0xfd;                          //置初值
    EA=1;                              //开总中断
    ES=1;                              //打开串口中断
    TR1 = 1;                           //启动定时器
    while(1)
        {
            send_string_com ("chengrong",9);    //发送字符串"chengrong"
            send_string_com ("2010050601",10);  //发送字符串"2010050601"
        }
}
```

本 章 小 结 ✎

单片机广泛应用于实时控制系统中，本章内容是基础，要求掌握：

① MCS-51 系列单片机有 5 个中断源，即 2 个外部中断、2 个定时/计数器中断和 1 个串行口中断。与中断有关的特殊功能寄存器有 4 个，分别为中断源寄存器（TCON 和 SCON）、中断允许控制寄存器 IE 和中断优先级控制寄存器 IP。5 个中断源对应 5 个固定的中断入口地址，也称矢量地址。当某个中断源的中断请求被 CPU 响应后，CPU 将把此中断源的入口地址装入 PC，中断服务程序即从此地址开始执行，直至遇到返回指令 RETI 为止。要求掌握中断系统（中断源、中断控制、中断矢量、响应过程及响应时间）。

② MCS-51 单片机内部有 2 个 16 位的可编程定时 /计数器 T0 和 T1，有 4 种工作方式。它们的工作方式、定时时间、量程、启动方式等均可由指令来确定和改变。当定时/计数器为定时工作方式时，计数信号由振荡器的 12 分频信号产生，即每隔 1 个机器周期，计数器加 1，直至计满溢出为止；计数工作方式时，外部脉冲从引脚 T0 或 T1 加入，外部脉冲的下降沿将触发计数器计数，直至溢出。方式寄存器 TMOD 主要用于选定定时/计数器的工作方式；控制寄存器 TCON 主要用于控制定时器的启动和停止。在使用定时/计数器前，需对其初始化定时器/计数器。

③ MCS-51 系列单片机的串行口有 4 种工作方式，掌握 4 种工作方式各自的特点、用途，以及设置方法。

要熟知单片机的硬件结构和特点,必须从硬件和软件两个角度来深入了解单片机的内部资

源，并能够将二者有机结合起来，才能正确的使用单片机进行各种应用和开发。

习　题　5

5-1　什么是中断？什么称为中断嵌套？

5-2　8051 单片机有几个中断源？中断请求如何和提出？

5-3　说明外部中断请求的查询和响应过程。

5-4　在 MCS-51 单片机中，哪些中断标志可以在响应后自动撤销？哪些需要用户撤销？如何撤销？

5-5　MCS-51 单片机各中断源的中断标志是如何产生的？又是如何清除的？CPU 响应中断时，中断入口地址各是多少？

5-6　8051 单片机的中断优先级有哪几级？在形成中断嵌套时各级有何规定？

5-7　试编程实现将 INT1 设为高优先级中断，且为电平触发方式，T0 设为低优先级中断计数器，串行口中断为高优先级中断，其余中断源设为禁止状态。

5-8　MCS-51 单片机内部设有几个定时/计数器？它们是由哪些特殊功能寄存器组成的？

5-9　8051 定时器方式和计数器方式的区别是什么？

5-10　请叙述 TMOD=A6H 所表示的含义。

5-11　定时/计数器的四种工作方式各自的计数范围是多少？设晶振频率 f_{osc} 为 12MHz，要定时 100μs，不同的方式初值应为多少？

5-12　设晶振频率 f_{osc} 为 6MHz，如果用定时/计数器 T0 产生周期为 200ms 的方波，可以选择哪几种方式，初值分别设为多少？

5-13　定时/计数器用做定时器时，其定时时间与哪些因素有关？做计数器时，对外界计数频率有何限制？

5-14　利用 MCS-51 型单片机的定时器测量某正单脉冲宽度，采用何种工作方式可以获得最大的量程？如果系统晶振频率 f_{osc} 为 6MHz，那么最大允许的脉冲宽度是多少？

5-15　单片机用内部定时方法产生频率为 10kHz 方波，设单片机晶振频率 f_{osc} 为 12MHz，请编程实现。

5-16　使用定时器 0 以定时方法在 P1.0 输出周期为 400μs，占空比为 20% 的矩形脉冲，设单片机晶振频率 f_{osc} 为 12MHz，编程实现。

5-17　同步通信、异步通信各自的特点是什么？

5-18　单工、半双工、全双工有什么区别？

5-19　简述 MCS-51 单片机串行口发送和接收数据的过程。

5-20　串行口数据寄存器 SBUF 有什么特点？

5-21　MCS-51 单片机串行口有几种工作方式？各自的特点是什么？

5-22　如何实现利用串行口扩展并行输入/输出口？

5-23　参照图 5-2 电路图，编程实现灯亮移位程序，要求 8 只发光二极管每次点亮一个，点亮时间为 250ms，顺序是从下到上一个一个地循环点亮。设 f_{osc}=6MHz。

5-24　利用单片机的串行口扩展并行 I/O 接口，控制 16 个发光二极管依次发光，请画出电路图且编程实现。

第6章 MCS-51系列单片机 系统功能的扩展

▶ **学习目标** ◀

单片机系统扩展主要包括程序存储器扩展、数据存储器扩展、I/O接口扩展、中断系统扩展、键盘、显示模块、A/D转换器、D/A转换器等。它们大多是单片机应用系统必不可少的关键部分。通过本章学习，应掌握应用较多的并行程序存储器扩展、数据存储器扩展和I/O接口扩展。

6.1 单片机最小应用系统

系统扩展方法有并行扩展法和串行扩展法两种，并行扩展法是利用单片机三总线（AB、DB、CB）的系统扩展，特点是速度快、相对成本高；串行扩展法是利用I^2C双总线和SPI总线的系统扩展，特点是器件小、成本低，但速度低。随着电子芯片制作工艺的提高，单片机的存储器的容量大幅提高，存储器的扩展应用逐渐减少，但随着人机接口应用的丰富，I/O接口扩展还是有一些应用的，图6-1是单片机构成的能显示年月日的数字钟。由于数码管个数较多，因此采用了I/O接口扩展的方式。

图6-1 能显示年月日的数字钟

单片机能正常运行的最少器件构成的系统，就是最小系统。MCS-51单片机根据片内有无程序存储器最小系统分两种情况。

（1）8051/8751片内有4KB的ROM/EPROM，因此，只需要外接晶体振荡器和复位电路就可构成最小系统。该最小系统可供使用的资源有以下几个。

① 由于片外没有扩展存储器和外设，P0、P1、P2、P3都可以作为用户I/O接口使用。

② 片内数据存储器有 128 字节，地址空间为 00H～7FH。

③ 内部有 4KB 程序存储器，地址空间为 0000H～0FFFH。

④ 有两个定时/计数器 T0 和 T1，一个全双工的串行通信接口，5 个中断源。

（2）8031 最小应用系统，8031 片内无程序存储器片，因此，构成最小应用系统不仅要外接晶体振荡器和复位电路，还应外扩展程序存储器，如图 6-2 所示。

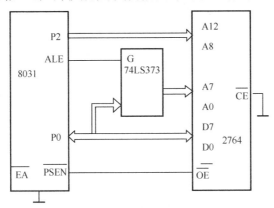

图 6-2　8031 单片机的最小系统

该最小系统可供使用的资源有以下几种：

① 由于 P0、P2 在扩展程序存储器时专用为地址线和数据线，只有 P1、P3、P2 的部分管脚作为用户 I/O 接口使用。

② 片内数据存储器有 128 字节，地址空间 00H～7FH。

③ 程序存储器是外扩展的，其地址空间随芯片容量不同而不一样。

④ 有两个定时/计数器 T0 和 T1，一个全双工的串行通信接口，5 个中断源。

6.2　存储器的扩展

存储器主要用来保存程序、数据和作为运算的缓冲器，是单片机和单片机应用系统中除 CPU 外最重要的功能单元。如果片内的程序存储器容量不够或没有程序存储器时，就要扩展程序存储器；如果片内的数据存储器容量不够时，就要片外扩展数据存储器，在选择存储器芯片时，首先必须满足程序容量，其次在价格合理情况下尽量选用容量大的芯片。并行存储器和单片机是按三总线连接的。

1. MCS-51 单片机的片外总线结构

单片机并行扩展法构成的片外总线结构如图 6-3 所示。

（1）数据总线 DB 由 P0 口提供，宽度为 8 位。片外多个扩展芯片的数据线以并联的形式连接在数据总线上。

（2）地址总线 AB 宽度为 16 位，可寻址范围是 64KB。地址总线的高 8 位由 P2 口提供，低 8 位由 P0 口提供。由于 P0 口是作为分时复用的数据/地址端口，所以通常在单片机的外部连接一片地址锁存器。

（3）控制总线 CB 是用于外部扩展的控制总线，包括 ALE、$\overline{\text{PSEN}}$、$\overline{\text{WR}}$、$\overline{\text{RD}}$、$\overline{\text{EA}}$。

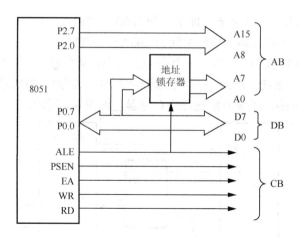

图 6-3　MCS-51 单片机的扩展总线结构

2．片选和地址分配

硬件电路连接好以后，存储器扩展的核心问题是存储器的编址问题。MCS-51 单片机的地址总线宽度为 16 位，可扩展的存储器的最大容量为 64KB，地址为 0000H～FFFFH。由于访问片外数据存储器和片外程序存储器时使用的指令和控制信号不同，所以它们的地址可以重合。在实际的应用系统中，MCS-51 单片机有时需要扩展多片外围芯片，这时一般通过片选来识别不同的芯片，而每个存储器芯片都有一定的地址空间，这些地址空间被分配到什么位置由片选信号来决定。若只扩展一片存储器芯片，则芯片的片选端 CE 可直接接地；若扩展多片芯片，则片选端 CE 应采用专门的片选信号来控制。

产生片选信号的方式不同，存储器的地址分配也不同。通常片选方式有线选法和译码法。

（1）线选法以系统的 P2 口多余高位地址线作为存储器芯片的片选信号。该方法一般用于应用系统中扩展芯片较少的场合。

（2）译码法是使用译码器对系统的剩余高位地址进行译码，以其译码输出作为存储芯片的片选信号。部分剩余地址线参加译码时，称为部分地址译码，这时芯片的地址会有重叠。剩余地址线全部参加译码的，称为全地址译码。

3．扩展存储器所需芯片数目的确定

若所选存储器芯片字长与单片机字长一致，则只需扩展容量。所需芯片数目按下式确定：

$$芯片数目 = \frac{系统扩展容量}{存储芯片容量}$$

若所选存储器芯片字长与单片机字长不一致，则不仅需扩展容量，还需字扩展。所需芯片数目按下式确定：

$$芯片数目 = \frac{系统扩展容量 \times 系统字长}{存储芯片容量 \times 存储芯片字长}$$

6.2.1　程序存储器的扩展

MCS-51 单片机有一个管脚 $\overline{EA}$ 跟程序存储器的扩展有关。如果 $\overline{EA}$ 接高电平，那么片内存储器地址范围是 0000H～0FFFH（4KB），片外程序存储器地址范围是 1000H～FFFFH（60 KB）。

若片内无程序存储器，则 $\overline{\text{EA}}$ 接低电平，片外程序存储器地址为 0000H～FFFFH（64 KB）。

1. 扩展程序存储器常用的芯片

用 EPROM 作为单片机外部程序存储器是目前最常用的程序存储器扩展方法。常用的 EPROM 芯片类型有 2716（2KB×8）、2732（4KB×8）、2764（8KB×8）、27128（16KB×8）、27256（32KB×8）、27512（64KB×8）等。另外，还有+5 V 电可擦除 EEPROM，如 2816（2KB×8）、2864（8KB×8）等。EPROM 芯片上有一个玻璃窗口，在紫外线照射下，存储器中的各位信息均变为 1，即处于擦除状态。擦除干净的 EPROM 可以通过编程器将应用程序固化到芯片中。

2. EPROM 程序存储器扩展

1）单片存储器芯片的扩展

8031 单片机扩展一片 2732 程序存储器电路如图 6-4 所示。

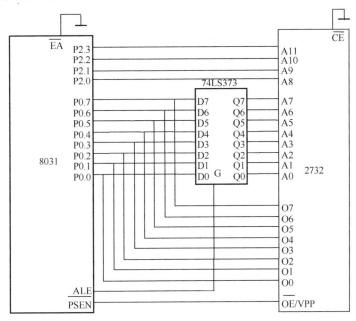

图 6-4　单片机扩展 2732 EPROM 电路

（1）74LS373 是带三态缓冲输出的 8D 锁存器，由于片机的三总线结构中，数据线与地址线的低 8 位共用 P0 口，因此必须用地址锁存器将地址信号和数据信号区分开。74LS373 的锁存控制端 G 直接与单片机的锁存控制信号 ALE 相连，在 ALE 的下降沿锁存低 8 位地址。

（2）EPROM 2732 的容量为 4 KB×8 位。4 KB 表示有 4×1024（$2^2×2^{10}=2^{12}$）个存储单元，8 位表示每个单元存储数据的宽度是 8 位。前者确定了地址线的位数是 12 位（A0～A11），后者确定了数据线的位数是 8 位（O0～O7）。EPROM 的读选通信号与 $\overline{\text{PSEN}}$ 相连，如果要从 EPROM 中读出程序中定义的数据，需使用查表指令：

```
MOVC  A,@A+DPTR
MOVC  A,@A+PC
```

（3）扩展程序存储器地址范围的确定。

单片机扩展存储器的关键是看明白扩展芯片的地址范围。决定存储器芯片地址范围的因素有两个：一个是片选端的连接方法；一个是存储器芯片的地址线与单片机地址线的连接。在确定地址范围时，必须保证片选端为低电平。本电路只扩展一片程序存储器，$\overline{CE}$ 直接接地。

若没用到的高位地址当做 1 处理，则扩展的存储器的地址范围为 F000H～FFFFH。计算如下：

P2.7～P2.4	P2.3～P2.0	P0.7～ P0.0	有效地址范围
A15～A12	A11～A8	A7～A0	
片选线	字选线		
X X X X	0000	00000000	X000H～
	1111	11111111	XFFFH

实际上本电路扩展的存储器的地址有 16 个重叠的地址空间，它们分别为 0000H～0FFFH、1000H～1FFFH、2000H～2FFFH、3000H～3FFFH、4000H～4FFFH、5000H～5FFFH、6000H～6FFFH、7000H～7FFFH、8000H～8FFFH、9000H～9FFFH、A000H～AFFFH、B000H～BFFFH、C000H～CFFFH、D000H～DFFFH、E000H～EFFFH。

2）采用地址译码器的多片存储器芯片的扩展

8031 单片机扩展一片 2764 程序存储器电路如图 6-5 所示。

2764 有 8KB×8 的容量，共有 13 根地址线、8 根数据线分别与单片机相连，单片机剩余的 3 根地址线通过译码器输出端分别控制两个存储器的片选线，这就能保证每个存储单元只有唯一的地址。

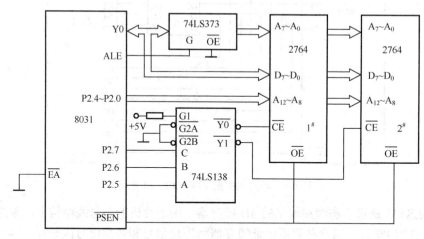

图 6-5　单片机扩展 2764 EPROM 电路

两片存储器芯片的地址范围计算如下：

P2.7～P2.5	138 输出	选中的 ROM	P2.4～P0.0	有效地址范围
0 0 0	Y0=0	第 1 片	0000H～1FFFH	0000H～1FFFH
0 0 1	Y1=0	第 2 片	0000H～1FFFH	2000H～3FFFH

6.2.2　数据存储器的扩展

RAM 是用来存放各种数据的，MCS-51 系列 8 位单片机内部有 128 B RAM 存储器，CPU

对内部 RAM 具有丰富的操作指令。但是，当单片机用于实时数据采集或处理大批量数据时，仅靠片内提供的 RAM 是远远不够的。此时，我们可以利用单片机的扩展功能，扩展外部数据存储器。

常用的外部数据存储器有静态 RAM 和动态 RAM 两种。前者读/写速度高，使用方便，但成本高，功耗大。后者集成度高，成本低，功耗相对较低。缺点是需要增加一个刷新电路，附加另外的成本。单片机扩展数据存储器常用的静态 RAM 芯片有 6116（2KB×8）、6264（8KB×8）、62256（32KB×8）等。

与程序存储器扩展原理相同，数据存储器的扩展也是使用 P0、P2 口作为地址、数据总线。

（1）当使用 MOVX　A，@Ri 指令时，系统使用 P0 口输出地址信号（P2 口不用）。

（2）当使用 MOVX　A，@DPTR 指令时，P0 口输出 DPTR 提供的低 8 位地址信号，P2 口输出 DPTR 提供的高 8 位地址信号。

与 ROM 扩展不同：访问外部 RAM 指令是 MOVX，在时序中将产生 $\overline{RD}$ 或 $\overline{WR}$ 信号，因此，将此信号与外 RAM 的读（$\overline{RD}$）、写（$\overline{WR}$）控制端相连接就实现系统对外 RAM 的读写控制。外部数据存储器的扩展方法如图 6-6 所示。

由于数据存储器的扩展方法和程序存储器的扩展方法相同，只是控制信号不同，在此就不多举例了，读者可根据选用芯片数据手册连接电路，然后根据连号的电路，确定地址范围。

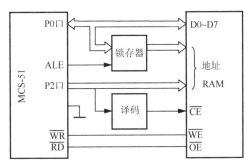

图 6-6　单片机扩展数据存储器电路

6.2.3　存储器综合扩展举例

前面分别讨论了 MCS-51 型单片机扩展外部程序存储器和数据存储器的方法，但在实际的应用系统设计中，往往既需要扩展程序存储器，又需要扩展数据存储器，同时还需要扩展 I/O 接口芯片，而且有时需要扩展多片。适当地把外部 64KB 的数据存储器空间和 64KB 程序存储器空间分配给各个芯片，使程序存储器的各芯片之间、数据存储器的各芯片之间的地址不发生重叠，从而避免单片机在读、写外部存储器时发生数据冲突。

MCS-51 型单片机的地址总线由 P2 口送出高 8 位地址，P0 口送出低 8 位地址，为了唯一地选择片外某一存储单元或 I/O 接口，一般需要进行二次选择。一是必须先找到该存储单元或 I/O 接口所在的芯片，一般称为"片选"；二是通过对芯片本身所具有的地址线进行译码，然后确定唯一的存储单元或 I/O 接口，称为"字选"。扩展时各片的地址线、数据线和控制线都并行挂接在系统的三总线上，各片的片选信号要分别处理。

图 6-7 是 8031 单片机扩展一片程序存储器 2764 和一片数据存储器 6264 的电路图。

此种接法两芯片的地址范围同为 0000H～1FFFH，但单片机对程序存储器的读操作由 PSEN 来控制，而对数据存储器的读写操作则分别由 RD 和 W R 控制，CPU 对程序存储器和数据存储器的访问分别采用 MOVC 和 MOVX 指令，故不会造成操作上的混乱。

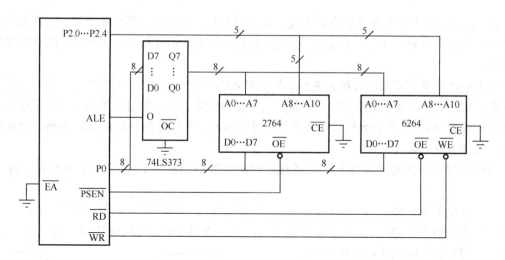

图 6-7　单片机存储器综合扩展电路

6.3　I/O 接口扩展

MCS-51 单片机的 I/O 线共有 32 根，其中 P3 口是多用途的，用做替代功能时，不能作为一般的 I/O 线用。在扩展外部存储器时，P0 口作为地址/数据线，P2 口全部或部分作为地址线专用，提供给用户使用的只有 P1 和 P2 口的部分管脚。当片内 I/O 接口不够用时，要进行 I/O 接口扩展。在 MCS-51 中，外扩 I/O 接口采用与存储器相同的寻址方法，所有的扩展 I/O 接口均与片外 RAM 存储器统一编址，所以，对片外 I/O 接口的输入/输出指令与访问片外 RAM 的指令相同。

1. 在数据的 I/O 传送中，I/O 接口电路主要功能。

1）速度协调

由于速度上的差异，使得数据的 I/O 传送只能以异步方式进行，即只能在确认外设已为数据传送做好准备的前提下才能进行 I/O 操作。而要知道外设是否准备好，就需要通过接口电路产生或传送外设的状态，以此进行 CPU 与外设之间的速度协调。

2）数据锁存、隔离

在接口电路中需设置锁存器，以保存输出数据直至为输出设备所接收。为此，对于输出设备的接口电路，要提供锁存器，而对于输入设备的接口电路，要使用三态缓冲电路。

2. 扩展并行 I/O 接口的方法

主要有两种：①利用锁存器或缓冲三态门。②采用单片机专用的扩展 I/O 接口芯片，如 8155、8255 等。

3. I/O 编址技术

接口电路要对其中的端口进行编址。对端口编址是为 I/O 操作而进行的，因此也称为 I/O 编址。80C51 I/O 接口使用统一编址方式。把接口中的寄存器（端口）与存储器中的存储单元同等对待，要注意地址的重叠问题。

6.3.1　简单 I/O 接口扩展

利用 TTL 芯片、COMS 锁存器、三态门等接口芯片把 P0 口扩展，常选用 74LS273、74LS373、74LS244 等芯片。对输入口的要求：一定有三态功能，否则将影响总线的正常工作。输出带锁存的电路即可。

【例 6-1】　图 6-7 是利用 74LS373 和 74LS244 扩展的简单 I/O 接口，要求实现 K0～K7 开关的状态通过 L0～L7 发光二极管显示，请编程实现。

解：由电路图 6-8 可知 74LS373 扩展并行输出口，74LS244 扩展并行输入口。

74LS373 是一个带输出三态门的 8 位锁存器，8 个输入端为 D0～D7，8 个输出端为 Q0～Q7，G 为数据锁存控制端。当 G 为高电平时，则把输入端的数据锁存于内部的锁存器，OE 为输出允许端；当 G 为低电平时，则把锁存器中的内容通过输出端输出。74LS244 是单向数据缓冲器，带两个控制端 1G 和 2G，当它们为低电平时，输入端 D0～D7 的数据输出到 Q0～Q7。

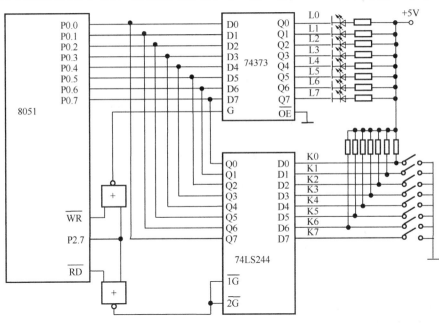

图 6-8　单片机简单 I/O 扩展电路

汇编参考程序：

```
LOOP:MOV  DPTR,7FFFH
     MOVX A,@DPTR
     MOVX @DPTR,A
     SJMP LOOP
```

C 语言参考程序：

```
#include <reg52.h>
#include <absacc.h>
#define uchar unsigned char
uchar i;
void main (void)
```

```
    {
        i=XBYTE[0x7fff];
        XBYTE[0x7fff]= i;
    }
```

6.3.2 用串行口扩展并行 I/O 接口

单片机不用与其他微处理器通信时，串口设定为方式 0，工作在移位寄存器输入/输出方式。可外接移位寄存器（CD4094、74LS164、CD4014 或 74LS165）等芯片以扩展 I/O 接口。8 位串行数据是从 RXD 输入或输出，TXD 用来输出同步脉冲。CPU 将数据写入发送寄存器时，立即启动发送，将 8 位数据以 $f_{osc}/12$ 的固定波特率从 RXD 输出，低位在前，高位在后。发送完一帧数据后，中断标志 TI 由硬件自动置位。

【例 6-2】 用 8051 单片机的串行端口外接"并入串出"的芯片 CD4014 扩展并行输入端口，接收一组开关的信息，如图 6-9 所示。

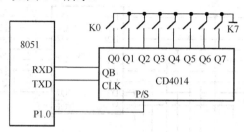

图 6-9 8051 与 CD4014 的连接

解：采用查询 RI 的方式来判断数据是否输入。

汇编参考程序：

```
        ORG  0000H
        LJMP  MAIN
        ORG  0100H
MAIN: SETB  P1.0
        CLR  P1.0
        MOV  SCON,#10H
LOOP:JNB  RI,LOOP
        CLR  RI
        MOV  A,SBUF
        SJMP  $
```

C 语言参考程序：

```
# include  <reg51.h>
sbit  P1_0=P1^0;
void  main()
{
unsigned  char  i;
SCON=0x10;
P1_0=1;
P1_0=0;
while (!RI) {;}
```

```
RI=0;
i=SBUF;
}
```

6.3.3　可编程 I/O 接口扩展

在单片微机 I/O 扩展中常用的并行可编程接口芯片有，8255 可编程通用并行接口芯片、8155 带 RAM 和定时器、计数器的可编程并行接口芯片、8279 可编程键盘/显示器接口芯片。这些芯片的功能可以由用户编程来控制，因此，可以使用一个接口芯片执行多种不同的接口功能。

1. 8255A 可编程并行 I/O 接口内部结构及引脚功能

8255 和 MCS-51 相连，可以为外设提供 3 个 8 位的 I/O 端口：A 口、B 口和 C 口，3 个端口的功能完全由编程来决定。

图 6-10 为 8255 的内部结构和引脚图。

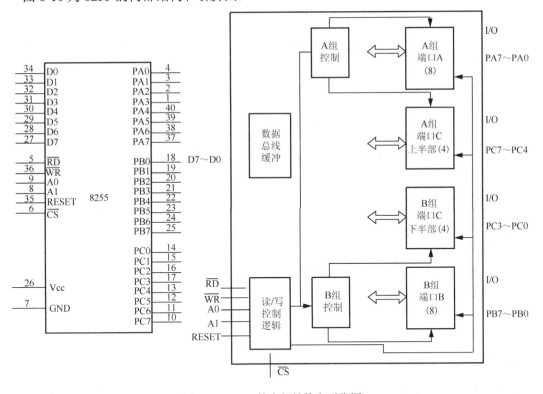

图 6-10　8255 的内部结构和引脚图

1）8255 的芯片引脚

8255 是一种有 40 个引脚的双列直插式标准芯片，其引脚排列如图 6-10 所示。除电源（+5V）和地址以外，其他信号可以分为以下两组。

（1）与外设相连接的引脚。

PA7～PA0：A 口数据线

PB7～PB0：B 口数据线

PC7～PC0：C 口数据线

（2）与 CPU 相连接的引脚。

D7～D0：8255 的数据线和系统数据总线相连。

RESET：复位信号，高电平有效。当 RESET 有效时，所有内部寄存器都被清零。

$\overline{CS}$：片选信号，低电平有效。只有当 $\overline{CS}$ 有效时，芯片才被选中。

$\overline{RD}$：读信号，低电平有效。当 $\overline{RD}$ 有效时，CPU 可以从 8255 中读取输入数据。

$\overline{WR}$：写信号，低电平有效。当 $\overline{WR}$ 有效时，CPU 可以往 8255 中写入控制字或数据。

A1、A0：端口选择信号。8255 内部有 3 个数据端口和 1 个控制端口，由 A1A0 编程选择。

A1、A0 和 $\overline{RD}$、$\overline{WR}$ 及 $\overline{CS}$ 组合所实现的各种功能见表 6-1。

2）8255 的内部结构

8255 的内部结构如图 6-10 所示，由以下几部分组成。

（1）数据端口 A、B、C。

8255 有 3 个 8 位数据端口，即端口 A、端口 B 和端口 C。编程人员可以通过软件将它们分别作为输入端口或输出端口，3 个端口在不同的工作方式下有不同的功能及特点，见表 6-1。

表 6-1　8255 端口及工作状态选择表

$\overline{CS}$	A1	A0	$\overline{RD}$	$\overline{WR}$	I/O 操作
0	0	0	0	1	读 A 口寄存器内容到数据总线
0	0	1	0	1	读 B 口寄存器内容到数据总线
0	1	0	0	1	读 C 口寄存器内容到数据总线
0	0	0	1	0	数据总线上内容写到 A 口寄存器
0	0	1	1	0	数据总线上内容写到 B 口寄存器
0	1	0	1	0	数据总线上内容写到 C 口寄存器
0	1	1	1	0	数据总线上内容写到控制口寄存器

（2）A、B 组控制电路。这是两组根据 CPU 的命令字控制 8255 工作方式的电路。A 组控制 A 口及 C 口的高 4 位，B 组控制 B 口及 C 口的低 4 位。

（3）数据缓冲器。这是一个双向三态 8 位的驱动口，用于和单片机的数据总线相连，传送数据或控制信息。

（4）读/写控制逻辑。这部分电路接收 MCS-51 送来的读/写命令和选口地址，用于控制对 8255 的读/写。

2．8255 的控制字

8255 的 3 个端口具体工作在什么方式下，是通过 CPU 对控制口的写入控制字来决定的。8255 有两个控制字：方式选择控制字和 C 口置/复位控制字。用户通过编程把这两个控制字送到 8255 的控制寄存器，这两个控制字以 D7 作为标志。

1）方式选择控制字

方式选择控制字的格式和定义如图 6-11（a）所示。

D7 位为特征位。D7=1 表示为工作方式控制字。D6、D5 用于设定 A 组的工作方式。D4、D3 用于设定 A 口和 C 口的高 4 位是输入还是输出。D2 用于设定 B 组的工作方式。D1、D0 用于设定 B 口和 C 口的低 4 位是输入还是输出。

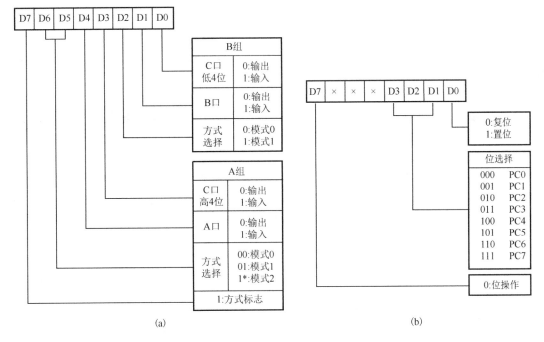

图 6-11　8255 控制字的格式和定义

【例 6-3】　设 8255 控制字寄存器的地址为 7FFFH，请编程设定 A 口为方式 0 输出，B 口为方式 0 输入，PC4～PC7 为输出，PC0～PC3 为输入。

解：按照 8255 控制字格式的控制字为

```
10000011B=83H
```

汇编参考程序：

```
MOV     DPTR,#7FFFH
MOV     A,#83H
MOVX    @DPTR,A
```

C 语言参考程序：

```
    #include  <reg51.h>
    #include  <absacc.h>
    #define  uchar  unsigned  char
    uchar  i;
    void  main (void)
{
    i= 0x83;
    XBYTE[0x7fff]= i;
}
```

2）C 口置/复位控制字

C 口置/复位控制字的格式和定义如图 6-11（b）所示。

D7 位为特征位。D7=0 表示为 C 口按位置/复位控制字。C 口具有位操作功能，把一个置/复位控制字送入 8255 的控制寄存器，就能将 C 口的某一位置 1 或清 0 而不影响其他位的状态。

3．8255 的工作方式

8255 有三种工作方式：方式 0、方式 1、方式 2。方式的选择是通过写控制字的方法来完成的。

1）方式 0（基本输入/输出方式）

A 口、B 口及 C 口高 4 位、低 4 位都可以设置输入或输出，不需要选通信号。单片机可以对 8255 进行 I/O 数据的无条件传送，外设的 I/O 数据在 8255 的各端口都能得到锁存和缓冲。

2）方式 1（选通输入/输出方式）

A 口和 B 口都可以独立的设置为方式 1，在这种方式下，8255 的 A 口和 B 口通常用于传送和它们相连外设的 I/O 数据，C 口作为 A 口和 B 口的握手联络线，以实现中断方式传送 I/O 数据。C 口作为联络线的各位分配是在设计 8255 时规定的，8255 端口及工作状态选择见表 6-2。

表 6-2　8255 端口及工作状态选择

C 口各位	方式 1（A 口、B 口）		方式 2（仅 A 口）
	输入方式	输出方式	双向方式
PC0	$INTR_B$	$INTR_B$	由 B 口方式决定
PC1	IBF_B	$\overline{OBF_B}$	由 B 口方式决定
PC2	SET_B		由 B 口方式决定
PC3	$INTR_A$	$INTR_B$	$INTR_A$
PC4	$\overline{ACK_A}$	I/O	$\overline{STB_A}$
PC5	IBF_A	I/O	IBF_A
PC6	I/O	$\overline{ACK_A}$	$\overline{ACK_A}$
PC7	I/O	$\overline{STB_A}$	$\overline{OBF_A}$

无论是 A 口输入还是 B 口输入，都用 C 口的三位作应答信号，一位作中断允许控制位。各应答信号含义如下：

STB：外设送给 8255A 的"输入选通"信号，低电平有效。

IBF：8255A 送给外设的"输入缓冲器满"信号，高电平有效。

INTR：8255A 送给 CPU 的"中断请求"信号，高电平有效。

INTE：8255A 内部为控制中断而设置的"中断允许"信号。INTE 由软件通过对 PC4（A 口）和 PC2（B 口）的置/复位来允许或禁止。

OBF：8255A 送给外设的"输出缓冲器满"信号，低电平有效。

ACK：外设送给 8255A 的"应答"信号，低电平有效。

3）方式 2（双向选通输入/输出方式）

只适合于端口 A。这种方式能实现外设与 8255A 的 A 口双向数据传送，并且输入和输出都是锁存的。它使用 C 口的 5 位作应答信号，2 位作中断允许控制位。

4．8255 与 MCS-51 单片机的接口

8255 与 MCS-51 单片机的连接包含数据线、地址线、控制线的连接。图 6-12 为 8255 扩展实例。

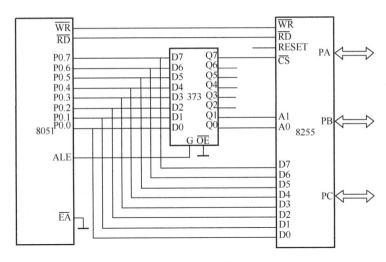

图 6-12　8051 和 8255 的接口电路

1）连线说明

数据线：8255 的 8 根数据线 D0～D7 直接和 P0 口一一对应相连。

控制线：8255 的复位线 RESET 与 8031 的复位端相连，都接到 8031 的复位电路上。8255 的 WR 和 RD 与 8031 的 WR 和 RD 一一对应相连。

地址线：8255 的 CS 和 A1、A0 分别由 P0.7 和 P0.1、P0.0 经地址锁存器 74LS373 后提供，CS 的接法不是唯一的。一般与 P2 口剩余的引脚相连。当系统要同时扩展外部 RAM 时，就要和 RAM 芯片的片选端一起统一分配来获得，以免发生地址冲突。

I/O 口线：可以根据用户需要连接外部设备。

2）地址确定

若无关地址位当 1 处理，根据硬件连接图可得 8255 的 A 口、B 口、C 口和控制口的地址分别是，FF7CH，FF7DH，FF7EH，FF7FH。

3）编程应用

【例 6-4】 按照图 6-12，在 8255 的 A 口接有 8 个按键，B 口接有 8 个发光二极管，用类似于图 6-8 中按键和二极管的连接，请编写程序实现完成按下某一按键，相应的发光二极管发光的功能。

解：汇编参考程序如下。

```
       MOV    DPTR,#0FF7FH    ;指向 8255 的控制口
       MOV    A,#90H
       MOVX   @DPTR,A         ;向控制口写控制字,A 口输入,B 口输出
       MOV    DPTR,#0FF7CH    ;指向 8255 的 A 口
LOOP:MOVX   A,@DPTR           ;取开关信息
       INC    DPTR            ;指向 8255 的 A 口
       MOVX   @DPTR,A         ;驱动 LED 发光
       SJMP   LOOP
```

C 语言参考程序：

```
#include  <reg51.h>
#include  <absacc.h>
#define uchar unsigned char
uchar i;
void main (void)
```

```
{
  i= 0x90;
  XBYTE[0xff7f]= i;
  i=XBYTE[0xff7c];
  XBYTE[0xff7d]= i;
}
```

本章小结

本章详细介绍了单片机程序存储器、数据存储器和 I/O 接口的扩展方法。单片机通过地址总线、数据总线和控制总线连接扩展的芯片。单片机的 P0、P2 口作为地址数据总线，P0 口为数据、地址复用总线，所以必须加入 8 位锁存器 74LS373 来锁存 P0 口的低 8 位地址，程序存储器和数据存储器分别有多种不同的类型，应根据系统的需要进行选择。采用适当的片选（线选法、译码法）方式，正确连接三大总线是存储器扩展的关键。程序存储器和数据存储器扩展的主要不同之处在于控制总线的连接方法不同。

MCS-51 单片机的 4 个 8 位并行 I/O 接口可以用于单片机与其他外围设备之间的数据传送。当单片机提供的 I/O 接口不够用时，则需要扩展 I/O 接口芯片。扩展 I/O 接口的方法主要有两种：采用可编程 I/O 接口芯片 8155、8255 等；采用锁存器扩展并行输出口，三态缓冲器扩展并行输入口。要根据要求进行硬件电路的连接，并根据连接电路，算出地址范围，能编程进行数据的传输。

习 题 6

6-1　单片机进行系统扩展时要使用的总线包括（　　）总线、（　　）总线和（　　）总线。

6-2　简述存储器扩展的一般方法。

6-3　存储芯片的地址引脚与存储容量有什么关系？

6-4　使用 2764（8KB×8）芯片扩展 24KB 程序存储器，画出硬件连接图，指明各芯片的地址空间范围。

6-5　采用 8051 单片机外扩一片 EPROM 2732 和一片 RAM 6116，画出硬件连接图，并确定每个芯片的地址范围。

6-6　试画出 8051 扩展两片 2817A 兼作程序存储器和数据存储器的接口电路。

6-7　简述 8255A 的 3 种工作方式的区别，并写出各自的方式选择控制字。

6-8　将 8255A 的 PA 口设为方式 0——基本输出方式，8255A 的 PB 口设为方式 1——选通输入方式，并在数据输入后会向 CPU 发出中断请求，不作控制用的 C 口数位全部输出，设 PA 口地址为 4000H，PB 口地址为 4001H，PC 口地址为 4002H，控制寄存器地址为 4003H，编写初始化程序。

6-9　某一单片机应用系统拟采用两片 2716 和两片 6116 扩展成 4KB 的程序存储器和 4KB 的数据存储器，试设计其硬件结构。

6-10　采用 8255 芯片扩展 I/O 时，若把 8255 芯片 B 口用作输入，B 口每一管脚接一个开关，A 口用做输出，A 口的每一管脚接一个发光二极管。若 A 口的地址为 7FFFH（请画出硬件电路图并编写程序实现当 B 口的开关闭合），则 A 口对应的发光二极管点亮。

第7章 MCS-51系列单片机键盘与显示器接口

▶ **学习目标** ◀

通过本章学习，熟悉单片机的人机交互设备及其端口连接。能灵活应用键盘、LED 数码管等基本的人机交互设备，完成简单的通用单片机小系统设计。

7.1 MCS-51系列单片机与键盘的接口

在单片机应用系统中，通常应具有人机对话功能，能随时发出各种控制命令和数据输入等。而键盘则是单片机应用系统中最常用的输入设备。常用键盘有两种：编码键盘和非编码键盘，它们之间的主要区别在于识别键符及给出相应键码的方法不同。编码键盘主要用硬件来实现键的识别，非编码键盘主要由用户用软件来实现键盘的定义和识别。单片机中一般使用非编码键盘，这将在定义键盘的具体功能方面具有灵活性。

7.1.1 键盘的工作原理与扫描方式

1. 按键的电路原理

键盘实际上是一组按键开关的集合，平时按键开关总是处于断开状态，当按下键时它才闭合。通常按键开关为机械开关，由于机械触电的弹性作用，按键开关在闭合和释放（断开）时不会马上稳定地接通或断开，因而在闭合和释放的瞬间会伴随着一串的抖动，其抖动现象的持续时间5～10ms。按键的电路结构如图 7-1 所示，其产生的波形如图 7-2 所示。

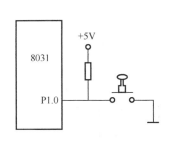

图 7-1　单按键电路

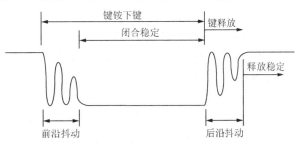

图 7-2　键闭合和断开时的电压波动

按键的抖动人眼是察觉不到的，但会对高速运行的 CPU 产生干扰，进而产生误处理。为了保证按键闭合一次，仅做一次键输入处理，必须采取措施消除抖动。

2．抖动的消除

消除抖动的方法有两种：硬件消抖法和软件消抖法。

硬件消除抖动的方法是，用简单的基本 R-S 触发器或单稳态电路或 RC 积分滤波电路构成去抖动按键电路，基本 R-S 触发器构成的硬件去抖动按键电路如图 7-3 所示。分析图 7-3（a）可知，当按键 S 按下，即连接 B 时，输出 Q 为 0，无论按键是否有弹跳，输出仍为 0；当按键 S 释放，即连接 A 时，输出为 1，无论按键是否有弹跳，输出仍为 1 如图 7-3（b）所示。

图 7-4 是一个利用 RC 积分电路构成的去抖动电路。RC 积分电路具有吸收干扰脉冲的滤波作用，只要适当选择 RC 电路的时间常数，就可消除抖动的不良后果。当按键未按下时，电容 C 两端的电压为零，经非门后输出为高电平。当按键按下后，电容 C 两端的电压不能突变，CPU 不会立即接受信号，电源经 R_1 向 C 充电，若此时按键按下的过程中出现抖动，只要 C 两端的电压波动不超过门的开启电压（TTL 为 0.8V），非门的输出就不会改变。一般 R_1C 的值应大于 10ms，且 $\dfrac{VccR_1}{(R_1+R_2)}$ 的值应大于门的高电平阈值，R_2C 的值应大于抖动波形周期。图 7-14 电路简单，若要求不严，可取消非门直接与 CPU 相连。

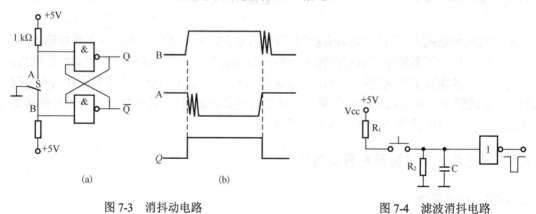

(a)	(b)

图 7-3　消抖动电路　　　　　　　　　　图 7-4　滤波消抖电路

软件去抖动是在第一次检测到按键按下后，执行一段延时 10ms 的子程序，避开抖动，待电平稳定后再读入按键的状态信息，确认该键是否确实按下，以消除抖动影响。

3．键盘扫描控制方式

1）程序控制扫描方式

键处理程序固定在主程序的某个程序段。

特点：对 CPU 工作影响小，但应考虑键盘处理程序的运行间隔周期不能太长，否则会影响对键输入响应的及时性。

2）定时控制扫描方式

利用定时/计数器每隔一段时间产生定时中断，CPU 响应中断后对键盘进行扫描。

特点：与程序控制扫描方式的区别是，在扫描间隔时间内，前者用 CPU 工作程序填充，后者用定时/计数器定时控制。定时控制扫描方式也应考虑定时时间不能太长，否则会影响对键输入响应的及时性。

3）中断控制方式

中断控制方式是利用外部中断源，响应键输入信号。

特点：克服了前两种控制方式可能产生的空扫描和不能及时响应键输入的缺点，既能及时处理键输入，又能提高 CPU 运行效率，但要占用一个宝贵的中断资源。

7.1.2 独立式按键及接口

非编码键盘与 CPU 的连接方式可分为独立式按键和矩阵式键盘。独立式按键是指每个按键独占一根 I/O 口线，各按键之间相互独立，每根 I/O 口线上的按键的工作状态都不会影响其他 I/O 口线的工作状态。按键电路如图 7-5 所示。在图 7-5 所示电路中，每一个按键独立地占用一条数据线，当某键闭合时，其对应的 I/O 线就被置为高电平。

独立式按键的特点是，各按键相互独立，电路配置灵活；软件结构简单。但按键数量较多时，I/O 口线耗费较多，电路结构繁杂。因此适用于按键数量较少的场合。

【例 7-1】 参照图 7-5，编写按键扫描子程序。

解：程序设计方法。

作为一个按键从没有按下到按下，以及释放是一个完整的过程，也就是说，当按下一个按键时，总希望某个命令只执行

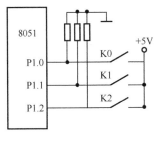

图 7-5 独立式按键电路

一次，而在按键按下的过程中，不要有干扰进来，以免造成误触发。因此在按键按下的时候，要把我们手上的干扰信号，以及按键的机械接触等干扰信号给滤除掉，一般情况下，可以采用软件延时的方法去除这些干扰信号。

汇编语言参考程序：

```
KEYB:ORL    P1,#07H         ;置 P1.0~P1.2 为输入态
     MOV     A,P1            ;读键值,键闭合相应位为 1
     ANL     A,#00000111B    ;屏蔽高 5 位,保留有键值信息的低 3 位
     JZ      GRET            ;全 0,无键闭合,返回
     LCALL   DY10ms          ;非全 0,有键闭合,延时 10ms,软件去抖动
     MOV     A,P1            ;重读键值,键闭合相应位为 1
     ANL     A,#00000111B    ;屏蔽高 5 位,保留有键值信息的低 3 位
     JZ      GRET            ;全 0,无键闭合,返回;非全 0,确认有键闭合
     JB      Acc.0,KB0       ;转 0#键功能程序
     JB      Acc.1,KB1       ;转 1#键功能程序
     JB      Acc.2,KB2       ;转 2#键功能程序
GRET:RET
KB0:LCALL   WORK0           ;执行 0#键功能子程序
     RET
KB1:LCALL   WORK1           ;执行 1#键功能子程序
     RET
KB2:LCALL   WORK2           ;执行 2#键功能子程序
     RET
```

C51 参考程序：

```
#include <reg51.h>
#define uchar unsigned char
  uchar i,j;
void delay(void);          //声明延时函数
void main(void)
{
  while(1)
{
  P1=0x07;
 If ((P1&0x07)!=0x00)       //有键按下
   { delay();               //去抖动
 If ((P1&0x07)!=0x00)
   { j=P1;
     switch(j)
     case 1: { 语句 1 };
     case 2: { 语句 2 };
     case 3: { 语句 3 };
 default: { 语句 4  }
     }
   }
}
//****延时函数****
void delay(void )          //延时函数
{ uchar i;
for{i=200; i>0;i--}
{}
}
```

独立式按键应用举例：

【例 7-2】 电路如图 7-6 所示。

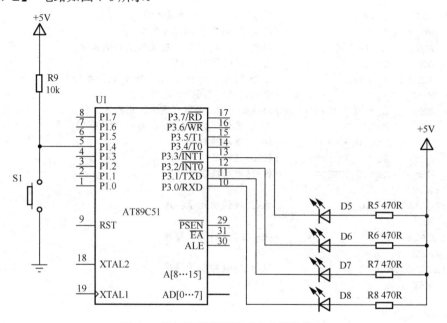

图 7-6　按键次数识别显示电路设计原理

（1）设计要求。

解：每按一次开关 S1，计数值加 1，通过 AT89S51 单片机的 P3 端口的 P3.0～P3.3 显示与按键次数相应的二进制计数值。若发光二极管亮，则表示相应位的二进制数为 1。

（2）程序设计方法。

在本例程序设计中，按键被识别按下后（P1.4 口输入为低电平），延时 10ms 以上，避开了干扰信号区域，再检测一次，看按键是否真的已经按下。若真的已经按下，P1.4 输入仍为低电平；若第二次检测到的是高电平，则说明第一次识别的有键按下是由于干扰信号引起的误触发，CPU 将舍弃这次的按键识别过程。从而提高了系统的可靠性。

为确认每按一次键执行一次命令，在程序结束前要有一个等待按键释放的过程，为正确识别下一次按键做准备。在本例中等待释放的过程，就是等待 P1.4 口恢复成高电平的过程。

（3）程序设计流程图。

按键识别过程的程序设计流程图如图 7-7 所示。

（4）参考程序。

C 语言参考程序如下。

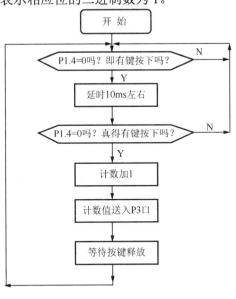

图 7-7　例 7-2 程序设计流程

```c
#include <reg51.h>
unsigned char count;
sbit  P1_4=P1^4;
void delay10ms(void)      //延时函数
{unsigned char i,j;
  for(i=20;i>0;i--)
  for(j=248;j>0;j--);
}
void main(void)
{ while(1)
  { if(P1_4==0)
    { delay10ms();
    if(P1_4==0)
      {
        count++;
        if(count==16)
          {count=0 };
        P3=~count;
        while(P1_4==0);
      }
    }
  }
}
```

7.1.3 矩阵式键盘及接口

矩阵式键盘又称行列式键盘，它与 8051 单片机的接口如图 7-8 所示。图中 4 根 I/O 口线（P1.0～P1.3）作为行线，另 4 根 I/O 口线（P1.4～P1.7）作为列线，按键跨接在行线和列线上，按键按下时，行线与列线发生短路。行线通过上拉电阻接+5V，在没有按键按下时，被钳位在高电平状态。

行列式键盘的特点：占用 I/O 口线较少；软件结构较复杂。适用于按键较多的场合。

单片机在扫描键盘时，首先要判断是否有键按下，在去抖动后判断确实有键按下后，第二步就是识别是哪一个键按下（即读出键号）。

对于单片机应用系统，键盘扫描只是 CPU 工作的一部分，键盘处理只是在有键按下时才有意义。检测键盘上有无键按下的常用方式有查询方式与中断方式两种。

1. 查询工作方式

在查询工作方式中判断是否有按键按下的方法如下：

先由相应的 I/O 接口将列线输出为 0 电平，再由相应的 I/O 接口将所有的行线结果输入CPU 中的累加器 A。若有行线输入为 0，则有键按下，反之则没有按键按下。

判断是某按键按下（确定键号）的方法如下：

依次将列线输出为 0 电平，然后检查各行线的状态。若某行线输入为 0，则对应的该行与该列的按键被按下，即可确定对应的键号。

图 7-9 为采用查询工作方式的键扫描子程序的流程图。为了防止一次按键多次输入键码的现象出现，在查出键号后，等到确定按下的按键释放后的瞬间再将对应的键号送入 CPU 的 A中。

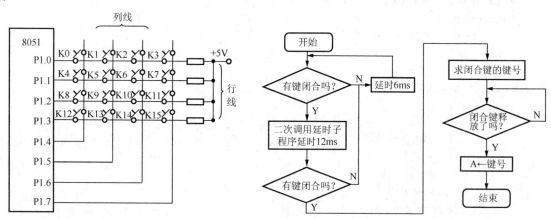

图 7-8 矩阵式键盘的结构　　　　图 7-9 程序扫描方式程序流程图

【例 7-3】 依照图 7-8 的电路和图 7-9 的流程框图，编写键盘扫描子程序。

解：汇编参考程序如下。

```
KEY1:ACALL  KS1         ;调用判断有无键按下子程序
     JNZ  LK1           ;有键按下时,(A)≠0转消抖延时
     AJMP  KEY1         ;无键按下返回
LK1:ACALL  TM12S        ;调12 ms延时子程序
```

```
        ACALL  KS1          ;查有无键按下,若有则真有键按下
        JNZ  LK2            ;键(A)≠0 逐列扫描
        AJMP  KEY1          ;不是真有键按下,返回
LK2:MOV  R2,#0EFH           ;初始列扫描字(0 列)送入 R2
     MOV  R4,#00H           ;初始列(0 列)号送入 R4
LK4: MOV  A,R2              ;列扫描字送至 P1 口
     MOV  P1,A
     MOV  A,P1              ;从 P1 口读入行状态
     JB  ACC.0,LONE         ;查第 0 行无键按下,转查第 1 行
     MOV  A,#00H            ;第 0 行有键按下,行首键码#00H→A
     AJMP  LKP              ;转求键码
LONE:JB  ACC.1,LTWO         ;查第 1 行无键按下,转查第 2 行
     MOV  A,#04H            ;第 1 行有键按下,行首键码#04H→A
     AJMP  LKP              ;转求键码
LTWO:JB  ACC.2,LTHR         ;查第 2 行无键按下,转查第 3 行
     MOV  A,#08H            ;第 2 行有键按下,行首键码#08H→A
     AJMP  LKP              ;转求键码
LTHR:JB  ACC.3,NEXT         ;查第 3 行无键按下,转该查下一列
     MOV  A,#0CH            ;第 3 行有键按下,行首键码#0CH→A
LKP:ADD  A,R4               ;求键码,键码=行首键码+列号
     PUSH  ACC              ;键码进栈保护
LK3:ACALL  KS1              ;等待键释放
     JNZ  LK3               ;键未释放,等待
     POP  ACC               ;键释放,键码→A
     RET                    ;键扫描结束,出口状态(A)=键码
NEXT:INC  R4                ;准备扫描下一列,列号加 1
     MOV  A,R2              ;取列号送累加器 A
     JNB  ACC.7,KEND        ;判断 8 列扫描否?扫描完返回
     RL  A                  ;扫描字左移一位,变为下一列扫描字
     MOV  R2,A              ;扫描字送入 R2
     AJMP  LK4              ;转下一列扫描
KEND:AJMP  KEY1
;********************判键是否按下********************
KS1:MOV  P1,#0FH            ;P1 口高 4 位(列线)置 0,低 4 位(行线)置 1 作输入准备
MOV  A,P1                   ;读入 P1 口行状态
CPL  A                      ;变正逻辑,以高电平表示有键按下
ANL  A,#0FH                 ;屏蔽高 4 位,只保留低 4 位行线值
RET                         ;出口状态:(A)≠0 时有键按下
;********************延时 12 ms 子程序********************
TM12ms: MOV  R7,#18H;延时 12 ms 子程序
TM:     MOV  R6,#0FFH
TM6:    DJNZ  R6,TM6
        DJNZ  R7,TM
        RET
```

C 语言程序:

```c
#include <reg51.h>
#define uchar unsigned char
#define uint unsigned int
void delay(void);              //声明延时函数
uchar keyscan(void);
```

```
void  main(void)
{
uchar  key;
while(1)
  { key= keyscan();                //无限调用键扫描函数
    delay();                       //调用延时函数
  }
}
//***********延时函数***********************
void  delay(void )                 //延时函数
{ uchar i;
for{i=200; i>0;i--}{}
}
//**********键扫描函数********************
uchar  keyscan(void)               //键扫描函数
{ uchar scode;                     //定义列扫描变量
uchar  rcode;                      //定义返回的编码变量
uchar  m;                          //定义行首编码变量
uchar  k;                          //定义行检测码
uchar i,j;
  P1=0x0f;                         //发全列为 0 扫描码,行线输入
  If ((P1&0x0f)!=0x0f)             //若有键按下
    { delay();                     //延时去抖动
      if ((P1&0x0f)!=0x0f)
      { k=0x01;  m=0x00;           //列扫描初值, 行首码赋值
        for (i=0; i<4; i++)
        { scode=0xef;
          P1= scode;               //输出列线码
          for (j=0; j<4; j++)
          { if ((P1&k)= =0)        //本行有键按下
            { rcode=m+j;           //求键码
              while ((P1&0x0f)= =0x0f)   //等待键位释放
              return (rcode);      //返回编码
            }
          else  scode=scode<<1;    //列扫描码左移一位
          }
        m=m+4;                     //计算下一行的行首编码
        k= k<<1;                   //行检测码左移一位
        }
}
  return (0);                      //无键按下,返回值为 0
    }
  }
```

2. 中断扫描方式

为了提高 CPU 的效率,也可采用中断扫描方式,其硬件接口电路连接方法如图 7-10 所示,其工作原理如下:

有按键闭合时,产生中断请求信号 $\overline{INT1}$ =0（四输入端的与门有 0 出 0）；若无按键闭合时,则不会产生中断请求信号 $\overline{INT1}$ =1（与门全 1 则 1）。若有中断请求,则由硬件将中断请求信号

送入 $\overline{\text{INT1}}$ 端口，CPU 响应中断后，转向中断服务程序。消抖、求键码等工作均由中断服务子程序完成。

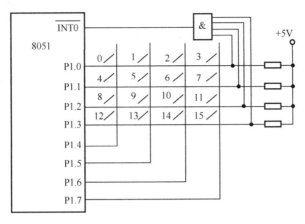

图 7-10 中断方式的矩阵式键盘接口电路

【例 7-4】 按图 7-10 用汇编语言编写中断方式键盘扫描子程序（设键盘序号存入内 RAM 30H）。

解：具体程序如下。

```
ORG    0000H              ;复位地址
       LJMP    STAT       ;转初始化
       ORG    0003H       ;中断入口地址
       LJMP    PINT0      ;转中断服务程序
       ORG    0100H       ;初始化程序首地址
START: MOV    SP,#60H     ;置堆栈指针
       SETB   IT0         ;置为边沿触发方式
       MOV    IP,#00000001B ;置为高优先级中断
       MOV    P1,#00001111B ;置 P1.0~P1.3 为输入态;置 P1.4~P1.7 输出 0
       SETB   EA          ;CPU 开中断
       SETB   EX0         ;开中断
       LJMP   MAIN        ;转主程序,并等待有键按下时中断
;*******************中断服务程序*************************
ORG    2000H              ;中断服务程序首地址
PINT0: PUSH   Acc         ;保护现场
       PUSH   PSW         ;
LK2;MOV R2,#0EFH          ;初始列扫描字(0 列)送入 R2
     MOV  R4,#00H         ;初始列(0 列)号送入 R4
LK4: MOV  A,R2            ;列扫描字送至 P1 口
     MOV  P1,A            ;
     MOV  A,P1            ;从 P1 口读入行状态
     JB   ACC.0,LONE      ;查第 0 行无键按下,转查第 1 行
     MOV  A,#00H          ;第 0 行有键按下,行首键码#00H→A
     AJMP LKP             ;转求键码
LONE:JB   ACC.1,LTWO      ;查第 1 行无键按下,转查第 2 行
     MOV  A,#04H          ;第 1 行有键按下,行首键码#04H→A
     AJMP LKP             ;转求键码
LTWO:JB   ACC.2,LTHR      ;查第 2 行无键按下,转查第 3 行
     MOV  A,#08H          ;第 2 行有键按下,行首键码#08H→A
```

```
            AJMP  LKP                      ;转求键码
LTHR:JB  ACC.3,NEXT                        ;查第3行无键按下,转该查下一列
        MOV   A,#0CH                       ;第3行有键按下,行首键码#0CH→A
LKP:ADD  A,R4                              ;求键码,键码=行首键码+列号
        MOV   30H,A                        ;存按键编号
        POP   PSW                          ;
        POP   Acc                          ;
        RETI                               ;键扫描结束,出口状态(30H)=键码
NEXT:INC  R4                               ;准备扫描下一列,列号加1
        MOV   A,R2                         ;取列号送累加器A
        JNB   ACC.7,KEND                   ;判断8列扫描否?扫描完返回
        RL    A                            ;扫描字左移一位,变为下一列扫描字
        MOV   R2,A                         ;扫描字送入R2
        AJMP  LK4                          ;转下一列扫描
    END
```

C51 参考程序：

```c
#include  <reg51.h>
#define  uchar  unsigned  char
#define  uint  unsigned  int
void  delay(void);              //声明延时函数
uchar  keyscan(void);
void  main(void)
{
 EX0=1;
 EA=1;
For(;;)
}
//*****延时函数****
void  delay(void )              //延时函数
{ uchar i;
for{i=200;  i>0;i--}{}
}
//*****中断键扫描程序*****
void  int0( )  interrupt  0  using  1
{
uchar scode;                    //定义列扫描变量
uchar *p; p=0x30;
uchar m;                        //定义行首编码变量
uchar k;                        //定义行检测码
uchar i,j;
  P1=0x0f;                      //发全列为0扫描码,行线输入
    If ((P1&0x0f)!=0x0f)        //若有键按下
    { delay();                  //延时去抖动
     if ((P1&0x0f)!=0x0f)
     {k=0x01; m=0x00;           //列扫描初值,行首码赋值
       for (i=0; i<4; i++)
         {scode=0xef;
          P1= scode;            //输出列线码
           for (j=0; j<4; j++)
           { if ((P1&k)= =0)    //本行有键按下
            { rcode=m+j;        //求键码
```

```
            while ((P1&0x0f)= =0x0f)        //等待键位释放
            return (rcode);                 //返回编码
            }
            else
            scode=scode<<1;                 //行检测码左移一位
        }
        m=m+4;                              //计算下一行的行首编码
        k= k<<1 ;                           //列扫描码左移一位
        }
    }
    return (0);                             //无键按下,返回值为 0
}
```

7.2　MCS-51 系列单片机与 LED 数码管显示接口

为了便于观察和监视单片机的运行情况，常需要用显示器显示运行的中间结果及状态等信息。单片机系统中常用到 LED 数码管作为输出显示设备。LED 数码管显示器具有使用电压低、耐振动、寿命长、显示清晰、亮度高、配置灵活、与单片机接口方便等特点，基本上能满足单片机应用系统的需要。图 7-11 所示为单片机系统硬件电路板的截图，图中含有单片微机、8 个按键、4 个 LED 数码管和一个 LCD 液晶显示屏。在熟悉了硬件电路的相应接口后，可通过对单片机的编程实现各种功能。

图 7-11　单片机系统硬件电路板的截图

7.2.1　LED 数码管的结构与原理

LED 数码管是由发光二极管按一定结构组合起来显示字段的显示器件，也称数码管。在单片机应用系统中通常使用的是 8 段式 LED 数码显示器，其外形结构和引脚如图 7-12（a）所示。它由 8 个发光二极管构成，通过不同的组合可显示 0~9、A~F 及小数点 "."等字符。其中 7 段发光二极管构成 7 笔的 "8" 字形，1 段组成小数点。

数码管有共阴极和共阳极两种结构。图 7-12（b）所示为共阴极结构，8 段发光二极管的阴极端连接在一起作为公共端，阳极端分开控制。使用时公共端接地，此时当某个发光二极管的阳极为高电平，则此发光二极管点亮。图 7-12（c）所示为共阳极结构，8 段发光二极管的阳极端连接在一起作为公共端，阴极端分开控制。使用时公共端接电源，此时当某个发光二极管的阴极为低电平（通常接地），则此发光二极管点亮。

显然，要显示某种字形就应使此字形的相应字段点亮，即从图 7-12（a）中 a~g 引脚输入不同的 8 位二进制编码，可显示不同的数值或字符。通常称控制发光二极管的 8 位数据为 "字段码"。不同数字或字符的字段码不一样，而对于同一个数字或字符，共阴极连接和共阳极连接的字段码也不一样，共阴极和共阳极的字段码互为反码，表 7-1 所示为 0~9 数字的共阴极和共阳极的字段码。

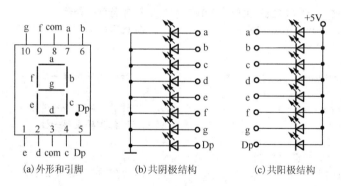

(a) 外形和引脚　　　　(b) 共阴极结构　　　　(c) 共阳极结构

图 7-12　LED 数码管

表 7-1　数字的共阴极和共阳极的字段码

显示数字	共阴顺序小数点暗		共阴逆序小数点暗		共阳顺序小数点亮	共阳顺序小数点暗
	Dp g f e d c b a	十六进制	A b c d e f g Dp	十六进制		
0	0 0 1 1 1 1 1 1	3FH	1 1 1 1 1 1 0 0	FCH	40H	C0H
1	0 0 0 0 0 1 1 0	06H	0 1 1 0 0 0 0 0	60H	69H	F9H
2	0 1 0 1 1 0 1 1	5BH	1 1 0 1 1 0 1 0	DAH	24H	A4H
3	0 1 0 0 1 1 1 1	4FH	1 1 1 1 0 0 1 0	F2H	30H	B0H
4	0 1 1 0 0 1 1 0	66H	0 1 1 0 0 1 1 0	66H	19H	99H
5	0 1 1 0 1 1 0 1	6DH	1 0 1 1 0 1 1 0	B6H	12H	92H
6	0 1 1 1 1 1 0 1	7DH	1 0 1 1 1 1 1 0	BEH	02H	82H
7	0 0 0 0 0 1 1 1	07H	1 1 1 0 0 0 0 0	E0H	78H	F8H
8	0 1 1 1 1 1 1 1	7FH	1 1 1 1 1 1 1 0	FEH	00H	80H
9	0 1 1 0 1 1 1 1	6FH	1 1 1 1 0 1 1 0	F6H	10H	90H

　　数码管按其外形尺寸有多种形式，使用较多的是 0.5"和 0.8"，显示的颜色也有多种形式，主要有红色和绿色，亮度强弱可分为超亮、高亮和普亮。数码管的正向压降一般为 1.5～2V，额定电流为 10mA，最大电流为 40mA。由显示数字或字符转换到相应的字段码的方式称为译码方式。数码管是单片机的输出显示器件，单片机要输出显示的数字或字符通常有两种译码方式：硬件译码方式和软件译码方式。

　　硬件译码方式是指用专门的显示译码芯片来实现字符到字段码的转换。硬件译码电路如图 7-13 所示。硬件译码时，要显示的一个数字，单片机只须送出这个数字的 4 位二进制编码，经 I/O 接口电路并锁存，然后通过显示译码器，就可以驱动 LED 显示器中的相应字段发光。硬件译码由于使用的硬件较多(显示器的段数和位数越多，电路越复杂)，缺乏灵活性，且只能显示十六进制数，硬件电路较为复杂。

　　软件译码方式就是通过编写软件译码程序（通常为查表程序）来得到要显示字符的字段码。由于软件译码不需外接显示

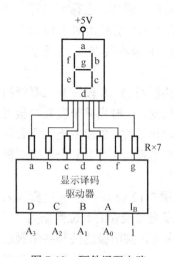

图 7-13　硬件译码电路

译码芯片，使硬件电路简单，并且能显示更多的字符，因此在实际应用系统中经常采用。

7.2.2　LED 数码管显示方式

LED 数码管的显示方式有静态显示方式和动态显示方式两种。

1. 静态显示方式

静态显示方式是指当显示器显示某个字符时，相应的字段（发光二极管）一直导通或截止，直到显示另一个字符为止。数码管工作在静态显示方式时，其公共端直接接地（共阴极）或接电源（共阳极）。每位的字段选线（a～g，dp）与一个 8 位的并行口相连，要显示字符，直接在 I/O 接口发送相应的字段码。这里的并行口可以采用并行 I/O 接口，也可以采用串入/并出的移位寄存器或其他具有三态功能的锁存器等。

图 7-14 是 4 位数码管静态显示图，图中数码管为共阴极，公共端接地，若要显示一组 4 位的数字，就需通过 4 个 8 位的输出口分别控制每个数码管的字段码，因此，在同一时刻 4 个数码管可以显示不同的字符。

静态显示接口电路在位数较多时，电路比较复杂。如 N 位静态显示器要求有 N×8 根 I/O 口线，占用 I/O 口线较多或者需要的接口芯片较多，成本也较高。因而在实际应用中常常采用动态显示方式。

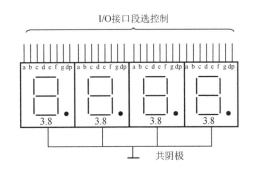

图 7-14　4 位数码管静态显示

2. 动态显示方式

LED 动态显示是将所有数码管的字段选线（a～g，dp）都并接在一起，接到一个 8 位的 I/O 接口上，每个数码管的公共端（称为位线）分别由相应的 I/O 接口线控制，图 7-15 是 1 个 8 位数码管动态显示图。

在图 7-15 中，由于每一位数码管的段选线都接在一个 I/O 口上，所以每送一个字段码，8 位数码管就显示同一个字符。为了能得到在 8 个数码管上显示不同字符的显示效果，利用人眼的视觉惰性，采用分时轮流点亮各个数码管的动态显示方式。具体方法是，从段选线 I/O 接口上按位分别送显示字符的字段码，在位选控制口也按相应次序分别选通相应的显示位（共阴极送低电平，共阳极送高电平），被选通位就显示相应字符（保持几个毫秒的延时），没选通的位不显示字符（灯熄灭），如此不断循环。从单片机工作的角度看，在一个瞬间只有一位数码管显示字符，其他位都是熄灭的，但因为人眼的视觉惰性，只要循环扫描的速度在一定频率以上，这种动态变化人眼是察觉不到的。从效果上看，就像 8 个数码管能连续和稳定地同时显示 8 个不同的字符。

LED 动态显示方式由于各个数码管共用一个段码输出口，分时轮流选通，从而大大简化了硬件电路。但这种方法的数码管接口电路中数码管也不宜太多，一般在 8 个以内，否则每个数码管所分配到的实际导通时间会太少，显得亮度不足。若数码管位数较多时应采用增加驱动能力的措施，从而提高显示亮度。

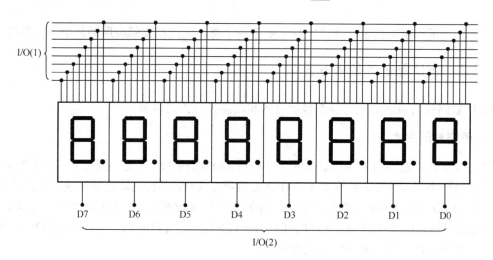

图 7-15　8 位数码管动态显示

7.2.3　LED 数码管显示接口典型应用电路

1. LED 软件译码静态显示

图 7-16 所示电路是一个简单的 LED 硬件译码静态显示接口电路。单片机的 P0 口接一个共阳极 LED 数码管的 abcdefg 7 段，接口电路中无 7 段显示译码芯片，要显示的十进制数与字段码之间的翻译工作由程序完成。

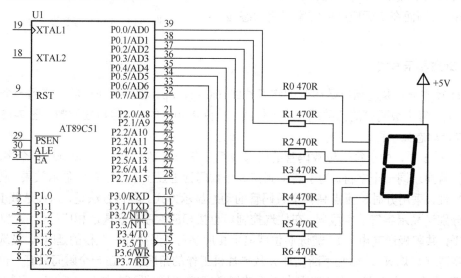

图 7-16　LED 软件译码静态显示接口电路

【例 7-5】　参照图 7-16 所示电路，在数码管上显示十进制数 5。

解：汇编参考程序如下。

```
ORG  0000H
    AJMP  MAIN
ORG  0100H
MAIN:MOV P0,#92H          ;将"5"的共阳极字段码送 P0 口
```

```
        SJMP  $
        END
```

C 语言参考程序：

```
#include<reg51.h>           //包含 51 单片机寄存器定义的头文件
void main(void)
{
  P0=0x92;                  //将"5"的共阳极字段码送 P0 口
}
```

【例 7-6】　参照图 7-16 所示电路，将 AT89C51 单片机的 P0 端口的 P0.0～P0.7 连接到一个共阳数码管的 a～h 的字段上，数码管的公共端接高电平。在数码管上循环显示十进制数 0～9。时间间隔 0.2s。

解：汇编参考程序如下。

```
ORG  0000H
     AJMP  MAIN
ORG  0100H
MAIN:MOV  A,#0              ;A 清零
     MOV  R7, #10           ;设循环次数
MOV DPTR,#TAB               ;DPTR 指向表首地址
LP:MOVC A,@A+DPTR           ;查表,循环取 0～9 的字段码
   MOV  P0,A                ;将字段码送 P0 口
   LCALL  DELAY             ;延时显示
   INC DPTR                 ;指向下一字段码
   DJNZ R7, LP              ;查循环次数是否到
   AJMP MINA                ;结束循环,又从 MAIN 开始
DELAY:MOV R4,#20            ;延时程序,给 R4 赋初值,外循环控制
DEL0:MOV R5,#20             ;给 R5 赋初值,中循环控制
DEL1:MOV R6,#250            ;给 R6 赋初值,内循环控制
DEL2:DJNZ R6, DEL2          ;R6 减 1 不为 0,继续执行改行,内循环
     DJNZ  R5, DEL1         ;R5 减 1 不为 0 跳到 DEL1 处,中循环
     DJNZ  R4, DEL0         ;R4 减 1 不为 0 跳到 DEL0 处,外循环
     RET                    ;子程序返回
TAB:DB c0H,f9H,a4H,b0H,99H,92H,82H,f8H,80H,90H      ;0～9 的共阳极段码表
END
```

C 语言参考程序：

```
#include<reg51.h>
unsigned char code Tab[10]={0xc0,0xf9,0xa4,0xb0,0x99,0x92,0x82,0xf8,0x80,
0x90};
//数码管显示 0～9 的段码表,程序运行中当数组值不发生变化时,前面加关键字 code,可以大大节
//约单片机的存储空间
void delay02s(void)                 //延时函数
  {
    unsigned char i,j,k;
    for(i=20;i>0;i--)
    for(j=20;j>0;j--)
    for(k=250;k>0;k--);
  }
void main(void)
```

```
{
  unsigned char i;

  while(1)                        //无限循环
  {
    for(i=0;i<10;i++)             //循环 10 次
      {
        P0=Tab[i];                //按顺序取数组 Tab 中 0~9 的字段码赋给 P0 口
        delay();                  //延时显示
      }
  }
}
```

图 7-17 是一个单片机串行口扩展并行口的软件译码静态显示接口电路。电路中有 3 个共阳极数码管。考虑到若采用并行 I/O 接口占用 I/O 资源较多，因此，在静态显示器接口中常采用图 7-17 所示的串行口扩展并行口方式，将串行口设置为方式 0 输出方式，外接 74LS64 移位寄存器构成显示器静态接口电路。

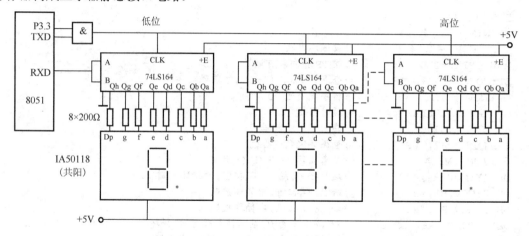

图 7-17　串行口扩展并行口静态显示接口电路

图 7-17 所示的接口电路的译码方式为软件译码，外部没有接硬件译码芯片。在编写显示程序时，建立一个数组，能依次存入所能显示的字段码。

【例 7-7】　在图 7-17 所示的接口电路上编程实现显示数字 567。

解：程序如下。

```
#include  <reg51.h>
#define  uchar  unsigned  char
sbit p1_0=p1^0;
uchar byte[7,6,5];
uchar  codevalue[10]={0xC0,0xf9,0xa4,0xb0,0x99,0x92,0x82,0xf8,0x80,0x90};
          //0~9 共阳的字段码表
void  main(void)
{p1_0=1;
  uchar  i,p,temp;
  for  (i=0;i<3;i++)
  {
  p=byte [i];
  temp=codevalue[p];
```

```
sbuf=temp;
   While(TI==0);
   TI=0;
}
   p1_0=0;
}
```

2. LED 动态显示接口电路

图 7-18 所示电路是一个 4 位 LED 数码管软件译码动态显示电路。图中单片机的 P0 口接 4 个数码管的 abcdefg 7 段上，作为字段码的输出端。P2.0～P2.3 分别接在 4 个数码管的 DS0～ DS3 公共端上，作为位线输出端。设数码管为共阴极。

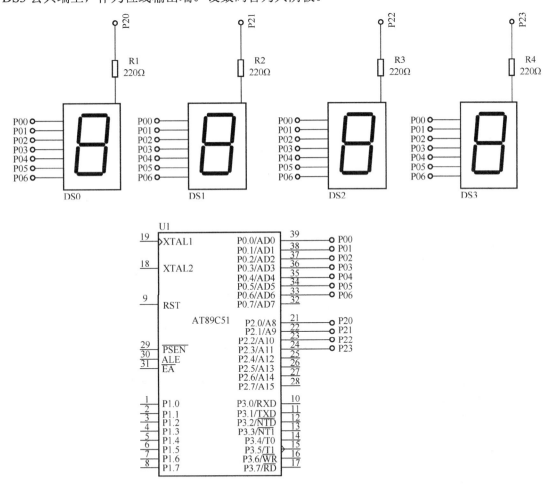

图 7-18　4 位 LED 数码管动态显示接口电路

【例 7-8】 参照图 7-18 所示电路，试编程实现在 4 个数码管上动态显示"1234"。

解：汇编参考程序如下。

```
ORG  0000H
      AJMP  START
ORG  0100H
START:MOV P2,#FEH                    ;P2.0引脚输出低电平,DS0点亮
```

```
        MOV P0,#06H                 ;数字1的段码
        LCALL  DELAY                ;延时显示
        MOV P2,#FDH                 ;P2.1引脚输出低电平,DS1点亮
        MOV P0,#5BH                 ;数字2的段码
        LCALL  DELAY                ;延时显示
        MOV P2,#FBH                 ;P2.2引脚输出低电平,DS2点亮
        MOV P0,#4FH                 ;数字3的段码
        LCALL  DELAY                ;延时显示
        MOV P2,#F7H                 ;P2.3引脚输出低电平,DS3点亮
        MOV P0,#66H                 ;数字4的段码
        LCALL  DELAY                ;延时显示
        MOV P2,#FFH
        AJMP START
END
```

C 语言参考程序：

```
#include<reg51.h>
void delay(void)                    //延时函数,延时一段时间
{
  unsigned char i,j;
   for(i=0;i<250;i++)
     for(j=0;j<250;j++);
}
void main(void)
{
  while(1)                          //无限循环
  {
   P2=0xfe;                         //P2.0引脚输出低电平,DS0点亮
   P0=0x06;                         //数字1的段码
   delay();
   P2=0xfd ;                        //P2.1引脚输出低电平,DS1点亮
    P0=0x5b;                        //数字2的段码
   delay();
    P2=0xfb;                        //P2.2引脚输出低电平,DS2点亮
    P0=0x4f;                        //数字3的段码
    delay();
   P2=0xf7;                         //P2.3引脚输出低电平,DS3点亮
   P0=0x66;                         //数字4的段码
   delay();
   P2=0xff;
  }
}
```

【例 7-9】 6 位 LED 数码管动态显示接口电路如图 7-19 所示。P0 口输出字段码，P2 口输出位线码，数码管为共阴极。试编程实现：上电后 6 个数码管上从左到右不断循环显示一个"8"字（每次只点亮一个数码管）。

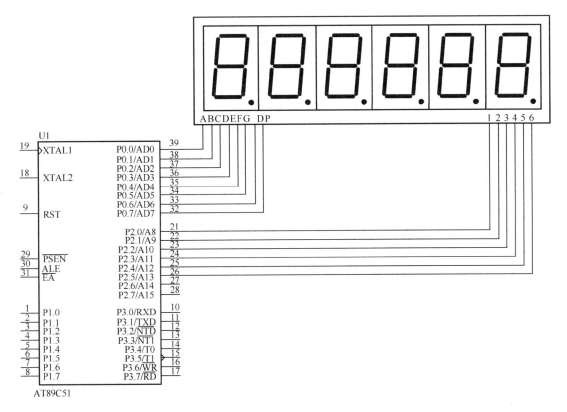

图 7-19　6 位 LED 数码管动态显示接口电路

C 语言参考程序：

```
#include <reg51.h>
#define uchar unsigned char
#define uint unsigned int
uchar code[6]={0xfe,0xfd,0xfb,0xf7,0xef,0xdf,0xbf,0x7f};      //位选码表
void delay(uint i)            //延时函数
{uint j;
for (j=0;j<i;j++){}
}
void main(void)
{ uchar k,d;
P0=0x7f;                  //8 的字段码
while(1)                  //无限循环
  {
    for(k=0; k<6; k++)
    {
      P2=code[k];          //送出位选码
      delay(200);          //延时 10ms
    }
  }
}
```

图 7-20 为 8 位软件译码动态显示电路。图中用可编程 I/O 扩展芯片 8255 扩展并行 I/O 接口连接数码管。数码管采用动态显示方式，8 位数码管的段选线并接，经 8 位集成驱动芯片

BIC8718 与 8255 的 B 口相连，8 位数码管的公共端（即各数码管的位选线）经 BIC8718 分别与 8255 的 A 口相连。设定 8255 的 A 口和 B 口都工作于方式 0 输出，则 A 口、B 口、C 口和控制口的地址分别为 7F00H、7F01H、7F02H、7F03H。

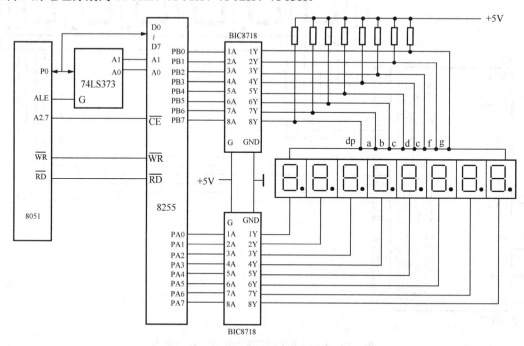

图 7-20　动态显示接口电路

【例 7-10】 LED 动态显示接口电路如图 7-20 所示。试编程实现在 8 个数码管上动态显示 0～7。（设数码管为共阴极）。

解：汇编参考程序如下（设要显示的数放在片内 RAM 67H～60H 单元中）。

```
DIS:MOV  A,#10000000B      ;8255 初始化
    MOV  DPTR,#7F03H       ;使 DPTR 指向 8255 控制寄存器端口
    MOVX @DPTR,A
    MOV  R0,#67H           ;动态显示初始化,使 R0 指向缓冲区首址
    MOV  R3,#7FH           ;首位位选字送 R3
    MOV  A,R3
LP0:MOV  DPTR,#7F00H       ;使 DPTR 指向 PA 口
    MOVX @DPTR,A           ;选通显示器低位(最右端一位)
    INC  DPTR             ;使 DPTR 指向 PB 口
    MOV  A,@R0            ;读要显示数
    ADD  A,#0DH           ;调整距段选码表首的偏移量
    MOVC A,@A+PC          ;查表取得段选码
    MOVX @DPTR,A          ;段选码从 PB 口输出
    ACALL DLY            ;调用 1ms 延时子程序
    DEC  R0             ;指向缓冲区下一单元
    MOV  A,R3           ;位选码送累加器 A
    JNB  ACC.0,LP1       ;判断 8 位是否显示完毕,显示完返回
    RR   A             ;未显示完,把位选字变为下一位选字
    MOV  R3,A          ;修改后的位选字送 R3
    AJMP LP0          ;循环实现按位序依次显示
```

```
LP1:RET
TAB:DB  3FH,06H,5BH,4FH,66H,6DH,7DH,07H     ;字段码表
    DB: 7FH,6FH,77H,7CH,39H,5EH,79H,71H
DLY:MOV R7,#02H                ;延时子程序
DLY0:MOV R6,#0FFH
DLY1:DJNZ  R6,DLY1
     DJNZ  R7,DLY0
     RET
```

C 语言参考程序如下：

```
#include  <reg51.h>
#include  <absacc.h>        //定义绝对地址访问
#define  uchar  unsigned  char
#define  uint  unsigned  int
void  delay(uint);         //声明延时函数
void  display(void);       //声明显示函数
uchar  disbuffer[8]={0,1,2,3,4,5,6,7};           //定义显示缓冲区
void  main(void)
{
XBYTE[0x7f03]=0x80;       //8255A 初始化
while(1)
{display();              //设显示函数
}
}
//***********延时函数***********
void  delay(uint  i)       //延时函数
{uint  j;
for  (j=0;j<i;j++){}
}
//**********显示函数
void  display(void)                          //定义显示函数
{uchar  codevalue[16]={0x3f,0x06,0x5b,0x4f,0x66,0x6d,0x7d,0x07,
0x7f,0x6f,0x77,0x7c,0x39,0x5e,0x79,0x71};        //0~F 的字段码表
uchar  chocode[8]={0xfe,0xfd,0xfb,0xf7,0xef,0xdf,0xbf,0x7f};    //位选码表
uchar  i,p,temp;
for  (i=0;i<8;i++)
{
p=disbuffer[i];          //取当前显示的字符
temp=codevalue[p];       //查得显示字符的字段码
XBYTE[0x7f00]=temp;      //送出字段码
temp=chocode[i];         //取当前的位选码
XBYTE[0x7f01]=temp;      //送出位选码
delay(20);              //延时 1ms
}
}
}
```

7.3　键盘、LED 数码管组合接口

图 7-21 电路是一个独立式按键与 2 位数码管组合的接口电路。

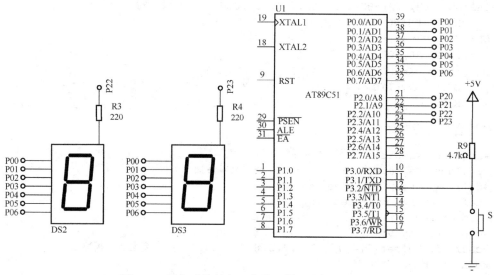

图 7-21　独立式按键与 2 位数码管组合接口电路

【例 7-11】　试根据图 7-21 电路编程实现在数码管上显示按键次数（能显示的次数小于 100）。

解：C 语言参考程序。

```
#include<reg51.h>
sbit S=P3^2;    //将S位定义为P3.2引脚
unsigned char Tab[ ]={ 0x3f,0x06,0x5b,0x4f,0x66,0x6d,0x7d,0x07,0x7f,0x6f };
                    //段码表
unsigned char x;
void delay(void)            //延时约0.6ms
  {
    unsigned char j;
      for(j=0;j<200;j++);
  }
void Display(unsigned char x)  //显示计数次数的子程序
{
    P2=0xfb;                //P2.2出低电平,DS2点亮
    P0=Tab[x/10];           //显示十位
    delay();
    P2=0xf7;                //P2.3低电平,DS3点亮
    P0=Tab[x%10];           //显示个位
    delay();
}
void main(void)
  {
   EA=1;                    //开放总中断
   EX0=1;                   //允许使用外中断
   IT0=1;                   //选择负跳变来触发外中断
    x=0;
    while(1)
    Display(x);
  }
```

```
void int0(void) interrupt 0 using 0 //外中断0的中断编号为0
{
  x++;
  if(x==100)
   x=0;
 }
```

图 7-22 是一个采用行列式键盘和 2 位 LED 数码管显示器组合的接口电路。图中设置了 16 个键。LED 显示器采用共阳极。字段码由 P0 口提供，位选码由 P2 口提供。键盘的列输入由 P1 口的高 4 位提供，键盘的行输入由 P1 口的低 4 位提供。

【例 7-12】 参照图 7-22，编程实现行列式键盘按键值的数码管显示（即按下 S1 键，数码管显示 1，按下 S2 键，数码管显示 2，依次类推，按下 S16 键，数码管显示 16）。

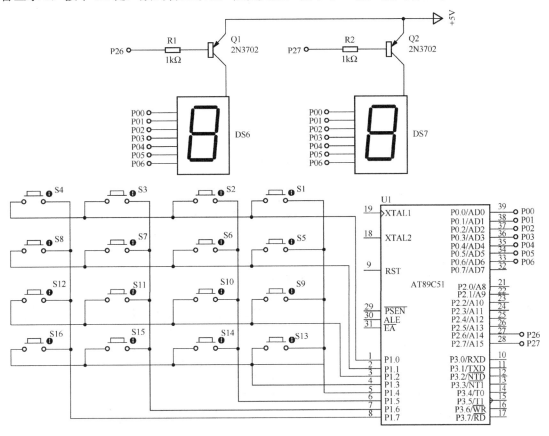

图 7-22　行列式键盘和 2 位 LED 数码管显示器组合的接口电路

解：C 语言参考程序如下。

```
#include<reg51.h>              //包含51单片机寄存器定义的头文件
sbit P14=P1^4;                 //将P14位定义为P1.4引脚
sbit P15=P1^5;                 //将P15位定义为P1.5引脚
sbit P16=P1^6;                 //将P16位定义为P1.6引脚
sbit P17=P1^7;                 //将P17位定义为P1.7引脚
unsigned char code Tab[]={0xc0,0xf9,0xa4,0xb0,0x99,0x92,0x82,0xf8,0x80,0x90};
                               //数字0~9的段码
unsigned char keyval;          //定义变量储存按键值
```

```
void led_delay(void)                //数码管动态扫描延时
    {
        unsigned char j;
        for(j=0;j<200;j++);
    }
void display(unsigned char k)       //按键值的数码管显示子程序
  {
    P2=0xbf;                        //点亮数码管 DS6
    P0=Tab[k/10];                   //显示十位
    led_delay();                    //动态扫描延时
    P2=0x7f;                        //点亮数码管 DS7
    P0=Tab[k%10];                   //显示个位
    led_delay();                    //动态扫描延时
  }
void delay20ms(void)                //软件延时子程序
  {
    unsigned char i,j;
      for(i=0;i<100;i++)
        for(j=0;j<60;j++);
  }
  void main(void)
  {
    EA=1;                           //开总中断
    ET0=1;                          //定时器 T0 中断允许
    TMOD=0x01;                      //使用定时器 T0 的模式 1
    TH0=(65536-500)/256;            //定时器 T0 的高 8 位赋初值
    TL0=(65536-500)%256;            //定时器 T0 的高 8 位赋初值
    TR0=1;                          //启动定时器 T0
    keyval=0x00;                    //按键值初始化为 0
    while(1)                        //无限循环
      {
          display(keyval);          //调用按键值的数码管显示子程序
      }
  }
/*************************************************************
函数功能:定时器 0 的中断服务子程序,进行键盘扫描,判断键位
**************************************************************/
void time0_interserve(void) interrupt 1 using 1  //定时器 T0 的中断编号为 1,
                                                 //使用第一组寄存器
  {
    TR0=0;                          //关闭定时器 T0
    P1=0xf0;                        //所有行线置为低电平"0",所有列线置为高电平"1"
  if((P1&0xf0)!=0xf0)               //列线中有一位为低电平"0",说明有键按下
    delay20ms();                    //延时一段时间、软件消抖
  if((P1&0xf0)!=0xf0)               //确实有键按下
  {
    P1=0xfe;                        //第一行置为低电平"0"(P1.0 输出低电平"0")
    if(P14==0)                      //如果检测到接 P1.4 引脚的列线为低电平"0"
      keyval=1;                     //可判断是 S1 键被按下
      if(P15==0)                    //如果检测到接 P1.5 引脚的列线为低电平"0"
```

```
            keyval=2;                    //可判断是 S2 键被按下
        if(P16==0)                       //如果检测到接 P1.6 引脚的列线为低电平"0"
            keyval=3;                    //可判断是 S3 键被按下
        if(P17==0)                       //如果检测到接 P1.7 引脚的列线为低电平"0"
            keyval=4;                    //可判断是 S4 键被按下
    P1=0xfd;                             //第二行置为低电平"0"(P1.1 输出低电平"0")
        if(P14==0)                       //如果检测到接 P1.4 引脚的列线为低电平"0"
            keyval=5;                    //可判断是 S5 键被按下
        if(P15==0)                       //如果检测到接 P1.5 引脚的列线为低电平"0"
            keyval=6;                    //可判断是 S6 键被按下
        if(P16==0)                       //如果检测到接 P1.6 引脚的列线为低电平"0"
            keyval=7;                    //可判断是 S7 键被按下
        if(P17==0)                       //如果检测到接 P1.7 引脚的列线为低电平"0"
            keyval=8;                    //可判断是 S8 键被按下
    P1=0xfb;                             //第三行置为低电平"0"(P1.2 输出低电平"0")
        if(P14==0)                       //如果检测到接 P1.4 引脚的列线为低电平"0"
            keyval=9;                    //可判断是 S9 键被按下
        if(P15==0)                       //如果检测到接 P1.5 引脚的列线为低电平"0"
            keyval=10;                   //可判断是 S10 键被按下
        if(P16==0)                       //如果检测到接 P1.6 引脚的列线为低电平"0"
            keyval=11;                   //可判断是 S11 键被按下
        if(P17==0)                       //如果检测到接 P1.7 引脚的列线为低电平"0"
            keyval=12;                   //可判断是 S12 键被按下
    P1=0xf7;                             //第四行置为低电平"0"(P1.3 输出低电平"0")
        if(P14==0)                       //如果检测到接 P1.4 引脚的列线为低电平"0"
            keyval=13;                   //可判断是 S13 键被按下
        if(P15==0)                       //如果检测到接 P1.5 引脚的列线为低电平"0"
            keyval=14;                   //可判断是 S14 键被按下
        if(P16==0)                       //如果检测到接 P1.6 引脚的列线为低电平"0"
            keyval=15;                   //可判断是 S15 键被按下
        if(P17==0)                       //如果检测到接 P1.7 引脚的列线为低电平"0"
            keyval=16;                   //可判断是 S16 键被按下
    }
    TR0=1;                               //开启定时器 T0
    TH0=(65536-500)/256;                 //定时器 T0 的高 8 位赋初值
    TL0=(65536-500)%256;                 //定时器 T0 的高 8 位赋初值
}
```

本章小结 ✏

（1）非编码键盘分为独立式和矩阵式键盘。独立式键盘是每一个按键都单独连接到单片机的一条输入口线上，键越多，需要的输入口线越多，适用于按键不多的应用场合。矩阵式键盘是将按键照行、列排成矩阵，适用于按键较多的应用场合。

（2）LED 显示器有共阴极和共阳极两种形式。按照显示方式的不同可分为静态显示和动态显示。静态显示方式是在 LED 数码管显示某一数码时，加在数码管上的段码保持不变。动态显示方式是将所有数码管的段码线对应并联在一起，由一个 8 位的输出口控制，每位数码管的公共端（称为位线）分别由一位输出线来控制。显示时，由位线控制逐个循环点亮各位显示器。

习　题　7

7-1　键抖动对单片机系统有何影响？有哪些消除抖动的方法？

7-2　简述单片机对矩阵式键盘的扫描过程并画出流程图。

7-3　请自己设计 3×3 矩阵式键盘的硬件接口电路，试编制相应的键盘扫描程序。

7-4　共阴极数码管与共阳极数码管有何区别？

7-5　修改本章例 7-8 的程序，用数组表的方式编程实现在图 7-18 所示电路上动态显示"1234"。

7-6　参照图 7-18 动态显示接口电路，试编写一段程序，在 6 个数码管上从右到左依次显示一个"3"字，直至出现 6 个"3"字为止。

7-7　参照上题编写一段程序，在 6 个数码管上从左到右循环显示一个"8"字（每次只点亮一个数码管）。

7-8　试编写一段程序，在图 7-18 所示的动态显示接口电路上先从左到右循环显示一个 P字，循环 3 次后，显示自己学号的后 6 位。

第8章 MCS-51 系列单片机 与 A/D、D/A 转换器 接口

▶ **学习目标** ◀

通过本章的学习，了解单片机在用于实时控制和智能仪表等应用系统时，如何将数据采集到的被检测信号(常常是连续变化的模拟量，如温度、压力、速度流量等物理量)经模/数（A/D）转换成数字量送给单片机处理。单片机处理后的数字量如何经数/模（D/A）转换成电压、电流等模拟量控制执行部件。重点理解单片机与 A/D 和 D/A 转换器的接口技术。

8.1 MCS-51 系列单片机与 A/D 转换器接口

模/数（A/D）、数/模（D/A）转换技术在数字测量和数字控制技术中非常重要。本节着重从应用角度分析典型的 A/D 转换芯片与 80C51 的接口逻辑电路，以及相应的程序设计。例如，空调的温度控制系统如图 8-1 所示。由温度传感器将室温转变为相应的电信号，经放大器放大后送给模/数（A/D）转换器，将电压转换成相应的数字量送给单片机处理，至此单片机前置通道完成了数据采集的工作。单片机将实测的室温与接收到的遥控器设定的温度相比较后，判断实测的室温与设定值的差距，输出相应的数字量，经数/模（D/A）转换为相应的电压，放大后控制执行部件，以达到自动控制温度的目的。

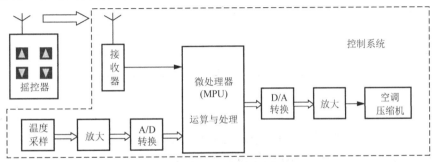

图 8-1 空调的温度控制系统

8.1.1 A/D 转换器 ADC0809 简介

ADC0809 是 CMOS 单片机逐次逼近型 8 位 A/D 转换器，共有 28 个引脚，双列直插式封装。片内除 A/D 转换部分外，还具有 8 路模拟量输入通道，带通道地址译码锁存器，输出带三态数据锁存器，有转换启动控制和转换结束标志。模拟输入电压范畴为 0～+5V，转换时间为 100μs，ADC0809 的外部引脚和内部结构如图 8-2 所示。

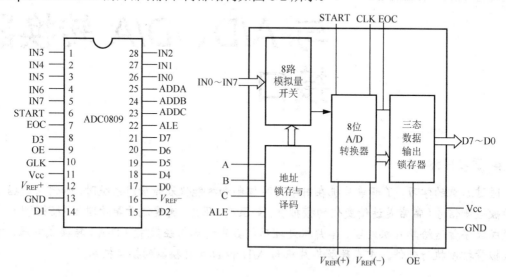

图 8-2 ADC0809 的外部引脚和内部结构图

IN0～IN7：8 路模拟量输入端。

D0～D7：8 位数字量输出端。

ADDA、ADDB、ADDC：3 位地址输入线，用于选择 8 路模拟通道中的一路，选择情况见表 8-1。

表 8-1 ADC0809 通道地址选择表

ADDC	ADDB	ADDA	选择通道
0	0	0	IN0
0	0	1	IN1
0	1	0	IN2
0	1	1	IN3
1	0	0	IN4
1	0	1	IN5
1	1	0	IN6
1	1	1	IN7

ALE：地址锁存信号输入端。高电平时把 3 个地址信号 A、B、C 送入地址锁存器，并经过译码器得到地址输出，以选择相应的模拟输入通道。

START：转换的启动信号输入端。加上正脉冲后，A/D 转换才开始进行（在正脉冲的上升沿，所有内部寄存器清 0；在正脉冲的下降沿，开始进行 A/D 转换。在此期间 START 应保持低电平）。

EOC：转换结束信号输出端。在 START 下降沿后 10μs 左右，EOC 为低电平，表示正在进行转换；转换结束时，EOC 返回高电平，表示转换结束。EOC 常用于 A/D 转换状态的查询或作中断请求信号。

OE：输出允许控制输入端。OE 直接控制三态输出锁存器输出数字信息，高电平有效。当转换结束后，如果从该引脚输入高电平，则打开输出三态门，允许转换后结果从 D0～D7 送出。若 OE 输入 0，则数字输出口为高阻态。

CLK：时钟信号输入端。ADC 内部没有时钟电路，故需外加时钟信号。其最大允许值为 640kHz，在实用中，需将主机的脉冲信号降频后接入。

REF+、REF−：基准电压输入端。

Vcc：电源，接+5V 电源。

GND：地。

ADC0809 的工作流程：

ADDA、ADDB、ADDC 输入的通道地址在 ALE 有效时被锁存，经地址译码器译码从 8 路模拟通道中选通一路。

启动信号 START（高脉冲）的上升沿使逐次逼近寄存器复位，下降沿启动 A/D 转换，并使 EOC 信号在 START 的下降沿到来 10μs 后变为无效的低电平，这要求查询程序待 EOC 无效后再开始查询。

当转换结束时，转换结果送入到输出三态锁存器中，并使 EOC 信号为高电平。通知 CPU 已转换结束。

当 CPU 执行一条读数据指令后，使 OE 为高电平，则从输出端 D0～D7 读出数据。

8.1.2　ADC 0809 与 MCS-51 系列单片机的接口

1. 硬件连接

图 8-3 是一个 ADC0809 与 8051 的一个典型的接口电路。

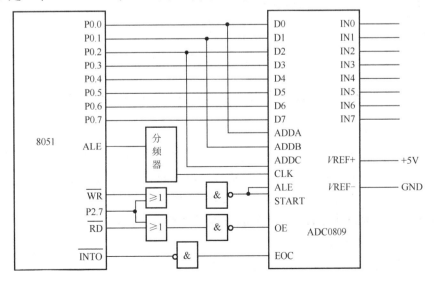

图 8-3　ADC0809 与 8051 的接口电路

在图 8-3 中，ADC0809 的时钟由 8051 输出的 ALE 信号二分频后提供。因为 ADC0809 的最高时钟频率为 640kHz，ALE 信号的频率是晶振频率的 1/6，若晶振频率为 6MHz，则 ALE 的频率为 1MHz，所以 ALE 信号要分频后再送给 ADC0809。

通道地址由 8051 的 P0 口的低 3 位直接提供。由于 ADC0809 的地址锁存器具有锁存功能，所以 P0.0、P0.1 和 P0.2 可以不需要锁存器而直接与 ADC0809 的 ADDA、ADDB、ADDC 连接。根据图 8-3 的连接方法，8 个模拟输入通道的地址分别为 0000H～0007H。

8051 通过地址线 P2.7 和读、写信号线来控制 ADC0809 的锁存信号 ALE、启动信号 START、输出允许信号 OE。锁存信号 ALE 和启动信号 START 连接在一起，锁存的同时进行启动。当 P2.7 和写信号同时为低电平时，锁存信号 ALE 和启动信号 START 有效，通道地址送地址锁存器锁存，同时启动 ADC0809 开始转换。

当转换结束，要读取转换结果时，只要 P2.7 和读信号同为低电平，输出允许信号 OE 有效，转换的数字量就通过 D0～D7 输出。

2. A/D 转换应用程序举例

A/D 转换有两种结构的程序：一种是采用查询方式结构的程序；另一种是采用中断方式结构的程序。

【例 8-1】 设图 8-3 接口电路用于一个 8 路模拟量输入的巡回检测系统，分别使用查询和中断方式采样数据，把采样转换所得的数字量按序存于片内 RAM 的 30H～37H 单元中。采样完一遍后停止采集。

1）查询方式结构的程序

设数据暂存区的首地址为 30H；需要进行 A/D 转换的模拟信号的通道个数 N 为 8。

```
ADST:MOV R1,#30H        ;设置数据存储区的首地址
     MOV DPTR,#7FF8H    ;设置第一个模拟信号通道 IN0 的地址指针
     MOV R2,#08H        ;设置待转换的通道个数
LOOP: MOVX @DPTR,A      ;启动 A/D 转换器
     ...               ;延时至 A/D 转换完毕(约 10μs)
     MOVX A,@DPTR       ;CPU 读取转换结果
     MOV @R1,A          ;结果送入 0A0H 单元中
     INC DPTR           ;指向下一个模拟信号通道
     INC R1             ;修改数据存储区的地址
     DJNZ R2,LOOP       ;若还未转换完 8 路通道的信号则转至 LOOP 处继续转换
```

以上程序仅对 8 路通道的模拟量进行了一次 A/D 转换，实用中则要反复多次的或者定时的循环检测转换。

2）中断方式结构的程序

在图 8-3 中，转换结束信号 EOC 与 8051 的外中断 $\overline{\text{INT1}}$ 相连，由于逻辑关系相反，电路中通过非门连接，当转换结束时 EOC 为高电平，经反向后，向 8051 单片机发出中断请求，CPU 相应中断后，在中断服务程序中通过读操作来取得转换的结果。

中断方式结构的程序由主程序和中断服务程序合成，中断源设为 $\overline{\text{INT1}}$。

```
     ORG     0000H
     AJMP    ADST
     ORG     0003H
     AJMP    ZDFW
```

```
;****************** 主程序 (初始化程序) ******************
        ORG    0100H
ADST: MOV R1,#30H                    ;设置数据存储区的首地址
      MOV R2,#08H                    ;设置待转换的通道个数
      SETB IT1                      ;将中断源INT1设为下降沿触发
      SETB EA                       ;设为允许中断(总允许)
      SETB EX1                      ;设中断源INT1为允许中断
      MOV DPTR,#07FF8H              ;设置第一个模拟信号通道IN0的地址指针
      MOVX @DPTR,A                  ;启动A/D转换器,A的值无意义
LOOP: SJMP  LOOP                    ;等待中断
;********************** 中断服务子程序 ***********************8
        ORG    1000H
ZDFW: MOVX A,@DPTR                  ;CPU读取转换结果
      MOVX @R1,A                    ;结果送入数据存储区的单元中
      INC  DPTR                     ;指向下一个模拟信号通道
      INC  R1                       ;修改数据存储区的地址
      DJNZ R2,  INT0                ;8路未转完,则转INT0继续
      CLR  EA                       ;已转完,关中断
      CLR  EX0
INT0: MOVX @DPTR,A                  ;启动A/D转换器的下一个通道
      RETI                          ;中断返回
```

C 语言参考程序:

```c
#include  <reg51.h>
#include  <absacc.h>              //定义绝对地址访问
#define  uchar unsigned char
#define  IN0 XBYTE[0x0000]        //定义IN0为通道0的地址
static uchar  data  x[8];         //定义8个单元的数组,存放结果
uchar  xdata  *ad_adr;            //定义指向通道的指针
uchar  i=0;
void  main(void)
{
ITO=1;                            //初始化
EX0=1;
EA=1;
i=0;
ad_adr=&IN0;                      //指针指向通道0
*ad_adr=i;                        //启动通道0转换
for  (;;)  {;}                    //等待中断
}
void  int_adc(void)  interrupt  0 //中断函数
{
x[i]=*ad_adr;                     //接收当前通道转换结果
i++;
ad_adr++;                         //指向下一个通道
if  (i<8)
{
```

```
*ad_adr=i;                        //8个通道未转换完,启动下一个通道返回
}
else
{
EA=0;EX0=0;                       //8个通道转换完,关中断返回
}
}
```

8.1.3 AD574 转换器与 51 系列单片机的接口

1. AD574 芯片简介

AD574 是一种快速的 12 位逐次比较式 A/D 转换芯片，片内有两片双极型电路组成的 28 脚双插直列式芯片，无需外接元器件就可独立完成 A/D 转换功能。内部设有三态数据输出锁存器。一次转换时间为 25μs。芯片引脚如图 8-4 所示，AD574 控制信号状态见表 8-2。

表 8-2　AD574 控制信号状态

CE	$\overline{CS}$	R/$\overline{C}$	12/$\overline{8}$	A0	功能说明
1	0	0	×	0	12 位转换
1	0	0	×	1	8 位转换
1	0	1	+5	×	12 位输出
1	0	1	地	0	高 8 位输出
1	0	1	地	1	低 4 位输出

AD574 的引脚定义如下：

REFOUT：内部参考电源输出（+10 V）；

REFIN：参考电压输入；

BIP：偏置电压输入；

10VIN：±5 V 或 0～10 V 模拟输入；

20VIN：±10 V 或 0～20 V 模拟输入；

DB0～DB11 数字量输出，高半字节为 DB8～DB11，低字节为 DB0～DB7；

STS：工作状态指示端。STS=1 时表示转换器正处于转换状态，STS 返回到低电平时，表示转换完毕。该信号可处理器作为中断或查询信号用；

12/$\overline{8}$：变换输出字长选择控制端，在输入为高电平时，变换字长输出为 12 位，在低电平时，按 8 位输出；

$\overline{CS}$、CE：片选信号。当 CS=0、CE=1 同时满足时，AD574 才能处于工作状态。

R/$\overline{C}$：数据读出和数据转换启动控制；

A0：字节地址控制。它有两个作用，在启动 AD574（R/$\overline{C}$=0）时，用来控制转换长度。A=0 时，按完整

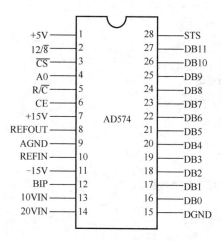

图 8-4　AD574 引脚图

的 12 位 A/D 转换方式工作，A=1 时，则按 8 位 A/D 转换方式工作。在 AD574 处于数据读出工作状态（R/$\overline{\text{C}}$=1）时，A0 和 12/$\overline{8}$ 成为输出数据格式控制。AD574 控制信号各状态见表 8-2。

AD574 有两个模拟电压输入引脚：10VIN 和 20VIN，具有 10V 和 20V 的动态范围。这两个引脚的输入电压可以是单极性的，也可以是双极性的，是由用户改变输入电路的连接形式来进行选择的。图 8-5（a）是单极性输入情况；图 8-5（b）是双极性输入情况。

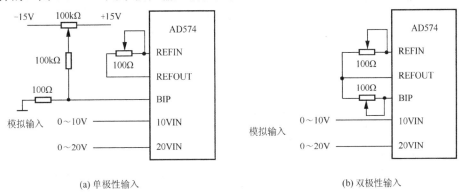

(a) 单极性输入　　　　　　　　　　(b) 双极性输入

图 8-5　AD574 模拟输入电路

2. AD574 与 80C51 单片机接口

图 8-6 是 AD574 与 8051 单片机接口电路，因为 51 系列单片机是 8 位机，如果 AD574 启动为 12 位转换方式，这对转换结果只能按双字节分时读入，所以引脚 12/$\overline{8}$ 接地；AD574 的高 8 位数据线接单片机的数据线，低 4 位数据线接单片机的低 4 位数据线；AD574 的 CE 信号要求无论是单片机对其启动控制还是对转换结果的读入都应为高电平有效，所以 $\overline{\text{WR}}$ 和 $\overline{\text{RD}}$ 通过"与非"逻辑接 CE 信号；AD574 的 STS 信号接单片机的一根 I/O 线，单片机对转换结果的读入采用查询方式。

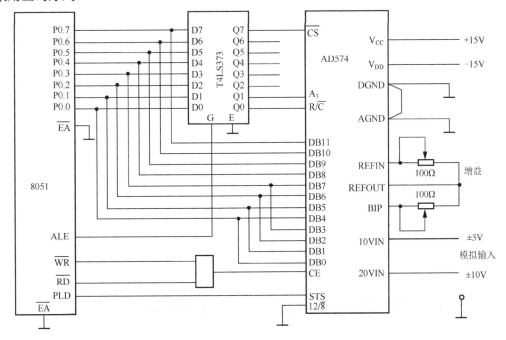

图 8-6　AD574 与 8051 单片机接口电路

3. AD574 转换程序设计举例

【例8-2】 设要求 AD574 进行 12 位转换，单片机对转换结果读入，高 8 位和低 4 位分别存于片内 RAM 的 51H 和 50H 单元，编写其相应的转换子程序。

```
ADTRANS:MOV  R0,#7CH    ;7CH 地址使 AD574 的 CS=0、A0=0、R/C=0
        MOV  R1,#51H    ;R1 指向转换结果的送存单元地址
        MOVX @R0,A      ;产生有效的 WR 信号,启动 AD574 为 12 位工作方式
        MOV  A,P1       ;读 P1 口,检测 STS 的状态
WAIT:   ANL  A,#01H
        JNZ  WAIT       ;转换未结束,等待,转换结束则进行如下操作
        INC  R0         ;使 CS=0、A0=0、R/C=1,为按双字节读取转换结果,并读高字节
        MOVX A,@R0      ;读取高 8 位转换结果
        MOV  @R1,A      ;送存高 8 位转换结果
        DEC  R1         ;R1 指向低 4 位转换结果存放单元地址
        INC  R0
        INC  R0         ;(R0)=7FH,使 CS=0、A0=1、R/C=1,为读低字节
        MOVX A,@R0      ;读取低 4 位转换结果
        ANL  A,#0FH     ;只取低 4 位结果
        MOV  @R1,A      ;送存低 4 位结果
        RET
```

C 语言参考程序：

把启动 AD574 进行一次转换作为一独立函数，调用这个函数可得转换结果。

```
#include <reg51.h>
#include <absacc.h>                  //定义绝对地址访问
#define uchar unsigned char
#define ADCOM  XBYTE[0xff7c]         //A0=0,R/C=0,CS=0
#define ADLO   XBYTE[0xff7f]         //R/C=1,A0=1,CS=0
#define ADHI   XBYTE[0xff7d]         //R/C=1,A0=0,CS=0
Sbit  r=P3^7;
Sbit  w=P3^6;
Sbit  adbusy=P1^0;

Uint  ad574(void)                    //AD574 转换函数
{
r=0;                                 //产生 CE=1
w=0;
ADCOM=0                              //启动转换
while (adbusy==1);                   //等待转换结束
return ((uint)( ADHI<<4)+ ADLO&0x0f); //返回 12 位采样值
}
main()
{ uint idata result;
  Return= ad574( );                  //启动 AD574 进行一次转换,得转换结果
  }
```

8.2 MCS-51 系列单片机与 D/A 转换接口

单片机处理的是数字量，而单片机应用系统中控制的很多控制对象都是通过模拟量控制

的，因此，单片机输出的数字信号必须经过模/数（D/A）转换器转换成模拟信号后，才能送给控制对象进行控制。D/A 转换器实现了将数字量转换成模拟量。

8.2.1　D/A 转换器 DAC0832 简介

DAC0832 是 CMOS 工艺制造的 8 位单片 D/A 转换器，芯片采用的是双直列插封装结构，是一种电流型 D/A 转换器，数字输入端具有双重缓冲功能，可以双缓冲、单缓冲或直通方式输入，它的外部引脚和内部结构如图 8-7 所示。

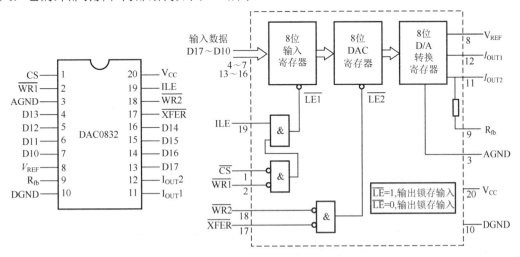

图 8-7　DAC0832 外部引脚和内部结构

功能特点：可与所有的单片机或微处理器直接接口，也可单独使用。电流稳定时间为 1ms，200mW 低功耗，逻辑电平输入与 TTL 兼容。

1．引脚功能

DAC0832 有 20 个引脚，其功能分别如下所述。

DI0～DI7（DI0 为最低位）：8 位数字量输入端。

ILE：数据允许控制输入线，高电平有效。在图 8-7 所示的内部结构中，$\overline{LT1}$、$\overline{LT2}$ 为内部两个寄存器的输入锁存端。其中 $\overline{LT1}$ 由 ILE、$\overline{CS}$、$\overline{WR1}$ 确定，$\overline{LT2}$ 由 $\overline{WR2}$、$\overline{XFER}$ 确定：

① 当 $\overline{LT1} = ILE \cdot \overline{\overline{CS}} \cdot \overline{\overline{WR1}} = 0$ 时，8 位输入寄存器的输出跟随输入变化；

当 $\overline{LT1} = ILE \cdot \overline{\overline{CS}} \cdot \overline{\overline{WR1}} = 1$ 时，数据锁存在输入寄存器中，不再变化。

② 当 $\overline{LT2} = \overline{\overline{WR2}} \cdot \overline{\overline{XFER}} = 0$ 时，8 位 DAC 寄存器的输出跟随输入变化；

当 $\overline{LT2} = \overline{\overline{WR2}} \cdot \overline{\overline{XFER}} = 1$ 时，数据锁存在 DAC 寄存器中，不再变化。

$\overline{CS}$：片选信号。

$\overline{WR1}$：写信号线 1。

$\overline{WR2}$：写信号线 2。

$\overline{XFER}$：数据传送控制信号输入线，低电平有效。

IOUT1：模拟电流输出线 1。它是数字量输入为 1 的模拟电流输出端。

IOUT2：模拟电流输出线 2，它是数字量输入为 0 的模拟电流输出端，采用单极性输出时，IOUT2 常常接地。

Rfb：片内反馈电阻引出线，反馈电阻制作在芯片内部，用做外接的运算放大器的反馈电阻。

V_{REF}：基准电压输入线。电压范围为 $-10V \sim +10V$。

Vcc：工作电源输入端，可接 $+5V \sim +15V$ 电源。

AGND：模拟地。

DGND：数字地。

2. DAC0832 的工作方式

DAC0832 有三种方式：直通方式、单缓冲方式和双缓冲方式。

1）直通方式

当引脚 $\overline{CS}$、$\overline{WR1}$、$\overline{WR2}$、$\overline{XFER}$ 直接接地，ILE 接电源，DAC0832 工作于直通方式，此时，8 位输入寄存器和 8 位 DAC 寄存器都直接处于导通状态，8 位数字量到达 DI0～DI7，就立即进行 D/A 转换，从输出端得到转换的模拟量。

2）单缓冲方式

当连接引脚 $\overline{CS}$、$\overline{WR1}$、$\overline{WR2}$、$\overline{XFER}$ 使得两个锁存器的一个处于直通状态，另一个处于受控制状态，或者两个被控制同时导通，DAC0832 就工作于单缓冲方式，图 8-8 就是一种单缓冲方式的连接。DAC0832 是电流型 D/A 转换电路，输入数字量，输出模拟量，通过运算放大器将电流信号转换成单端电压信号输出。由于输出的模拟信号，极易受到电源和数字信号的干扰而发生波动，因此为提高模拟信号的精度，一方面将"数地"（DGND）和"模地"（AGND）分开（各自独立），另一方面采用了高精度的 V_{REF} 基准电源与"模地"配合使用。

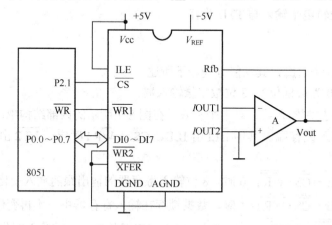

图 8-8　单缓冲方式的连接

3）双缓冲方式

当 8 位输入锁存器和 8 位 DAC 寄存器分开控制导通时，DAC0832 工作于双缓冲方式，双缓冲方式时单片机对 DAC0832 的操作分两步，第一步，使 8 位输入锁存器导通，将 8 位数字量写入 8 位输入锁存器中；第二步，使 8 位 DAC 寄存器导通，8 位数字量从 8 位输入锁存器送入 8 位 DAC 寄存器。第二步只让 DAC 寄存器导通，在数据输入端写入的数据无意义。图 8-9 就是一种双缓冲方式的连接。

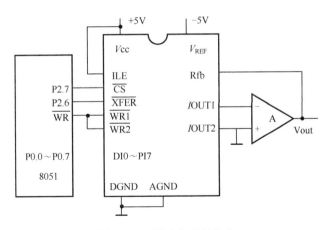

图 8-9　双缓冲方式的连接

8.2.2　DAC0832 与 51 型单片机的接口实例

8051 单片机与 DAC0832 的接口单缓冲连接电路如图 8-8 所示。图中，$\overline{WR2}$、$\overline{XFER}$ 直接接地，ILE 接电源，$\overline{WR1}$ 接 8051 的 $\overline{WR}$，$\overline{CS}$ 接 8051 的 P2.7。只要数据写入 DAC0832 的 8 位输入锁存器，就立即开始转换，转换结果通过输出端输出。根据图 8-8 的连接，DAC0832 的口地址为 7FFFH（P2.7=0）。执行下列三条指令就可以将一个数字量转换为模拟量：

```
MOV   DPTR,#7FFFH        ;端口地址送 DPTR
MOV   A,#DATA            ;8 位数字量送累加器
MOVX  @DPTR,A            ;向锁存器写入数字量,同时启动转换
```

D/A 转换芯片除了用于输出模拟量控制电压外，也常用于产生各种波形。

【例 8-3】 根据图 8-8 的接口电路，分别编写从 DAC0832 输出端产生锯齿波、三角波和方波的程序段。

解：（1）锯齿波。

汇编语言参考程序：

```
MOV DPTR,#7FFFH
CLR A
LOOP: MOVX @DPTR,A
INC A
SJMP LOOP
```

C 语言参考程序：

```
#include <reg51.h>
#include <absacc.h>        //定义绝对地址访问
#define uchar unsigned char
#define DAC0832 XBYTE[0x7FFF]
void main()
{
uchar i;
while(1)
{
for (i=0;i<0xff;i++)
```

```
{DAC0832=i;}
 }
}
```

（2）三角波。

汇编语言参考程序：

```
MOV  DPTR,#7FFFH
CLR  A
LOOP1:MOVX  @DPTR,A
INC  A
CJNE  A,#0FFH,LOOP1
LOOP1:MOVX  @DPTR,A
DEC  A
JNZ  LOOP2
SJMP  LOOP1
```

C 语言参考程序：

```
#include  <reg51.h>
#include  <absacc.h>        //定义绝对地址访问
#define  uchar  unsigned  char
#define  DAC0832  XBYTE[0x7FFF]
void  main()
{
uchar  i;
while(1)
{
for (i=0;i<0xff;i++)
{DAC0832=i;}
for (i=0xff;i>0;i--)
{DAC0832=i;}
 }
}
```

（3）方波。

汇编语言参考程序：

```
MOV  DPTR,#7FFFH
LOOP:MOV  A,#00H
MOVX  @DPTR,A
ACALL  DELAY
MOV  A,#FFH
MOVX  @DPTR,A
ACALL  DELAY
SJMP  LOOP
DELAY:MOV  R7,#0FFH
DJNZ  R7,$
RET
```

C 语言参考程序：

```
#include  <reg51.h>
#include  <absacc.h>              //定义绝对地址访问
```

```
#define  uchar  unsigned  char
#define  DAC0832  XBYTE[0x7FFF]
void  delay(void);
void  main()
{
uchar  i;
while(1)
{
DAC0832=0;                    //输出低电平
delay();                      //延时
DAC0832=0xff;                 //输出高电平
delay();                      //延时
}
}
void  delay()                 //延时函数
{
uchar  i;
for (i=0;i<0xff;i++) {;}
}
```

仿照上例的编程方法，只要稍加变化就可编写出其他所需的各种波形（如梯形波、不同占空比的矩形波或组合波形等）。

在单片机应用系统中，如需同时输出多路模拟信号，这时的 D/A 转换器就必须采用双缓冲工作方式。图 8-9 是一个两路模拟信号同步输出的 D/A 转换接口电路。图中两片 D/A 转换器的片选端 $\overline{CS}$ 分别接在单片机的 P2.5 和 P2.6 引脚上，而 $\overline{CS}$ 是控制输入寄存器的，所以，两片 D/A 转换器的输入寄存器地址为 0DFFFH（P2.5=0）和 0BFFFH（P2.6=0）。而这两片 D/A 转换器的 DAC 寄存器的控制端口 $\overline{XFER}$ 都接在单片机的 P2.7 上，所以它们的共同编址为 7FFFH。

在图 8-10 电路中，单片机数据总线分时向两路 D/A 转换器输入要转换的数字量并锁存在各自的输入寄存器中，然后单片机对两路 D/A 转换器发出控制信号，使两片 D/A 转换器输入寄存器中的数据打入 DAC 寄存器，从而实现同步输出。更多路时接法可依此类推。

【例 8-4】 硬件接口电路如图 8-10 所示，设两片 0832 转换器的模拟输出分别用于示波器的 X、Y 偏转，试编程实现示波器上的光点根据参数 X、Y 的值同步移动。

解：汇编参考程序。

```
MOV  DPTR,#0DFFFH
MOV  A,#X
MOVX @DPTR,A          ;将参数 X 写入 DAC(1)的数据输入锁存器
MOV  DPTR,#0BFFFH
MOV  A,#Y
MOVX @DPTR,A          ;将参数 Y 写入 DAC(1)的数据输入锁存器
MOV  DPTR,#7FFFH
MOVX @DPTR,A          ;两片 DAC 同时启动转换,同步输出
SJMP  $
```

C 语言参考程序：

```
#include  <reg51.h>
#include  <absacc.h>      //定义绝对地址访问
```

```
#define  INPUTR1   XBYTE[0xdfff]
#define  INPUTR2   XBYTE[0xbfff]
#define  DACR   XBYTE[0x7FFF]
#define  uchar   unsigned char
void dac2b(data1,data2)
uchar  data1,data2;
{
INPUTR1= data1;         //送数据到一片 DAC0832
INPUTR2= data2;         //送数据到另一片 DAC0832
DACR=0;                 //启动两路D/A同时转换
}
```

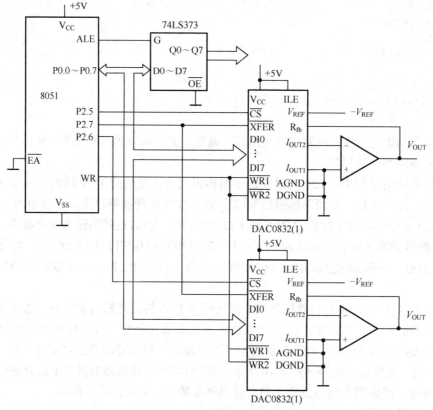

图 8-10　两路 0832 与单片机的接口电路

本 章 小 结

数/模转换有单缓冲和双缓冲两种方式。对于单路的模拟量输出或多路模拟量不要求同步输出的场合，可采用单缓冲方式；对于多路模拟量要求同步输出的场合，需采用双缓冲方式；对于大于8位数字量的D/A转换器，为了避免输出电压出现"毛刺"，应采用双缓冲方式。

由于集成芯片技术的发展，芯片的集成度可做的很高，有些单片机已将D/A和A/D转换器集成在一体，使得外部接口更简捷，使用更方便。

习　题　8

8-1　简述逐次逼近型 A/D 转换器的工作原理。

8-2　简述 ADC0809 的工作过程。

8-3　画出 ADC0809 典型应用电路，其中 CLK 引脚连接时应注意什么问题？EOC 引脚连接在查询和中断工作方式下应如何处理？

8-4　设已知 8051 单片机的晶振频率为 12MHz，0809 口地址为 CFFFH，采用中断工作方式，要求对 8 路模拟信号不断循环 A/D 转换，转换结果存入以 30H 为首地址的内 RAM 中。请画出该 8 路采集系统的电路图，并编写程序。

8-5　在题 8-2 中，假如 0809 的口地址为 FEFFH，采用 P1.7 查询方式，请画出相应的电路连接图，并编写对该 8 路模拟信号依次 A/D 转换后求出累加和，分别放入 30H、31H 单元的程序。

8-6　简述单缓冲工作方式、双缓冲工作方式的电路特点和功能。

8-7　DAC0832 有几种工作方式？这几种工作方式是如何实现的？

8-8　试画出 DAC0832 单缓冲典型应用电路，并编程设计一个频率为 50Hz 的矩形波发生电路。

第9章 MCS-51 系列单片机的其他接口

▶ 学习目标 ◀

单片机除了前面几章介绍的基本接口，根据设计的需要还会有许多其他接口。本章主要介绍常用的单片机与液晶显示器、时钟日历芯片、I²C 总线芯片的接口。

通过本章的学习，了解常用液晶显示器、串行时钟日历芯片和 I²C 总线的工作原理，熟悉单片机与它们的接口方法，为综合设计打下基础。

9.1 LCD 显示模块与 MCS-51 系列单片机的接口

液晶显示器又简称为 LCD 显示器，它是利用液晶经过处理后能改变光线的传输方向的特性实现显示信息的。液晶显示器具有体积小、重量轻、功耗极低、显示内容丰富等特点，在单片机应用系统中得到了广泛的应用。液晶显示器按照其功能可分为三类：笔段式液晶显示器、字符点阵式液晶显示器和图形点阵式液晶显示器。前两种可显示数字、字符和符号等，而图形点阵式液晶显示器还可以显示汉字和任意图形，达到图文并茂的效果。本节介绍常用的 LCD 显示器的结构和功能，并讨论其与单片机的硬件接口电路和软件编程方法。

9.1.1 字符点阵式液晶显示器

字符型液晶显示器模块是一种专门用于数字、字母、符号等的点阵式液晶显示器模块。它是由若干个 5×7 或 5×11 点阵字符位组成的，每一个点阵字符位都可以显示一个字符。点阵字符位之间有一定点距的间隔，起到了字符间距和行距的作用。

目前常用的 LCD 显示模块是将 LCD 控制器、驱动器、RAM、ROM 和 LCD 显示器连接在一起，简称 LCM。使用时只要向 LCM 送入相应的命令和数据就可以实现显示所需的信息。

关于字符型液晶显示器模块，目前市面上有 16 字×1 行、16 字×2 行、20 字×2 行和 40 字×2 行等。这些 LCM 虽然显示字数不同，但是都具有相同的输入输出界面。下面以 16×2 字符型液晶显示器模块 RT-1602C 为例，介绍字符型液晶显示器模块的应用。

1. 字符型液晶显示器模块 RT-1602C 的外观与引脚

RT-1602C 字符型液晶显示器模块是 2 行 16 个字的 5×7 点阵图形来显示字符的液晶显示器，它的外观如图 9-1 所示。

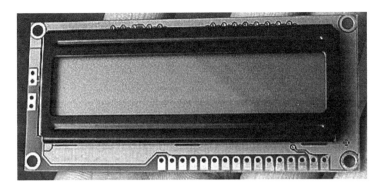

图 9-1　RT-1602C 的外观

RT-1602C 采用标准的 16 脚接口，各引脚功能见表 9-1。

表 9-1　RT-1602C 引脚功能

脚号	符号	引脚功能	脚号	符号	引脚功能
1	V_{SS}	电源地（GND）	9	D2	—
2	V_{DD}	+5V 电源	10	D3	—
3	V0	显示偏压信号	11	D4	—
4	RS	数据/命令控制，H/L	12	D5	—
5	R/W	读/写控制，H/L	13	D6	—
6	E	使能信号	14	D7	数据 I/O
7	D0	数据 I/O	15	BL1	背光源正
8	D1	—	16	BL2	背光源负

各引脚说明如下。

第 1 脚：V_{SS}，电源地。

第 2 脚：V_{DD}，+5V 电源。

第 3 脚：V0，为液晶显示器对比度调整端，接正电源时对比度最弱，接电源地时对比度最高。使用时可通过一个 10K 的电位器调整对比度。

第 4 脚：RS，为寄存器选择位，高电平时选择数据寄存器，低电平时选择指令寄存器。

第 5 脚：R/W，为读/写信号线，高电平时进行读操作，低电平时进行写操作。当 RS 和 RW 共同为低电平时可以写入指令或者显示地址；当 RS 为低电平且 RW 为高电平时，可以读忙信号；当 RS 为高电平且 RW 为低电平时，可以写入数据。

第 6 脚：E，使能端，当 E 端由高电平跳变成低电平时，液晶模块执行命令。

第 7～14 脚：D0～D7，为 8 位双向数据线。

第 15 脚：BL1，背光源正极。

第 16 脚：BL2，背光源负极。

2．RT-1602C 液晶显示模块内的存储器结构

1）显示缓冲区 DDRAM

显示缓冲区 DDRAM 用来寄存待显示的字符代码。共 80 个字节，分两行，地址分别为 00H～27H，40H～67H，它们实际显示位置的排列与 LCD 的型号有关，液晶显示模块 RT-1602C

的显示地址与实际显示位置的关系如图 9-2 所示。

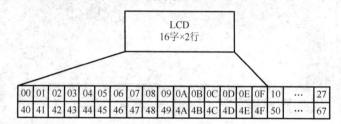

图 9-2 RT-1602C 的显示地址与实际显示位置的关系

要在屏幕上显示字符，只需向相关 DDRAM 中写入该字符的 ASCII 码即可。

2）字符发生存储器 CGROM

字符发生存储器 CGROM 已经存储了 160 个不同的点阵字符图形，按 ASCII 码排列，见附录 B(ASCII 码表)所示。在 ASCII 码中，每个字符都有一个固定的代码。如数字"1"的代码是"31H"，大写的英文字母"A"的代码是"41H"。如要显示"1"时，只要将 ASCII 码31H 存入 DDRAM 指定位置，显示模块将在相应的位置把数字"1"的点阵字符图形显示出来，就能看到数字"1"了。

3）用户自定义字符发生存储器 CGRAM

用户自定义字符发生存储器 CGRAM 共 64 字节，地址为 0x00～0x3f，可存储 8 个 5×8 点阵图形。其中地址 0x00～0x07 存储字符代码为 0x00 的字符图形，0x08～0x0f 存储字符代码为 0x01 的字符图形，以此类推。

RT-1602C 液晶显示模块具有 8 位数据和 4 位数据传送两种方式，可与 4/8 位 CPU 相连。

3．RT-1602C 液晶显示模块的指令格式和指令功能

RT-1602C 具有简单而功能较强的指令集，可实现字符移动、闪烁等显示功能。在其控制器内有多个寄存器，通过 RS 和 R/W 引脚的共同决定选择哪一个寄存器。选择情况见表 9-2。

表 9-2 RT-1602C 内部寄存器选择

RS	R/W	寄存器及操作
0	0	指令寄存器写入
0	1	忙标志和地址计数器读出
1	0	数据寄存器写入
1	1	数据寄存器读出

基本操作时序如下。

（1）写指令。输入：RS=L，R/W=L，D0～D7=指令码，E=高脉冲，输出：无

（2）读状态。输入：RS=L，R/W=H，E=H，输出：D0～D7=状态字

（3）写数据。输入：RS=H，R/W=L，D0～D7=数据，E=高脉冲，输出：无

（4）读数据。输入：RS=H，R/W=H，E=H，输出：D0～D7=数据

状态字说明如下。

STA7	STA6	STA5	STA4	STA3	STA2	STA1	STA0
D7	D6	D5	D4	D3	D2	D1	0

STA0-6	当前数据地址指针的数值		
STA7	读写操作使能	1：禁止	0：允许

（1）指令说明：共有 11 条指令，它们的格式和功能见表 9-3。

表 9-3　指令的格式和功能

序号	指令	RS	R/W	D7	D6	D5	D4	D3	D2	D1	D0
1	清屏	0	0	0	0	0	0	0	0	0	1
2	光标复位	0	0	0	0	0	0	0	0	1	x
3	设置输入模式	0	0	0	0	0	0	0	1	I/D	S
4	显示开/关控制	0	0	0	0	0	0	1	D	C	B
5	光标或字符移位	0	0	0	0	0	1	S/C	R/L	x	x
6	功能设置	0	0	0	0	1	DL	N	F	x	x
7	设置字符发生存储器地址	0	0	0	1	字符发生存储器 CGRAM 地址					
8	设置显示缓冲区地址	0	0	1	显示缓冲区 DDRAM 地址						
9	读忙标志或地址	0	1	BF	计数器地址						
10	写数到 DDRAM 或 CGRAM	1	0	要写的数据内容							
11	从 DDRAM 或 CGRAM 读数	1	1	读出的数据内容							

（2）清屏命令：RS=0，R/W=0。指令码：01H。

功能：显示清屏将显示缓冲区 DDRAM 的内容全部写入空格(ASCII 码 20H)。

　　　　光标复位，回到显示器的左上角。

　　　　地址计数器 AC 清零。

（3）光标复位命令：RS=0，R/W=0。指令码：02H。

功能：光标复位，回到显示器的左上角。

　　　　地址计数器 AC 清零。

　　　　显示缓冲区 DDRAM 的内容不变。

（4）输入方式设置命令。

格式：RS=0，R/W=0。

D7	D6	D5	D4	D3	D2	D1	D0
0	0	0	0	0	1	I/D	S

功能：设定当写入一个字节后，光标的移动方向及后面的内容是否移动。

当 I/D=1 时，光标从左向右移动；当 I/D=0 时，光标从右向左移动。

当 S=1 时，内容移动；当 S=0 时，内容不移动。

（5）显示开关控制命令。

格式：RS=0，R/W=0。

D7	D6	D5	D4	D3	D2	D1	D0
0	0	0	0	1	D	C	B

功能：控制显示的开关，当 D=1 时显示，当 D=0 时不显示。

控制光标的开关，当 C=1 时光标显示，当 C=0 时光标不显示。

控制字符是否闪烁，当 B=1 时光标闪烁，当 B=0 时光标不闪烁。

（6）光标或字符移位命令。

格式：RS=0，R/W=0。

D7	D6	D5	D4	D3	D2	D1	D0
0	0	0	1	S/C	R/L	x	x

功能：移动光标或整个显示字幕。

当 S/C=1 时整个显示字幕移位，S/C=0 时只光标移位。

当 R/L=1 时光标右移，当 R/L=0 时光标左移。

（7）功能设置命令。

格式：RS=0，R/W=0。

D7	D6	D5	D4	D3	D2	D1	D0
0	0	1	DL	N	F	x	x

功能：设置数据位数，当 DL=1 时数据位为 8 位，DL=0 时数据位为 4 位。

设置显示行数，当 N=1 时双行显示，N=0 时单行显示。

设置字型大小，当 F=1 时 5×10 点阵，F=0 时 5×7 点阵。

例：指令码=0x38H，说明设置 8 位数据接口，16×2 显示，5×7 点阵。

（8）设置字库 CGRAM 地址命令。

格式：RS=0，R/W=0。

D7	D6	D5	D4	D3	D2	D1	D0
0	1	CGRAM 的地址					

功能：设置用户自定义 CGRAM 的地址，对用户自定义 CGRAM 访问时，要先设定自定义 CGRAM 的地址，地址范围是 0～63。

（9）显示缓冲区 DDRAM 地址设置命令。

格式：RS=0，R/W=0。

D7	D6	D5	D4	D3	D2	D1	D0
1	DDRAM 的地址						

功能：设置当前显示缓冲区 DDRAM 的地址，对用户自定义 DDRAM 访问时，要先设定自定义 DDRAM 的地址，地址范围是 0～127。

显示缓冲区 DDRAM 地址设置的指令码通常写为 80H+地址码（0～27H，40H～67H）

（10）读忙标志及地址计数器 AC 命令。

格式：RS=0，R/W=1。

D7	D6	D5	D4	D3	D2	D1	D0
BF	AC 的值						

功能：读忙标志及地址计数器 AC 命令。

当 BF=1 时表示忙，这时不能接收命令和数据。BF=0 时表示不忙，低 7 位为读出的 AC 地址，值为 0~127。

（11）写 DDRAM 或 CGRAM 命令。

格式：见表 9-4，RS=1，R/W=0。D7~D0 中填入要写入的数据。

功能：向 DDRAM 或 CGRAM 当前位置中写入数据，对 DDRAM 或 CGRAM 写入数据前须设定 DDRAM 或 CGRAM 的地址。

（12）读 DDRAM 或 CGRAM 命令。

格式：见表 9-4，RS=1，R/W=1。D7~D0 中为读出的数据。

功能：从 DDRAM 或 CGRAM 当前位置中读出数据。当从 DDRAM 或 CGRAM 读出数据时，先须设定 DDRAM 或 CGRAM 的地址。

4. LCD 显示器的初始化

LCD 显示器在使用前须对它进行初始化，初始化可通过复位完成，也可在复位后完成。初始化过程如下：

（1）清屏。指令码：01H

（2）功能设置。如通常指令码设为 38H（即设置 8 位数据接口，16×2 显示，5×7 点阵）。

（3）开/关显示设置。如指令码设为 0EH(即显示器开，光标开，字符不闪烁)。

（4）输入方式设置。　如指令码设为 06H(即字符不动，光标自动右移一格)。

9.1.2　RT-1602C 液晶显示模块与单片机的接口

RT-1602C 液晶显示器模块与单片机的接口如图 9-3 所示。图中 RT-1602C 的数据线与 8051 单片机的 P1 口相连，RS 与 8051 的 P2.0 相连，R/W 与 8051 的 P2,1 相连，E 端与 8051 的 P2.7 相连。编程在 RT-1602C 液晶显示器的第 1 行第 1 列开始显示"HELLO"， 第 2 行第 6 列开始显示"OK"。

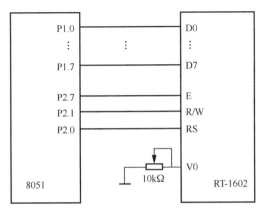

图 9-3　RT-1602C 与单片机接口

汇编语言程序：

```
        RS BIT P2.0
        RW BIT P2.1
        E BIT P2.7

        ORG  00H
        AJMP START

        ORG  50H                        ;主程序
STRAT:  MOV SP, #50H
        ACALL INIT
        MOV A, #10000000B               ;写入显示缓冲区起始地址为第1行第1列
        ACALL WCSIR
        MOV A, "H"                      ;第1行第1列显示字母"H"
        ACALL WC51DDR
        MOV A, "E"                      ;第1行第2列显示字母"E"
        ACALL WC51DDR
        MOV A, "L"                      ;第1行第3列显示字母"L"
        ACALL WC51DDR
        MOV A, "L"                      ;第1行第4列显示字母"L"
        ACALL WC51DDR
        MOV A, "O"                      ;第1行第5列显示字母"O"
        ACALL WC51DDR
        MOV A, #11000101B               ;写入显示缓冲区起始地址为第2行第6列
        ACALL WCSIR
        MOV A, "O"                      ;第2行第6列显示字母"O"
        ACALL WC51DDR
        MOV A, "K"                      ;第2行第7列显示字母"K"
ACALL WC51DDR
LOOP:   AJMP LOOP
        ; 初始化程序
INIT:   MOV A, #00000001B               ;清屏
        ACALL WCSIR
        MOV A, #00111000B               ; 使用8位数据，显示2行，使用5×7字形
        LCALL WCSIR
        MOV A, #00001110B               ;显示器开，光标开，字符不闪烁
        LCALL WCSIR
        MOV A, #00000110B               ;字符不动，光标自动右移一格
        LCALL WCSIR
        RET
        ; 检查忙子程序
F_BUSY: PUSH ACC                        ; 保护现场
        PUSH DPH
        PUSH DPL
        PUSH PSW
WAIT:   CLR RS
        SETB RW
        CLR E
        SETB E
        MOV A, P1
        CLR E
        JB ACC.7, WAIT                  ; 忙，等待
```

```
            POP PSW
            POP DPL
            POP DPH
            POP ACC
            ACALL DELAY
            RET
            ; 写入命令子程序
WC51R:  ACALL F_BUSY
            CLR E
            CLR RS
            CLR RW
            SETB E
            MOV P1, ACC
            CLR E
            ACALL DELAY
            RET
            ;写入数据子程序
WC51DDR: ACALL F_BUSY
            CLR E
            SETB RS
            CLR RW
            SETB E
            MOV P1, ACC
            CLR E
            ACALL DELAY
            RET
            ; 延时子程序
DELAY:  MOV R6, #5
D1:   MOV R7, #248
     DJNZ R7, $
     DJNZ R6, D1
     RET
     END
```

C 语言参考程序：

```
#include <reg51.h>
#define uchar unsigned
sbit RS=P2^0;
sbit RW= P2^1;
 sbit E= P2^7;
void delay(void);
void init (void);
void wc51r (uchar j);
void wc51ddr (uchar j);
void fbusy (void);
//主函数
void main( )
{
Sp=0x50;
Init( );
wc51r(0x80);              //写入显示缓冲区起始地址为第 1 行第 1 列
wc51ddr(0x48);           //第 1 行第 1 列显示字母 "H"
wc51ddr(0x45);           //第 1 行第 2 列显示字母 "E"
```

```
    wc51ddr(0x4c);              //第 1 行第 3 列显示字母 "L"
    wc51ddr(0x4c);              //第 1 行第 4 列显示字母 "L"
    wc51ddr(0x4f);              //第 1 行第 5 列显示字母 "O"
    wc51r(0Xc5);                //写入显示缓冲区起始地址为第 2 行第 6 列
    wc51ddr(0x4f);              //第 2 行第 6 列显示字母 "O"
    wc51ddr(0x4b);              //第 2 行第 7 列显示字母 "B"
    while(1);
    }
    //初始化函数
    void init ( )
    {
    wc51r(0x01);                //清屏
    wc51r(0x38);                //使用 8 位数据，显示 2 行，使用 5×7 字形
    wc51r(0x0e);                //显示器开，光标开，字符不闪烁
    wc51r(0x06);                //字符不动，光标自动右移一格
    }
    //检查忙函数
    void fbusy ( )
    {
    RS=0; RW=1;
    E=1; E=0;
    wwhile (P1&0x80);           //忙，等待
    delay( );
    }
    //写命令函数
    void wc51r (uchar j)
    {
    void fbusy ( );
    E=0; RS=0; RW=0;
    E=1;
    P1=j ;
    E=0;
    delay( );
    }
    //写数据函数
    void wc51ddr (uchar j)
    {
    void fbusy ( );
    E=0; RS=1; RW=0;
    E=1;
    P1=j ;
    E=0;
    delay( );
    }
    //延时函数
    void delay( )
    {
    uchar y;
    for( y=0; y<0xff; y++)
    { ; }
    }
```

9.1.3　图形点阵式液晶显示器 LCD12864 简介

带中文字库的 LCD12864 是一种具有 4 位/8 位并行、2 线或 3 线串行多种接口方式，内部含有国标一级、二级简体中文字库的点阵图形液晶显示模块；其显示分辨率为 128×64，内置 8192 个 16×16 点汉字和 128 个 16×8 点 ASCII 字符集。利用该模块灵活的接口方式和简单、方便的操作指令，可构成全中文人机交互图形界面。可以显示 8×4 行 16×16 点阵的汉字，也可完成图形显示。具有低电压、低功耗、硬件电路结构及显示程序简洁等特点。

其基本特性如下。

① 低电源电压（V_{DD}：+3.0～+5.5V）。
② 显示分辨力：128×64 点。
③ 内置汉字字库，提供 8192 个 16×16 点阵汉字（简繁体可选）。
④ 内置 128 个 16×8 点阵字符。
⑤ 2MHz 时钟频率。
⑥ 显示方式：STN、半透、正显。
⑦ 驱动方式：1/32DUTY，1/5BIAS。
⑧ 视角方向：6 点。
⑨ 背光方式：侧部高亮白色 LED，功耗仅为普通 LED 的 1/5～1/10。
⑩ 通信方式：串行、并口可选。
⑪ 内置 DC-DC 转换电路，无需外加负压。
⑫ 无需片选信号，简化软件设计。
⑬ 工作温度：0～+55℃，存储温度：−20～+60℃。

1. LCD12864 的工作原理

(1)模块管脚是连接外部电路的纽带,在此模块中管脚主要由控制管脚和数据管脚等构成,其组成情况及相关功能介绍见表 9-4。

表 9-4　引脚及相关功能介绍

管　脚　号	管脚名称	电　　平	管脚功能描述
1	V_{SS}	0V	电源地极
2	V_{CC}	3.0+5V	电源正极
3	V_0	–	对比度（亮度）调整
4	RS(CS)	H/L	RS=“H”，表示 DB7～DB0 为显示数据 RS=“L”，表示 DB7～DB0 为显示指令数据
5	R/W(SID)	H/L	R/W=“H”，E=“H”，数据被读到 DB7～DB0 R/W=“L”，E=“H→L”，　DB7～DB0 的数据被写到 IR 或 DR
6	E(SCLK)	H/L	使能信号
7～14	DB0～DB7	H/L	三态数据线
15	PSB	H/L	H：8 位或 4 位并口方式，L：串口方式
16	NC	–	空脚
17	/RESET	H/L	复位端，低电平有效
18	V_{OUT}	–	LCD 驱动电压输出端
19	A	V_{DD}	背光源正端
20	K	V_{SS}	背光源负端

（2）控制器控制着模块内部指令的发出与否，存储器则对指令和数据进行存储与更换，下面分别介绍控制器各接口及存储器的功能。

① RS、R/W 的配合选择决定控制界面的 4 种模式，见表 9-5。

表 9-5 RS、R/W 配合功能说明

RS	R/W	功能说明
L	L	MPU 写指令到指令暂存器（IR）
L	H	读出忙标志（BF）及地址计数器（AC）的状态
H	L	MPU 写入数据到数据暂存器（DR）
H	H	MPU 从数据暂存器（DR）中读出数据

② E 使能功能说明，见表 9-6。

表 9-6 E 使能功能说明

E 状态	执行动作	结 果
高→低	I/O 缓冲→DR	配合/W 进行写数据或指令
高	DR→I/O 缓冲	配合 R 进行读数据或指令
低/低→高	无动作	

忙标志 BF：BF 标志提供内部工作情况。BF=1 表示模块在进行内部操作，此时模块不接受外部指令和数据。BF=0 时，模块为准备状态，随时可接受外部指令和数据。利用 STATUS RD 指令，可以将 BF 读到 DB7 总线，从而检验模块之工作状态。

字型产生 ROM（CGROM）：字型产生 ROM（CGROM）提供 8192（2^{13}）个汉字触发器是用于模块屏幕显示开和关的控制。DFF=1 为开显示（DISPLAY ON），DDRAM 的内容就显示在屏幕上，DFF=0 为关显示（DISPLAY OFF）。DFF 的状态是由指令 DISPLAY ON/OFF 和 RST 信号控制的。

显示数据 RAM（DDRAM）：模块内部显示数据 RAM 提供 64×2 个位元组的空间，最多可控制 4 行 16 字（64 个字）的中文字型显示，当写入显示数据 RAM 时，可分别显示 CGROM 与 CGRAM 的字型；此模块可显示三种字型，分别是半角英数字型（16×8）、CGRAM 字型及 CGROM 的中文字型。三种字型的选择，由在 DDRAM 中写入的编码选择，在 0000H～0006H 的编码中（其代码分别是 0000、0002、0004、0006 共 4 个）将选择 CGRAM 的自定义字型，02H～7FH 的编码中将选择半角英数字的字型，至于 A1 以上的编码将自动地结合下一个位元组，组成两个位元组的编码形成中文字型的编码 BIG5（A140～D75F），GB（A1A0～F7FFH）。

字型产生 RAM（CGRAM）：字型产生 RAM 提供图像定义（造字）功能，可以提供四组 16×16 点的自定义图像空间，读者可以将内部字型没有提供的图像字型自行定义到 CGRAM 中，便可和 CGROM 中的定义一样地通过 DDRAM 显示在屏幕中。

地址计数器 AC：地址计数器是用来储存 DDRAM/CGRAM 之一的地址，它可由设定指令暂存器来改变，之后只要读取或是写入 DDRAM/CGRAM 的值时，地址计数器的值就会自动加 1，当 RS 为"0"而 R/W 为"1"时，地址计数器的值会被读取到 DB6～DB0 中。

光标/闪烁控制电路：此模块提供硬件光标及闪烁控制电路，由地址计数器的值来指定 DDRAM 中的光标或闪烁位置。

（3）模块控制芯片提供两套控制指令：基本指令和扩充指令，这些由各控制端口和寄存器组合而成的指令可对液晶显示器自身模式、状态、功能等进行设置，也可控制与其他芯片进行数据和指令的通信。其基本指令集见表 9-7。

表 9-7　基本指令集（RE=0）

指　令	指　令　码										功　　能
	RS	R/W	D7	D6	D5	D4	D3	D2	D1	D0	
清除显示	0	0	0	0	0	0	0	0	0	1	将 DDRAM 填满 "20H"，并且设定 DDRAM 的地址计数器（AC）到 "00H"
地址归位	0	0	0	0	0	0	0	0	1	X	设定 DDRAM 的地址计数器（AC）到 "00H"，并且将游标移到开头原点位置；这个指令不改变 DDRAM 的内容
显示状态开/关	0	0	0	0	0	0	1	D	C	B	D=1：整体显示 ON；C=1：游标 ON；B=1：游标位置反白允许
进入点设定	0	0	0	0	0	0	0	1	I/D	S	指定在数据的读取与写入时，设定游标的移动方向及指定显示的移位
游标或显示移位控制	0	0	0	0	0	1	S/C	R/L	X	X	设定游标的移动与显示的移位控制位；这个指令不改变 DDRAM 的内容
功能设定	0	0	0	0	1	DL	X	RE	X	X	DL=0/1：4/8 位数据；RE=1：扩充指令操作；RE=0：基本指令操作
设定 CGRAM 地址	0	0	0	1	AC5	AC4	AC3	AC2	AC1	AC0	设定 CGRAM 地址
设定 DDRAM 地址	0	0	1	0	AC5	AC4	AC3	AC2	AC1	AC0	设定 DDRAM 地址（显示位址）第一行：80H～87H　第二行：90H～97H
读取忙标志和地址	0	1	BF	AC6	AC5	AC4	AC3	AC2	AC1	AC0	读取忙标志（BF）可以确认内部动作是否完成，同时可以读出地址计数器（AC）的值
写数据到 RAM	1	0	数据								将数据 D7～D0 写入到内部的 RAM（DDRAM/CGRAM/IRAM/GRAM）
读出 RAM 的值	1	1	数据								从内部 RAM 读取数据 D7～D0（DDRAM/CGRAM/IRAM/GRAM）

当 IC1 在接受指令前，微处理器必须先确认其内部处于非忙碌状态，即读取 BF 标志时，BF 需为零，方可接受新的指令；如果在送出一个指令前并不检查 BF 标志，那么在前一个指令和这个指令中间必须延长一段较长的时间，即是等待前一个指令确实执行完成。

（4）12864 液晶显示器不仅可以显示字符，而且还可以显示图形，因此可以满足不同使用者更多的要求，如显示一幅图画或者一个曲线图等。使用者在使用时可根据自身需求进行不同的显示。

① 字符显示：带中文字库的 128X64-0402B 每屏可显示 4 行 8 列共 32 个 16×16 点阵的汉字，每个显示 RAM 可显示 1 个中文字符或 2 个 16×8 点阵全高 ASCII 码字符，即每屏最多可实现 32 个中文字符或 64 个 ASCII 码字符的显示。带中文字库的 128X64-0402B 内部提供 128×2

字节的字符显示 RAM 缓冲区（DDRAM）。字符显示是通过将字符显示编码写入该字符显示 RAM 实现的。根据写入内容的不同，可分别在液晶屏上显示 CGROM（中文字库）、HCGROM（ASCII 码字库）及 CGRAM（自定义字形）的内容。三种不同字符/字型的选择编码范围为 0000～0006H（其代码分别是 0000、0002、0004、0006 共 4 个）显示自定义字型，02H～7FH 显示半宽 ASCII 码字符，A1A0H～F7FFH 显示 8192 种 GB2312 中文字库字形。字符显示 RAM 在液晶模块中的地址 80H～9FH。字符显示的 RAM 的地址与 32 个字符显示区域有着一一对应的关系。

② 图形显示：先设置垂直地址再设置水平地址（连续写入两个字节的资料来完成垂直与水平的坐标地址）。垂直地址范围 AC5…AC0，水平地址范围 AC3…AC0。绘图 RAM 的地址计数器（AC）只会对水平地址（X 轴）自动加 1，当水平地址=0FH 时会重新设为 00H，但并不会对垂直地址做进位自动加 1，故当连续写入多笔资料时，程序需自行判断垂直地址是否需要重新设定。扩展指令集见表 9-8。

表 9-8 扩展指令集（RE=1）

指　　令	指令码									功　　能
	RS	R/W	D7	D6	D5	D4	D3	D2	D1	D0	
待命模式	0	0	0	0	0	0	0	0	0	1	进入待命模式，执行其他指令都将终止待命模式
卷动地址开关开启	0	0	0	0	0	0	0	0	1	SR	SR=1：允许输入垂直卷动地址 SR=0：允许输入 IRAM 和 CGRAM 地址
反白选择	0	0	0	0	0	0	0	1	R1	R0	选择 2 行中的任一行作反白显示，并可决定反白与否。初始值 R1R0=00，第一次设定为反白显示，再次设定变回正常
睡眠模式	0	0	0	0	0	0	1	SL	X	X	SL=0：进入睡眠模式 SL=1：脱离睡眠模式
扩充功能设定	0	0	0	0	1	CL	X	RE	G	0	CL=0/1：4/8 位数据 RE=1：扩充指令操作 RE=0：基本指令操作 G=1/0：绘图开关
设定绘图 RAM 地址	0	0	1	0 AC6	0 AC5	0 AC4	AC3 AC3	AC2 AC2	AC1 AC1	AC0 AC0	设定绘图 RAM 先设定垂直（列）地址 AC6AC5…AC0 再设定水平（行）地址 AC3AC2AC1AC0 将以上 16 位地址连续写入即可

2. LCD12864 和单片机的并行接口

将 LCD12864 液晶显示器的第 15 脚（PSB）接高电平，就为并行接口模式。图 9-5 为 LCD12864 液晶显示器与 8051 单片机的并行接口示意。

1）写时序部分程序代码

并口写指令子程序如下。

```
LCDWC:  LCALL   CHK_BUSY    ;判忙子程序，以确保上一指令/数据模块已经接收处理完
        NOP
```

```
CLR RS
CLR RW
SETB    E
MOV P2,A            ;将要操作的指令通过数据口发送
NOP
CLR E
NOP
RET
```

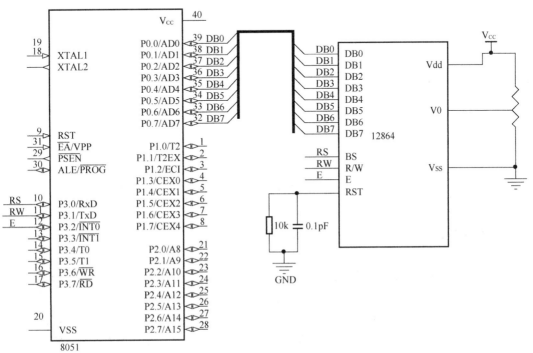

图 9-4　LCD12864 和单片机的并行接口示意

并口写指令时注意时序，RS 拉低。注意写指令时不同指令的延时时间不同。

并口写指令子程序如下。

```
LCDWD: LCALL    CHK_BUSY        ;判忙子程序
    NOP
    SETB RS
    CLR  RW
    SETB E
    MOV  P2, A            ;将要写入的数据通过数据口发送
    CLR  E
    NOP
    RET
```

读忙状态子程序如下。

```
CHK_BUSY: CLR RS
          SETB  RW
          SETB  E
CHK_B:    NOP
          JB P2.7, CHK_B    ;读出的 AC 值存放在 P2 口，判断最高位，为 1 则忙，为 0 则空闲。
```

```
        CLR   E
        RET
```

并行模式判忙：当 RS 为低电平，R/W 为高电平时，驱动控制器会输出它的状态和当前地址计数器 AC 的值。最高位为状态位，其余为地址。

2）读时序部分程序代码

读子程序如下。

```
READ: MOV P2, #11111100B        ;写入读命令指令
      NOP
      CLR   RS
      SETB  RW
      SETB    E
      MOV A, P2                 ;P2 读出计数器 AC 值
      NOP
      CLR   E
        RET
```

9.2   时钟日历芯片与 MCS-51 系列单片机的接口

9.2.1   串行时钟日历芯片 DS1302 简介

DS1302 是 DALLAS 公司推出的涓流充电时钟芯片，内含一个实时时钟/日历和 31 字节静态 RAM，通过简单的串行接口与单片机为通信实时时钟/日历电路提供秒、分、时、日、月、年的信息。每月的天数和闰年的天数可自动调整。时钟操作可通过 AM / PM 指示决定采用 24h 或 12h 格式。DS1302 与单片机之间能简单地采用同步串行的方式进行通信，仅需要三个口线：复位 REST，I /O 数据线，SCLK 串行时钟进行数据的控制和传递。时钟/RAM 的读/写数据以一个字节或多达 31 个字节的字符组方式通信。通过备用电源可以让芯片在小于 1mW 的功率下运行。其主要性能指标如下：

（1）实时时钟具有能计算 2100 年之前的秒、分、时、日、星期、月、年的能力，还有闰年调整的能力。

（2）31×8 位的暂存数据寄存器 RAM。

（3）最少 I/O 引脚传输，通过三引脚控制。

（4）工作电压：2.0V～5.5V，工作电流小于 320nA。

（5）读/写时钟寄存器或内部 RAM（31×8 位的额外数据暂存寄存）可采用单字节传送和多字节传送（字符组方式）。

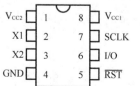

（6）8-pin Dip 封装或 8-pin SOICs，如图 9-5 所示。

（7）与 TTL 兼容（V_{CC}=5V）。

（8）可选的工业级别，工作温度-40～50℃。

时钟芯片 DS1302 的工作原理如下：

DS1302 在每次进行读、写程序前都必须初始化，先将 SCLK 端置"0"，接着将 $\overline{RST}$ 端置"1"，最后给 SCLK 脉冲。

图 9-5   DS1302 的封装及引脚功能

"CH"是时钟暂停标志位，当该位为 1 时，时钟振荡器停止，DS1302 处于低功耗状态；当该位为 0 时，时钟开始运行。"WP"是写保护位，在任何对时钟和 RAM 的写操作之前，WP 必须为 0。当"WP"为 1 时，写保护位防止对任一寄存器的写操作。

在进行任何数据传输时，$\overline{\text{RST}}$ 必须被置高电平（虽然将其置为高电平，内部时钟还是在晶振作用下走时的，此时，允许外部读/写数据），在每个 SCLK 上升沿时数据被输入，下降沿时数据被输出，一次只能读写一位，是读还是写需要通过串行输入控制指令来实现，通过 8 个脉冲从而实现串行输入与输出。最初通过 8 个时钟周期载入控制字节到移位寄存器。如果控制指令选择的是单字节传送，连续的 8 个时钟脉冲可以进行 8 位数据的写和 8 位数据的读操作，在 SCLK 时钟的上升沿，数据被写入 DS1302；在 SCLK 脉冲的下降沿，读出 DS1302 的数据。8 个脉冲便可读写一个字节。在多字节传送时，也可以一次性读写 8～328 位 RAM 数据。

1）DS1302 的控制指令

DS1302 的控制字节见表 9-9。

D7（最高位）：控制字节的高有效位，必须是逻辑"1"，若它为"0"，则不能把数据写入 DS1302。

D6（位 6）：RAM/CK 位，片内 RAM 或日历、时钟寄存器选择位。当 RAM/CK =1，表示对片内 RAM 进行读写操作；当 RAM/CK =0，则表示对时钟/日历寄存器进行读写操作。

D5～D1（位 5 至位 1）：地址位，用于指示操作单元的地址。

D0（最低位）：读写位。当 RD/WR=1 时，表示要进行读操作；当 RD/WR=0 时，表示进行写操作，控制字节总是从最低位开始输出。

表 9-9　DS1302 的控制字节

1	RAM/CK	A4	A3	A2	A1	A0	RD/WR

2）数据输入/输出（I/O）

在控制指令字输入后的下一个 SCLK 时钟的上升沿，数据被写入 DS1302，数据输入从低位即位 0 开始。同样，在紧跟 8 位控制指令字后的下一个 SCLK 脉冲的下降沿读出 DS1302 的数据，读出数据时从低位 0 到高位 7。

3）DS1302 的数据读写

无论是从 DS1302 中读一个数据还是写一个字节数据到 DS1302 中，都要先写一个命令字到 DS1302 中。即通过 SCLK 引脚向 DS1302 输入 8 个脉冲，将 I/O 引脚上的命令字写入 DS1302。为了启动数据传输，5 号引脚应为高电平。在将由 0 置 1 的过程中，SCLK 引脚必须为逻辑 0，然后才能进行读写操作。I/O 引脚上的数据在 SCLK 的上升沿串行输入，在 SCLK 的下降沿串行输出。

4）DS1302 的时钟寄存器

DS1302 有 12 个寄存器，其中有 7 个寄存器与日历、时钟有关，存放的数据位为 BCD 码形式，其日历、时间寄存器及其控制字见表 9-10。

表 9-10　DS1302 的日历、时间寄存器

寄存器名	写寄存器地址	读寄存器地址	D7	D6	D5	D4	D3	D2	D1	D0
秒寄存器	80H	81H	CH		10 秒			秒		
分寄存器	82H	83H		10 分				分		
时寄存器	84H	85H	12/24	0	$\dfrac{10}{AM/PM}$	时		时		
日寄存器	86H	87H	0	0	10 日			日		
月寄存器	88H	89H	0	0	0	10 月		月		
星期寄存器	8AH	8BH	0	0	0	0	0		星期	
年寄存器	8CH	8DH		10 年				年		
写保护寄存器	8EH	8FH	WP	0	0	0	0	0	0	0

说明：

（1）数据都是以 BCD 码形式表示。

（2）小时寄存器的 D7 位为 12 小时制/24 小时制的选择位。当其为 1 时选 12 小时制，当其为 0 时选 24 小时制。当为 12 小时制时，D5 位为 1 时是上午，D5 位为 0 时是下午，D4 位为小时的十位。当为 24 小时制时，D5、D4 为小时的十位。

（3）秒寄存器中的 CH 位是时钟暂停位，当 CH=1 时，时钟暂停；当 CH=0 时，时钟开始启动。

（4）写保护寄存器中的 WP 为写保护位，当 WP=1 时写保护；当 WP=0 时未写保护。当对日历、时钟寄存器或片内 RAM 进行写时，WP 应清零；当对日历、时钟寄存器或片内 RAM 进行读时，WP 一般置 1。

9.2.2　DS1302 与单片机接口

DS1302 芯片与单片机的接口电路如图 9-6 所示。DS1302 与单片机的连接只需要 3 条线：时钟线 SCLK、数据线 I/O 和复位线 RST。图中，时钟线 SCLK 与 P1.0 相连，数据线 I/O 与 P1.1 相连，复位线 RST 与 P1.2 相连，RST 低电平时复位。在单电源与电池供电的系统中，V_{cc1} 提供低电源并提供低功率的备用电源。在双电源系统中，V_{cc2} 提供主电源，V_{cc1} 提供备用电源，以便在没有主电源时能保存时间信息及数据，DS1302 由 V_{cc1} 和 V_{cc2} 两者中较大的供电。

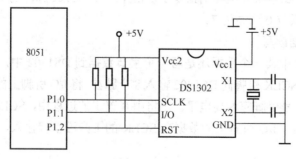

图 9-6　DS1302 与单片机的接口

下面所列为 DS1302 的驱动程序（C 语言编程）：

```
#include <reg51.hh>
#define uchar unsigned char
Sbit T_CLK=P1^0;
Sbit T_IO=P1^1;
```

```
Sbit T_RST=P1^2;
Sbit ACC7=ACC^7;
/*******************************************************************
向 DS1302 写入一字节函数
入口参数: ucda 写入的数据
返回值: 无
*******************************************************************/
void writeB (uchar   ucda)
{
uchar  i;
ACC= ucda;
for ( i=8; i>0; i--)
{
   T_IO=ACC^0;        //通过右移 8 次写入一个字节
   T_CLK=1;
   T_CLK=0;
   ACC=ACC>>1;
  }
}
/*******************************************************************
从 DS1302 读取一个字节函数
返回值: ACC
*******************************************************************/
void readB (void)
{
uchar  i;
for ( i=8; i>0; i--)
{
   ACC=ACC>>1;                          //通过右移 8 次读出一个字节
ACC7=T_IO;
T_CLK=1;
T_CLK=0;
 }
return(ACC);
 }
/*******************************************************************
向指定地址单字节写函数
功能: 向 DS1302 某地址写入命令/数据, 先写地址, 再写命令/数据。
入口参数: ucaddr: DS1302 地址, ucda: 要写的数据
返回值: 无
*******************************************************************/
void v_W1302 (uchar ucaddr, uchar ucda)
{
   T_RST=0;
   T_CLK=0;
   T_RST=1;
   writeB( ucaddr );                   //调 writeB ( ) 函数, 写地址, 命令
   writeB( ucda );                     //调 writeB ( ) 函数, 写 1 字节的数据
   T_CLK=1;
   T_RST=0;
 }
/*******************************************************************
```

```
读取指定地址单字节函数
功能: 读取 DS1302 某地址的数据, 先写地址, 再读命令/数据
入口参数: ucaddr: DS1302 地址
返回值: ucda: 读取的数据
********************************************************************/
uchar uc_R1302( uchar ucaddr )
{
 uchar  ucda;
  T_RST=0;
  T_CLK=0;
  T_RST=1;
  writeB( ucaddr );              //调 writeB ( ) 函数, 写地址
  ucda= readB ();                //读 1 字节函数的命令/数据
  T_CLK=1;
  T_RST=0;
return(ucda);
}
/********************************************************************
日历、时钟多字节写函数
功能: 向 DS1302 写入时钟数据,, 先写地址, 后写数据（时钟多字节方式）
入口参数: psecda: 指向时钟数据地址, 格式为: 秒、分、时、日、月、星期、年、控制
返回值: 无
********************************************************************/
void v_burstW1302T( uchar  * psecda )
{
 uchar  i;
v_w1302( 0x8e,0x00 );           //控制命令, wp=0, 写操作
T_RST=0;
  T_CLK=0;
  T_RST=1;
writeB ( 0xbe);                 //0xbe: 时钟多字节写命令
for ( i=8; i>0; i--)            //写 8 个字节=7 个时钟字节+1 个控制字节
{
    writeB ( * psecda);         //写 1 字节数据
    psecda++;
    }
T_CLK=1;
  T_RST=0;
}
/********************************************************************
日历、时钟多字节读函数
功能: 读取 DS1302 时钟数据,, 先写地址, 后读命令/数据（时钟多字节方式）
入口参数: psecda: 时钟数据地址, 格式为: 秒、分、时、日、月、星期、年
返回值: ucda: 读取的数据
********************************************************************/
void v_burstR1302T( uchar  * psecda )
{
uchar  i;
T_RST=0;
  T_CLK=0;
  T_RST=1;
writeB( 0xbf );                 //0xbf: 时钟多字节读命令
```

```
for ( i=8; i>0; i--)
{
 * psecda= readB ();            //读 1 字节函数的数据
 psecda++;
 }
T_CLK=1;
  T_RST=0;
}
/********************************************************************
向 DS1302 的 RAM 写入数据函数（RAM 多字节方式）
功能: 向 DS1302 的 RAM 写入数据，先写地址，后写数据（多字节方式）
入口参数: preda: 指向要写入的数据
返回值: 无
********************************************************************/
void v_burstW1302R( uchar  * preda )
{
 uchar i;
v_w1302( 0x8e,0x00 );            //控制命令，wp=0，写操作
T_RST=0;
  T_CLK=0;
  T_RST=1;
writeB ( 0xfe );                //0xfe: RAM 寄存器多字节写命令
for ( i=31; i>0; i--)           //写 31 个字节寄存器数据
{
writeB ( * preda);              //写 1 字节数据
    preda++;
    }
T_CLK=1;
  T_RST=0;
}
/********************************************************************
读取 DS1302 的 RAM 数据函数
功能: 先写地址，后读数据（RAM 多字节方式）
入口参数: preda: 指向存放读出 RAM 数据的地址
返回值: 无
********************************************************************/
void v_burstR1302R( uchar  * preda)
{
 uchar i;
T_RST=0;
  T_CLK=0;
  T_RST=1;
writeB( 0xff );                 //0xff: RAM 寄存器多字节读命令
for ( i=31; i>0; i--)           //读 31 个字节寄存器数据
{
    * preda = readB ();         //读 1 字节函数的数据
    preda ++;
 }
T_CLK=1;
  T_RST=0;
}
/********************************************************************
```

```
*****设置初始时间函数
    入口参数:  psecda: 初始时钟地址, 初始时钟格式为: 秒、分、时、日、月、星期、年
    返回值: 无
    **************************************************************/
void  v_set1302(uchar  * psecda)
{
uchar  i;
    uchar  ucaddr=0x80;
    v_w1302( 0x8e,0x00 );               //控制命令, wp=0, 写操作
for ( i=7; i>0; i--)
{
    v_w1302(ucaddr, * psecda)            //秒、分、时、日、月、星期、年
    psecda++;
ucaddr +=2;
    }
v_w1302( 0x8e,0x80 );               //控制命令, wp=1, 写保护
}
/**************************************************************
读取 DS1302 当前时间函数
入口参数: curtime: 保存当前时间地址, 格式: 秒、分、时、日、月、星期、年
返回值: 无
**************************************************************/
Void v_get1302(uchar curtime[ ])
{
uchar  i;
uchar  ucaddr=0x81;
for ( i=0; i<7; i++)
{
curtime[i ]= uc_R1302(ucaddr);      //格式为: 秒、分、时、日、月、星期、年
ucaddr +=2;
}
}
```

9.3 I²C 总线芯片与 MCS-51 系列单片机的接口

I²C 总线是一种用于 IC 器件之间连接的二线制同步串行总线。在单片机应用系统中，带有 I²C 总线接口的电路使用越来越多。I²C 总线是通过 SDA（串行数据线）和 SCL（串行时钟线）两根线在连到总线上的器件之间传递信息，并根据地址识别每个器件，不管该器件是单片机、存储器、LCD 驱动器还是键盘接口。

采用 I²C 总线接口的器件连接线和引脚数目少、成本低，与单片机连接简单，结构紧凑，在总线上增加器件也不会影响系统的正常工作，即使工作时钟不同也可以直接连接到总线上，使用起来很方便。

9.3.1 I2C 总线简介

1. I²C 总线的主要特点

I²C 总线时由 PHILIPS 公司开发的一种简单的双向二线制同步串行总线。其主要特点有：

（1）总线只有两根线，即 SDA（串行数据线）和 SCL（串行时钟线），在实际设计中大大减少了硬件接口。

（2）同步时钟允许器件以不同的波特率进行通信。

（3）同步时钟可以作为停止或重新启动串行口发送的握手信号。

（4）每个连接到总线上的器件都有一个用于识别的器件地址，器件地址由芯片内部硬件电路和外部地址引脚同时决定。每个器件即可以作为发送器，又可以作为接收器。

（5）串行的数据传送位速率在标准模式下可达 100Kbit/s，快速模式下可达 400Kbit/s，高速模式下可达 3.4Mbit/s。

（6）连接到同一总线的集成电路数只受 400Pf 的最大总线电容的限制。

2. I²C 总线的基本结构

I²C 总线的是由数据线 SDA 和时钟线 SCL 构成的串行总线，可发送和接收数据。各种采用 I²C 总线标准的器件均并联在总线上，每个器件都有唯一的地址，器件两两之间都可以进行信息传送。当某个器件向总线上发送信息时，它就是发送器（或叫主控制器），而当其从总线上接收信息时，它又成为接收器（或叫从控制器）。在信息的传输过程中，主控制器发送的信息分为器件地址码、器件单元地址和数据三部分，其中器件地址码用来选择从控制器，确定操作的类型（是发送还是接收信息）；器件单元地址用于选择器件内部的单元；数据是在器件间传递的信息。处理过程就像打电话的过程一样，先要拨通号码才能进行信息交流。各控制电路虽然挂在同一条总线上，却彼此独立，互不相关。

3. I²C 总线的信息传送

当 I²C 总线没有进行信息传送时，数据线 SDA 和时钟线 SCL 都是高电平。当主控制器向某个器件传送信息时，首先应向总线传送开始信号，然后才能传送信息。当信息传送结束时，应传送结束信号。开始信号和结束信号规定如下：

开始信号：SCL 为高电平时，SDA 由高电平向低电平跳变，开始传送数据。

结束信号：SCL 为高电平时，SDA 由低电平向高电平跳变，结束传送数据。

开始信号和结束信号之间传送的是信息，信息字节数没有限制，但每个字节必须为 8 位，高位在前，低位在后。数据线 SDA 上每一位信息状态的改变只能发生在时钟线 SCL 为低电平的期间，因为 SCL 为高电平的期间 SDA 状态的改变已经被用来表示开始信号和结束信号。每个字节后面必须接收一个应答信号（ACK），ACK 是从控制器在接收到 8 位数据后向主控制器发出的特定的低电平脉冲，用以表示已收到数据。主控制器接收到应答信号（ACK）后，可根据实际情况做出是否继续传递信号的判断。若没有收到 ACK，则判断为从控制器出现故障。

主控制器每次传送信息的第一个字节必须是器件的地址码，第二个字节为单元地址，用以实现选择所操作的器件的内部单元，从第三个字节开始为传递的数据。其中器件地址码的格式如下：

D7	D6	D5	D4	D3	D2	D1	D0
器件类型码				片选			R/W

在器件地址码的格式中，高 4 位是器件类型识别码（不同的芯片类型有不同的定义，如 EEPROM 一般为 1010）；接着 3 位是片选，同种类型的器件最多可接 8 个，高 7 位用于选择

对应的器件；最后一位是读写位，当 R/W=1 时进行读操作，表示主控制器将从总线上读取数据，R/W=0 时进行写操作，表示主控制器将传送信息到总线上。

4. I²C 总线的读/写操作

（1）当前地址读。该操作是从所选器件当前地址读，读的字节数不指定，格式如下：

S	控制码（R/W=1）	A	数据 1	A	数据 2	A	P

（2）指定单元读。该操作是从所选器件指定地址读，读的字节数不指定，格式如下：

S	控制码 (R/W=0)	A	器件单元地址	A	S	控制码 (R/W=1)	A	数据 1	A	数据 2	A	P

（3）指定单元写。该操作是从所选器件指定地址写，写的字节数不指定，格式如下：

S	控制码 (R/W=0)	A	器件单元地址	A	数据 1	A	数据 2	A	P

其中 S 表示开始信号，A 表示应答信号，P 表示结束信号。

9.2.2 I²C 总线 EEPROM 芯片与单片机接口

1. 串行 EEPROM 芯片 24LC01B 简介

24LC01B 是内含 128×8 位低功耗 CMOS 的 EEPROM，具有工作电压宽（2.5～5.5V）、擦写次数多（大于 10000 次）、写入速度快（小于 10ms）等特点。24LC01B 的封装及引脚功能如图 9-7 所示。

图 9-7 中几个引脚功能如下。

A0、A1、A2：三条地址线，用于确定芯片的硬件地址。

V_{cc}：电源。

V_{ss}：接地端。

SDA：串行数据输入/输出，数据通过这条双向 I²C 总线串行传送。

SCL：串行时钟输入线。

WP：写保护端。WP=1 时整个寄存器区全部被保护起来，只可读取。24LC01B 可以接收从器件地址和字节地址，但是装置在接收

24LC01B 中含有片内地址寄存器，每写入或读出一个数据字节后，该地址寄存器自动加 1，以实现对下一个存储单元的读写。所有字节均以单一操作方式读取。为降低总的写入时间，一次操作可写入多达 8 字节的数据。

图 9-8 所示是 24LC01B 在 MCS-51 系列单片机中的一种应用实例。图中利用 8051 的 P1.0 和 P1.1 口分别作为 24LC01B 的串行时钟输入和串行数据输入/输出，WP 端在图中没有使用，将其接地。因系统中只使用了一个 EEPROM 芯片，故地址选择端 A2、A1、A0 接地。所以该器件地址码的高 7 位是 1010000（因为 EEPROM 的器件类型码是 1010，而此时的片选 A2A1A0=000）。

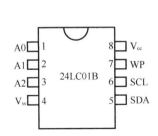

图 9-7　24LC01B 的封装及引脚

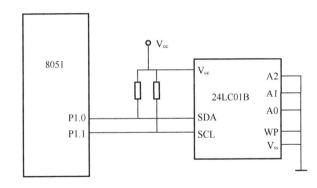

图 9-8　8051 单片机与 24LC01B 接口电路

2. 读写驱动程序

根据图 9-8 所示电路，只要 P1.0 口和 P1.1 口串行时钟和数据符合 I²C 总线的技术规范，即可实现对 24LC01B 的读写。下面给出图 9-8 中 24LC01B 的读写驱动程序。

C 语言参考程序：

```c
#include <reg51.h>                              //头文件
# include <intrins.h>
#define uchar unsigned char
#define uint unsigned int
#define _Nop() _nop_()                          //定义空指令
sbit SDA=P1.0;                                  //定义数据线
sbit SCL=P1.1;                                  //定义时钟线
bit ack;                                        //定义应答标志位
/********************************************************************
开始信号函数  Void start_I2C ()
功能: 启动 I2C 总线, 即发送 I2C 开始信号。
********************************************************************/
void start_I2C ()
{
SDA=1;                                          //发送开始信号的数据信号
_Nop();
SCL=1;                                          //发送开始信号的时钟信号
_Nop(); _Nop(); _Nop(); _Nop(); _Nop();         //开始信号建立时间大于 4.7us, 延时
SDA=0;                                          //发送开始信号
_Nop(); _Nop(); _Nop(); _Nop(); _Nop();         //开始信号锁定时间大于 4us
SCL=0;                                          //钳住 I2C 总线, 准备发送或接收数据
_Nop(); _Nop();
}
/********************************************************************
结束信号函数  Void stop_I2C ()
功能: 结束 I2C 总线, 即发送 I2C 结束信号。
********************************************************************/
void stop_I2C ()
{
SDA=0;                                          //发送结束信号的数据信号
_Nop();
SCL=1;                                          //发送开始信号的时钟信号
```

```
_Nop(); _Nop(); _Nop(); _Nop(); _Nop();    //结束信号建立时间大于 4us, 延时
SDA=1;       //发送 I2C 总线结束信号
_Nop(); _Nop(); _Nop(); _Nop();
}
/**********************************************************************
写一个字节函数  void sendbyte (uchar c)
    功能: 发送 8 位信息, 可以是地址, 也可以是数据, 发完后等待应答 ACK,如正常, ACK=1, 如异常,
ACK=0。
**********************************************************************/
void sendbyte (uchar c)
{
uchar BitCnt;
for(BitCnt=0; BitCnt<8; BitCnt++)           //要传送的数据长度为 8 位
{
 If( (c<< BitCnt)&0x80)                      //判断当前发送位
   SDA=1;
   else  SDA=0;
 _Nop();
 SCL=1;                                      //置时钟线为高电平, 通知开始接收数据位
_Nop(); _Nop(); _Nop(); _Nop(); _Nop();     //保证时钟高电平时间大于 4.7us, 延时
SCL=0;
}
_Nop(); _Nop();
SDA=1;                                       //8 位发送完后释放数据线, 准备接收应答信号
_Nop(); _Nop();
SCL=1;
_Nop(); _Nop(); _Nop();
if (SDA==1)
 ack=0;
 else  ack=1;                                //接收到应答信号, ACK=1, 否则 ACK=0
SCL=0;
_Nop(); _Nop();
}
/**********************************************************************
接收一个字节函数   void rcvbyte ()
功能: 返回接收的 8 位数据
**********************************************************************/
void rcvbyte ()
{
uchar BitCnt;
uchar retc;
retc=0;
SDA=1;                                       //置数据线为输入方式
for(BitCnt=0; BitCnt<8; BitCnt++)            //要传送的数据长度为 8 位
{
_Nop();
SCL=0;                                       //置时钟线为低电平, 准备接收数据
_Nop(); _Nop(); _Nop(); _Nop(); _Nop();     //保证时钟低电平时间大于 4.7us, 延时
SCL=1;                                       //置时钟线为高电平, 使数据线上数据有效
_Nop(); _Nop();
retc= retc<<1;
if(SDA==1)
```

```
retc= retc+1;                        //接收当前数据，接收的数据位放入 retc 中
_Nop(); _Nop();
}
SCL=0;
_Nop(); _Nop();
return(retc)                         //返回接收的 8 位数据
}
/******************************************************************/
```
应答函数　void Ack_ I2C ()
功能：主控制器进行应答信号，参数 a=1 时发应答信号，a=0 时发非应答信号
```
/******************************************************************/
void Ack_ I2C (bit a)
{
if (a==0)
SDA=0;                               //发应答或非应答信号
else  SDA =1;
_Nop(); _Nop(); _Nop();
SCL=1;
_Nop(); _Nop(); _Nop(); _Nop(); _Nop();
SCL=0;
_Nop(); _Nop();
}
/******************************************************************/
```
向器件当前地址写一个字节函数　bit Isendbyte (uchar sla, uchar c)
功能：从启动总线到发送地址、数据、结束总线的全过程。从器件地址 sla 如果返回 1，表示操作成功，否则操作有误。
```
/******************************************************************/
bit Isendbyte (uchar sla, uchar c)
{
start_I2C ();                        //发开始信号，启动总线
sendbyte (sla);                      //发器件地址码到 I2C 总线
 if(ack==0)
    return(0);                       //无应答，返回 0
   sendbyte (c);                     //如果接收应答信号，则发送一个字节数据
  if(ack==0)
 return(0);                          //发有误，则返回 0
stop_I2C ();                         //正常结束，送结束信号，返回 1
return(1);
}
/******************************************************************/
```
向器件指定地址按页写函数
入口参数有 4 个：器件地址码、器件单元地址、写入的数据串、写入的字节个数。如传送成功返回 1，否则返回 0。使用后必须结束总线。
```
/******************************************************************/
bit Isendstr (uchar sla,, uchar suba, uchar *s, uchar no)
{
Uchar i;
start_I2C ();                        //发开始信号，启动总线
sendbyte (sla);                      //发器件地址码到 I2C 总线
if(ack==0)
    return(0);                       //无应答，返回 0
   sendbyte (suba);                  //有应答，发送器件单元地址
```

```
   if(ack==0)
 return(0);                      //无应答，返回 0
for (i=0; i<no; i++)             //连续传发送数据字节
 {
sendbyte (*s);                   //发送数据字节
if(ack==0)
 return(0);                      //无应答，返回 0
 s++;
 }
stop_I2C ();                     //正常结束，送结束信号，返回 1
return(1);
 }
```
/***
读器件当前地址单元数据函数
入口参数 2 个：器件地址码（sla）、读入位置(c)，读成功返回 1，否则返回 0
***/
```
bit Ircvbyte (uchar sla,,  uchar *c)
{
start_I2C ();                    //发开始信号，启动总线
sendbyte (sla);                  //发器件地址码到 I2C 总线
if(ack==0)
   return(0);                    //无应答，返回 0
  *c= rcvbyte ();                //读入数据送目标地址
   Ack_ I2C (1);                 //送非应答信号
stop_I2C ();                     //正常结束，送结束信号，返回 1
return(1);
 }
```
/***
从器件指定地址读多个字节函数
入口参数有 4 个：器件地址码、器件单元地址、写入的数据串、写入的字节个数。如传送成功返回 1，否则返回 0。使用后必须结束总线。
***/
```
bit Ircvbyte (uchar sla,, uchar suba, uchar *s, uchar no)
    {
 uchar i;
start_I2C ();                    //发开始信号，启动总线
sendbyte (sla);                  //发器件地址码到 I2C 总线
if(ack==0)
   return(0);                    //无应答，返回 0
  sendbyte (suba);               //有应答，发送器件单元地址
 if(ack==0)
 return(0);                      //无应答，返回 0
start_I2C ();                    //有应答，重发送开始信号，启动总线
sendbyte (sla);                  //发器件地址码
if(ack==0)
 return(0);                      //无应答，返回 0
for (i=0; i<no-1; i++)           //连续读入字节数据
 {
*s= rcvbyte ();                  //读当前字节，送目标位置
   Ack_ I2C (1);                 //送非应答信号
stop_I2C ();                     //正常结束，送结束信号，返回 1
return(1);
 }
```

本 章 小 结

本章节通过单片机与 LCD 液晶显示器、I²C 总线芯片和串行日历时钟芯片的接口实例，介绍了单片机的接口应用设计及各驱动程序的编写，为后续的单片机综合设计和深入的实践教学打下了基础。

习 题 9

9-1　简述 RT-1602C 液晶显示模块的各引脚功能。

9-2　利用书中给出的 LCD 显示函数，编程并实现在 RT-1602C 液晶显示模块的第一行显示"2016 年 9 月 10 日 星期六，第二行显示 14∶20∶15"。

9-3　简述 I²C 总线的工作过程。

9-4　简述 I²C 总线的特点。

9-5　利用 RT-1602C 液晶显示模块、时钟芯片 DS1302 和其他电路，试设计一个简单的电子时钟。

第10章 综合实例

▶ 学习目标 ◀

单片机的实践和应用性很强，在前几章中集中讲述了单片机的工作原理、内部结构、内部资源、外部扩展、接口应用等，目的是让读者对单片机有了一个较全面地认识。为了加强单片机接口应用和编程能力的训练，本章采用综合实例的方式列举了 9 个简单的实际应用电路，从按键、显示、定时、中断、电机控制等各方面介绍单片机的应用。通过本章的学习，读者应掌握单片机应用系统的分析和设计方法。

10.1 流水灯的设计

1. 设计要求

利用数组及查表的方法，使端口 P1 呈单一灯的变化：左移循环 2 次，右移循环 2 次，闪烁 2 次（延时的时间为 0.2s）。流水灯亮的条件说明见表 10-1。

表 10-1 流水灯亮的条件说明

P1.7	P1.6	P1.5	P1.4	P1.3	P1.2	P1.1	P1.0	说明
L8	L7	L6	L5	L4	L3	L2	L1	
1	1	1	1	1	1	1	0	L1 亮
1	1	1	1	1	1	0	1	L2 亮
1	1	1	1	1	0	1	1	L3 亮
1	1	1	1	0	1	1	1	L4 亮
1	1	1	0	1	1	1	1	L5 亮
1	1	0	1	1	1	1	1	L6 亮
1	0	1	1	1	1	1	1	L7 亮
0	1	1	1	1	1	1	1	L8 亮

2. 流水灯的硬件设计电路

流水灯的硬件设计电路如图 10-1 所示。P1 口的某一位输出为低电平时，与其相应的发光二极管亮。

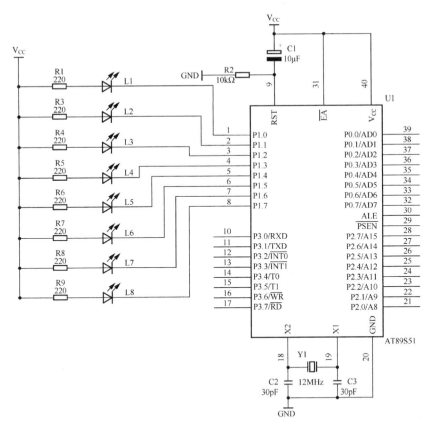

图 10-1 流水灯硬件设计电路

3. C 语言参考源程序

```c
#include <AT89X51.H>
unsigned char code table[]={0xfe,0xfd,0xfb,0xf7,
                            0xef,0xdf,0xbf,0x7f,
                            0xfe,0xfd,0xfb,0xf7,
                            0xef,0xdf,0xbf,0x7f,
                            0x7f,0xbf,0xdf,0xef,
                            0xf7,0xfb,0xfd,0xfe,
                            0x7f,0xbf,0xdf,0xef,
                            0xf7,0xfb,0xfd,0xfe,
                            0x00,0xff,0x00,0xff,
                            0x01};
unsigned char i;
void delay(void)
{
  unsigned char m,n,s;
  for(m=20;m>0;m--)
  for(n=20;n>0;n--)
  for(s=248;s>0;s--);
}
void main(void)
{
  while(1)
```

```
      {
        if(table[i]!=0x01)
          {
            P1=table[i];
            i++;
            delay();
          }
        else
          {
            i=0;
          }
      }
}
```

10.2　简易报警发生器设计

1．设计要求

编程实现从 P1.0 口分别输出 1kHz 和 500Hz 的音频信号驱动扬声器，作为报警信号；要求 1kHz 信号响声持续 100ms，500Hz 信号响声持续 200ms，交替进行。P1.7 口连接一个开关进行控制，当开关合上时发出报警信号，当开关断开时报警信号停止。

2．硬件电路设计图

简易报警发生器的硬件电路如图 10-2 所示。

3．程序流程图

程序流程图如图 10-3 所示。信号产生的方法：500Hz 信号周期为 2ms，信号电平为每 1ms 变反向 1 次，1kHz 的信号周期为 1ms，信号电平每 500μs 变反向 1 次。

4．C 语言参考源程序（采用延时的方式）

```
#include <AT89X51.H>
#include <INTRINS.H>
bit flag;
unsigned char count;
void delay500(void)
{
  unsigned char i;
  for(i=250;i>0;i--)
    {
      _nop_();
    }
}
void main(void)
{
```

```
while(1)
  {
    if(P1_7==0)
      {
        for(count=200;count>0;count--)
          {
            P1_0=~P1_0;
            delay500();
          }
        for(count=200;count>0;count--)
          {
            P1_0=~P1_0;
            delay500();
            delay500();
          }
      }
  }
}
```

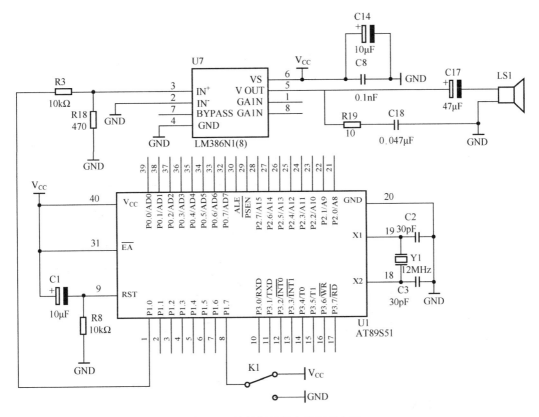

图 10-2　简易报警发生器硬件电路

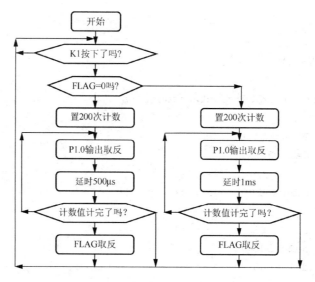

图 10-3　简易报警发生器程序流程图

10.3　外部负脉冲宽度测量电路

1. 设计要求

先在单片机 U1 中编程设计一个负脉冲（设 200μs）从 U1 的 P1.4 脚输出，再由第 2 片单片机的外中断 0（P3.2 脚）接收并检测负脉冲宽度，结果由 P1 口 8 位 LED 显示。电路原理图如图 10-4 所示。

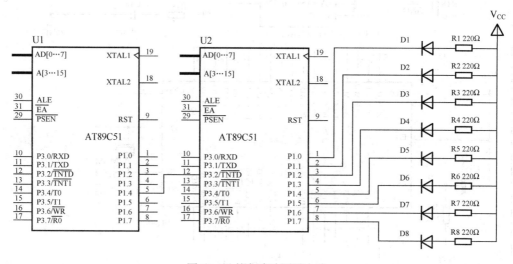

图 10-4　外负脉冲测量电路

2. C 语言参考源程序

1）对单片机 U1 编程产生 200μs 方波

```
#include<reg51.h>
sbit u=P1^4;
```

```
void main(void)
  {
    TMOD=0x02;
EA=1;                  //开总中断
ET0=1;                 //定时器 T0 中断允许
TH0=256-56;            //定时器 T0 的高 8 位赋初值
TL0=256-200;           //定时器 T0 的高 8 位赋初值
TR0=1;                 //启动定时器 T0
while(1);              //无限循环,等待中断
  }
void Time0(void) interrupt 1 using 0
{
    u=~u;              //将 P1.4 引脚输出电平取反,产生方波
  }
```

2）对单片机 U2 编写测量负脉冲宽度的程序

```
#include<reg51.h>
sbit u=P3^2;           //将 u 位定义为 P3.2
void main(void)
  {
    TMOD=0x02;
    EA=1;              //开放总中断
    EX0=1;             //允许使用外中断
    IT0=1;             //选择负跳变来触发外中断
    ET0=1;             //允许定时器 T0 中断
    TH0=0;             //定时器 T0 赋初值 0
    TL0=0;             //定时器 T0 赋初值 0
    TR0=0;             //先关闭 T0
while(1) ;             //无限循环,不停检测输入负脉冲宽度
  }
void int0(void) interrupt 0 using 0
{
    TR0=1;             //外中断一到来,即启动 T0 计时
TL0=0;                 //从 0 开始计时
while(u==0) ;          //低电平时,等待 T0 计时
P1=TL0;                //将结果送 P1 口显示
TR0=0;                 //关闭 T0
  }
```

10.4 "航标灯"控制程序设计

1. 设计要求

设单片机工作频率 f_{osc}=12MHz，要求具有以下功能：

① 航标灯在黑夜能定时闪闪发光，设定时间为 2s，即亮 2s，暗 2s，周期循环进行。

② 当白天到来时，灯熄灭，停止定时器工作。

2. 航标灯控制硬件设计电路

航标灯控制硬件设计电路如图 10-5 所示。T1 是光敏

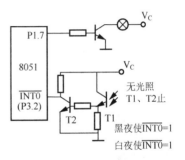

图 10-5 航标灯控制电路设计原理示意

三极管，当天黑无光照时，T1、T2 截止，使得单片机 P3.2 口（即 $\overline{INT0}$）为高电平"1"态；当天亮有光照时，T1、T2 道通，使得单片机 P3.2 口（即 $\overline{INT0}$）为低电平"0"态。

3. 程序设计方法

设 T0 为定时器，天亮时停止工作，天黑时启动定时器，定时时间 2s，每隔 2s 使 P1.7 引脚的输出状态取反，从而使灯亮 2s，暗 2s。

利用定时器门控位 GATE 与 INT0 的关系来实现启动黑夜定时器工作的控制，判断黑夜的到来。（当 GATE=1 时，允许计数的条件是 $\overline{INT0}$=1 且 TR0=1）

① 设置 TMOD：　　　　0000 1 0 01 B = 09H

即选 T0 方式 1、定时器、门控为 GATE=1，允许计数的条件是 $\overline{INT0}$=1 且 TR0=1。

② 计算定时初值。

设 T0 定时 50ms，工作方式 1。f_{osc}=12MHz。定时器初值为

　　　　T0 初值=216−50000μs/1μs =65536−50000=15536=3CB0H

即 TH0=3CH；TL0=B0H。

2S 的软件计数　　2S×1/50ms=40（次），即 T0 定时 50ms，循环 40 次可达到 2s。

4. 程序设计流程

航标灯控制程序设计流程如图 10-6 所示。

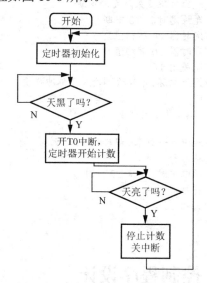

图 10-6　航标灯控制程序设计流程

C 语言参考程序：

```
#include<reg51.h>
 sbit P3_2=P3^2; sbit P1_7=P1^7;
 unsigned char i;
void main()
{  i=0;
TMOD=0x09;                              //GATE=1,工作方式为计数器
TH0=(65536 - 50000)/256;
```

```
TL0 =(65536-50000)%256;              //装入初值
While(1)
{while(P3_2==0);                      //等待天黑
 TR0=1; EA=1;    ET0=1;
  while(P3_2==1);                     //等待天亮,即脉冲上升沿
TR0=0;  EA=0;  ET0=0; P1_7=1;}       //停止计数,关灯
void  time0_int(void)  interrupt 1    //中断服务程序
{
TH0=(65536-50000)/256;
TL0 =(65536-50000)%256;
i++;
If(i==40)
{P1_7=! P1_7;i=0;}
}
```

10.5 99s 跑码表设计

1. 设计要求

开始时,显示"00",第 1 次按下 SP1 后就开始计时。第 2 次按下 SP1 后,计时停止。第 3 次按下 SP1 后,计时归零。

2. 跑码表硬件电路设计

跑码表硬件电路如图 10-7 所示。

3. 程序设计流程图

选用 T0 定时/计数器来定时,T0 的中断服务程序流程图如图 10-8 所示。

4. C 语言参考源程序

```
#include <reg51.h>
unsigned char code dispcode[]={0x3f,0x06,0x5b,0x4f,
                    0x66,0x6d,0x7d,0x07,
                    0x7f,0x6f,0x77,0x7c,
                    0x39,0x5e,0x79,0x71,0x00};
unsigned char second;
unsigned char keycnt;
unsigned int tcnt;
void main(void)
{
  unsigned char i,j;
  TMOD=0x02;
  ET0=1;
```

```
    EA=1;
    second=0;
    P0=dispcode[second/10];
    P2=dispcode[second%10];
    while(1)
      {
        if(P3_5==0)
          {
            for(i=20;i>0;i--)
            for(j=248;j>0;j--);
            if(P3_5==0)
              {
                keycnt++;
                switch(keycnt)
                  {
                    case 1:
                      TH0=0x06;
                      TL0=0x06;
                      TR0=1;
                      break;
                    case 2:
                      TR0=0;
                      break;
                    case 3:
                      keycnt=0;
                      second=0;
                      P0=dispcode[second/10];
                      P2=dispcode[second%10];
                      break;
                  }
                while(P3_5==0);
              }
          }
      }
}
void t0(void) interrupt 1 using 0
{
  tcnt++;
  if(tcnt==400)
    {
      tcnt=0;
      second++;
      if(second==100)
        {
          second=0;
        }
```

```
        P0=dispcode[second/10];
        P2=dispcode[second%10];
    }
}
```

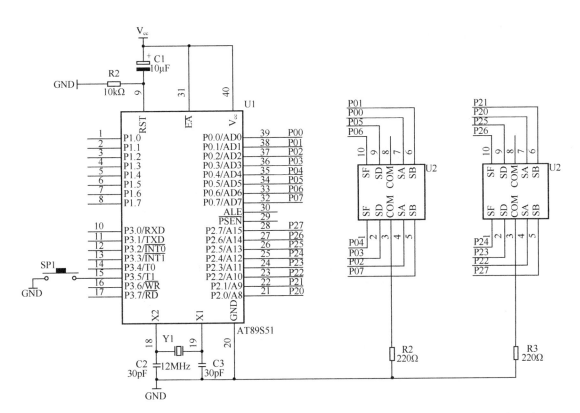

图 10-7   跑码表硬件电路图

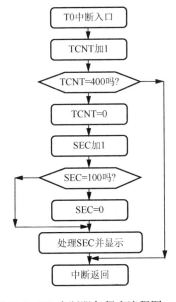

图 10-8   T0 中断服务程序流程图

10.6 独立式按键的应用

1. 设计要求

独立式按键控制流水灯电路如图 10-9 所示，要求按下 S1 键 P3 口的 8 位 LED 正向流水点亮，按下 S2 键 P3 口的 8 位 LED 反向流水点亮，按下 S3 键 P3 口的 8 位 LED 熄灭，按下 S4 键 P3 口的 8 位 LED 闪烁。

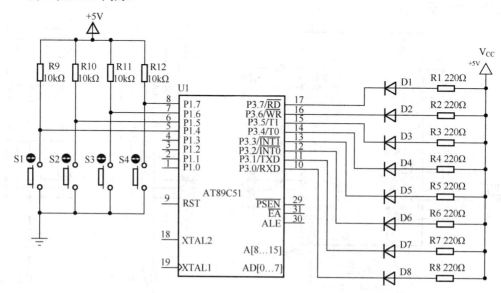

图 10-9　独立式按键控制流水灯电路

2. 程序设计

```
#include<reg51.h>
sbit S1=P1^4;          //将 S1 位定义为 P1.4 引脚
sbit S2=P1^5;          //将 S2 位定义为 P1.5 引脚
sbit S3=P1^6;          //将 S3 位定义为 P1.6 引脚
sbit S4=P1^7;          //将 S4 位定义为 P1.7 引脚
unsigned char keyval;  //储存按键值
void led_delay(void)   //数码显示延时函数量
{
  unsigned char i,j;
    for(i=0;i<250;i++)
     for(j=0;j<250;j++);
}
void delay30ms(void)   //软件消抖延时
{
  unsigned char i,j;
    for(i=0;i<100;i++)
    for(j=0;j<100;j++);
}
void forward(void)      //正向流水点亮
```

```
{ unsigned char m;
  for(m=0;m<8;m++)
   {
   P3=~(0x01<<m);
   led_delay();
   }
  P3=0xff;
 }
void backward(void)              //反向流水点亮
  { unsigned char n=0;
   for(n=0;n<8;n++)
    {
    P3=~(0x80>>n);
    led_delay();
    }
   P3=0xff;
 }
 void stop(void)                 //灯关闭函数
 {
 P3=0xff;
 }
 void flash(void)                //灯闪烁点亮函数
 {
   P3=0xff;
   led_delay();
   P3=0x00;
   led_delay();
}
void key_scan(void)             //键扫描函数
{
 if((P1&0xf0)!=0xf0)            //第一次检测到有键按下
   delay30ms();                 //延时 20ms 再去检测
    if((P1&0xf0)!=0xf0)
 {
   if(S1==0)                    //按键 S1 被按下

   keyval=1;
     if(S2==0)                  //按键 S2 被按下
       keyval=2;
        if(S3==0)               //按键 S3 被按下
          keyval=3;
          if(S4==0)             //按键 S4 被按下
            keyval=4;
   }
}
void main(void)                 //主函数
{
  keyval=0;                     //按键值初始化为 0,什么也不做
  while(1)
  {
```

```
key_scan();
   switch(keyval)
   {
    case 1:forward(); break;
    case 2:backward(); break;
     case 3:stop();     break;
      case 4: flash();  break;
   }
  }
}
```

10.7 带数码显示的 A/D 转换电路

ADC0809 是带有 8 位 A/D 转换器、8 路多路开关，以及微处理机兼容的控制逻辑的 CMOS 组件。它是逐次逼近式 A/D 转换器，可以和单片机直接接口。

1. 设计要求

从 ADC0809 的通道 IN3 输入 0～5V 的模拟量，通过 ADC0809 转换成数字量在数码管上以十进制形式显示出来。ADC0809 的 V_{REF} 连接 +5V 电压。

2. 硬件电路设计

单片机经 ADC0809 IN3 通道 A/D 转换电路数码显示硬件连接如图 10-10 所示。

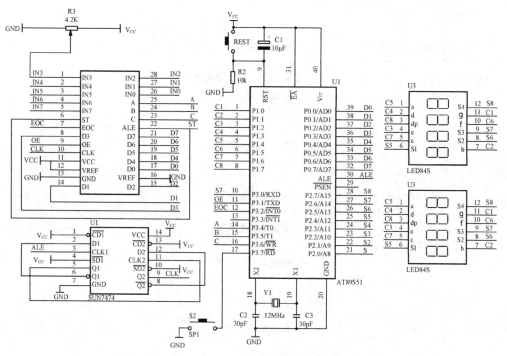

图 10-10　ADC0809 IN3 通道 A/D 转换数码显示电路

3．程序设计思路

进行 A/D 转换时，采用查询 EOC 的标志信号来检测 A/D 转换是否完毕，若完毕则把数据通过 P0 端口读入，经过数据处理之后在数码管上显示。进行 A/D 转换之前要启动转换（启动转换的方法：ABC＝110 选择第三通道，ST＝0，ST＝1，ST＝0 产生启动转换的正脉冲信号）。

4．C 语言参考源程序

```c
#include <AT89X52.H>
unsigned char code dispbitcode[]={0xfe,0xfd,0xfb,0xf7,
                                  0xef,0xdf,0xbf,0x7f};
unsigned char code dispcode[]={0x3f,0x06,0x5b,0x4f,0x66,
                               0x6d,0x7d,0x07,0x7f,0x6f,0x00};
unsigned char dispbuf[8]={10,10,10,10,10,0,0,0};
unsigned char dispcount;
sbit ST=P3^0;
sbit OE=P3^1;
sbit EOC=P3^2;
unsigned char channel=0xbc;    //IN3
unsigned char getdata;
void main(void)
{
  TMOD=0x01;
  TH0=(65536-4000)/256;
  TL0=(65536-4000)%256;
  TR0=1;
  ET0=1;
  EA=1;
  P3=channel;
  while(1)
    {
      ST=0;
      ST=1;
      ST=0;
      while(EOC==0);
      OE=1;
      getdata=P0;
      OE=0;
      dispbuf[2]=getdata/100;
      getdata=getdata%10;
      dispbuf[1]=getdata/10;
      dispbuf[0]=getdata%10;
    }
}
void t0(void) interrupt 1 using 0
{
  TH0=(65536-4000)/256;
  TL0=(65536-4000)%256;
  P1=dispcode[dispbuf[dispcount]];
  P2=dispbitcode[dispcount];
```

```
    dispcount++;
    if(dispcount==8)
      {
        dispcount=0;
      }
}
```

10.8　直流电机控制

1．设计目的

（1）掌握 ADC0831 串行 A/D 转换器的使用方法。

（2）掌握利用 51 系列单片机产生占空比可调的 PWM 波形的方法。

（3）了解直流电动机驱动电路的设计方法。

2．设计任务

利用 AT89S52 单片机对直流电动机进行转速、旋转方向控制。用一单刀双掷开关控制直流电动机的旋转方向，用电位器通过 ADC0831 控制转速。

3．基本要求

用 AT89C51 单片机输出占空比固定的 PWM 波，通过驱动电路使直流电动机按固定方向旋转。

4．进阶要求

在以上基础上，外接一个单刀双掷开关，用单片机判断开关的输入电平，进而控制直流电动机的旋转方向。

5．高级要求

在以上基础上，用 ADC0831 对模拟量进行实时转换，用单片机读取转换值，用以调节 PWM 波的占空比，进而调节电动机的转速。

6．设计原理

本例介绍 51 单片机对普通直流电动机进行控制的接口技术，即对普通直流电动机进行转向控制和转速控制。转速控制采用输出占空比固定的 PWM（脉冲宽度调制）波实现。其中占空比的控制可通过单片机采集 ADC0809 转换结果来调节。

用单片机控制直流电动机时，需要加驱动电路，为直流电动机提供足够大的驱动电流。使用不同的直流电动机，其驱动电流也不同。通常有以下几种驱动电路：三极管电流放大驱动电路、电动机专用驱动模块（如 L298）和达林顿驱动器等。如果是驱动单个电动机，并且电动机的驱动电流不大时，可选三极管搭建驱动电路。如果电动机所需的驱动电流较大，可直接选用市场上现成的电动机专用驱动模块，接口简单，操作方便，但价格较贵些。而达林顿驱动器实际上是一个集成芯片，单块芯片同时可驱动 8 个电动机，每个电动机由单片机的一个 I/O 口控制，当需要调节直流电动机转速时，使单片机相应的 I/O 接口输出不同占空比的 PWM 波形即可。

1）旋转方向控制

图 10-11 所示是一个三极管电流放大驱动电路，DIR 端控制转向，PWM 端控制转速。

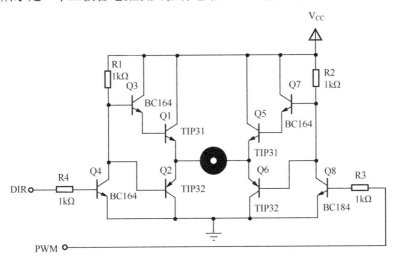

图 10-11　直流电动机驱动电路

当 DIR 端输入为高电平时，Q4 和 Q2 导通，Q1 和 Q3 判断，此时图中电动机左端为低电平，当 PWM 端输入低电平时，Q6 和 Q8 关断，Q5 和 Q7 导通，电流从 Q5 流向 Q2，电动机正转，而 PWM 端输入高电平时，Q6 和 Q8 导通，Q5 和 Q7 关断，没有电流通过电动机；当 DIR 端输入低电平时，Q4 和 Q2 关断，Q3 和 Q1 导通，当 PWM 端为高电平时，Q8 和 Q6 导通，Q5 和 Q7 关断，电流从 Q1 流向 Q6，电动机反转，若 PWM 端为低电平，则 Q8 和 Q5 关断，没有电流通过电动机。

硬件电路如图 10-12 所示，图中单片机的 P3.2 口接一单刀双掷开关 SW1，当开关输入高电平时，单片机的 DIR 端（P3.6）输出高电平，控制电动机正转；开关输入低电平时，单片机的 DIR 端输出低电平，控制电动机反转。在程序运行时查询开关所选通的电平，从而决定电动机的旋转方向（通过 DIR 端控制）。因此，只要控制 DIR 和 PWM 的电平就可以控制直流电动机的正转、反转和停转。

2）电动机转速控制

在 DIR 端电平确定（高或低）的情况下，若 PWM 端的信号是脉冲信号，则可以通过脉冲信号的占空比控制电动机的转速。占空比越大，电动机速度越快。

图 10-12 中用一个电位器作为 ADC0831 的模拟量输入，最大输入电压及参考电压均为 5V，数字量输出范围为 $0 < D_{out} < 255$。首先，单片机的 PWM 端（P3.7）输出高电平，再延时一段时间，延时常数为 $255 - D_{out}$，再输出低电平，延时常数为 D_{out}，这样，通过改变模拟输入电压的大小，就可以改变单片机 PWM 输出的占空比，从而达到调节电机转速的目的。

3）ADC0831

本设计中所用到的 ADC0831 为 8 位串行逐次逼近式 A/D 转换器，其引脚结构如图 10-13 所示。

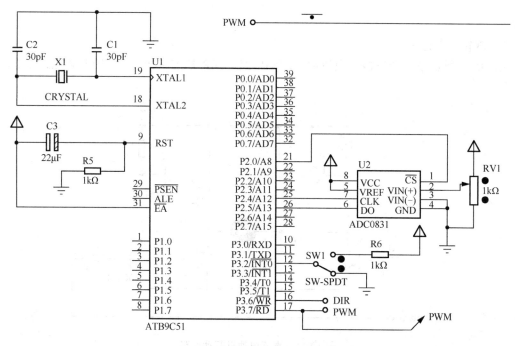

图 10-12　电动机转速控制电路

在图 10-13 中，CS 为片选信号输入端，$V_{IN}+$ 和 $V_{IN}-$ 为差分输入端，V_{REF} 为参考电压输入端，D0 为 A/D 转换数据输出端，CLK 为时钟信号输入端。ADC0831 的工作时序如图 10-14 所示。

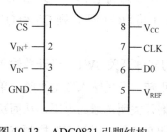

图 10-13　ADC0831 引脚结构

ADC0831 的工作过程如下：

首先，将 ADC0831 的时钟线拉低，再将片选端 CS 置低，启动 AD 转换。接下来在第一个时钟信号的下降沿到来时，ADC0831 的数据输出端被拉低，准备输出转换数据。从时钟信号的第 2 个下降沿到来开始，ADC0831 开始输出转换数据，直到第 9 个下降沿为止，共 8 位，输出的顺序为从最高位到最低位。

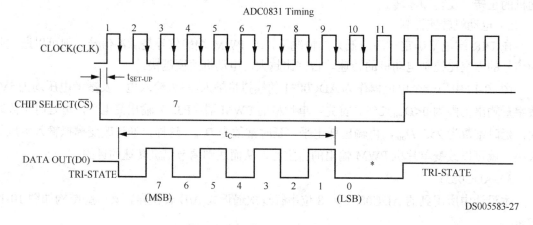

图 10-14　ADC0831 的工作时序

程序设计流程图如图 10-15 所示。

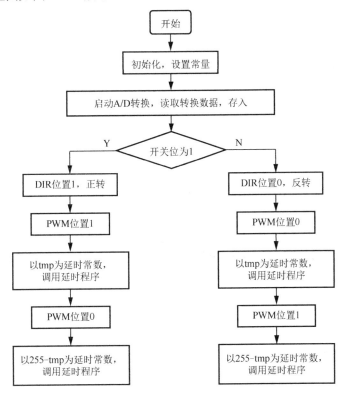

图 10-15　程序设计流程图

直流电动机正反转控制 C 语言参考程序：

```
#include <reg51.h>              //包含特殊功能寄存器库
#define uchar unsigned char     //定义uchar为无符号字符数据类型
sbit PWM=P3^7;                  //将PWM定义为P3.7引脚
sbit DIR=P3^2;                  //将DIR定义为P3.2引脚,转向选择位
uchar a, tmp;                   //定义变量a和tmp,用于放时间常数
void delay(uchar i)             //延时函数
{
  uchar j,k;                    //变量i、k为无符号字符数据类型
  for(j=i;j>0;j--)              //循环延时
  for(k=125;k>0;k--);           //循环延时
}

void main()                     //主函数
{
  while(1)                      //无限循环体
  {
    if (DIR ==1)                //如DIR =1,则正转
    {
      PWM=1;                    //正转,PWM=1
      a=tmp;                    //时间常数为tmp
      delay(uchar a);          //调延时函数
      PWM=0;                    //PWM=0
      a=255-tmp;               //时间常数为255-tmp
```

```
        delay(uchar a);                    //调延时函数
    }
    else                                   //否则,d=0,反转
    {
        PWM=0;                             //PWM=0
        a=tmp;                             //时间常数为 tmp
        delay(uchar a);                    //调延时函数
        PWM=1;                             //PWM=1
        a=255-tmp;                         //时间常数为 255-tmp
        delay(uchar a);                    //调延时函数
    }
    }
}
```

思考：在此基础上继续完成进阶要求和高级要求的编程。

10.9　步进电动机控制设计

1．步进电动机控制原理

步进电动机可直接接收数字信号，其实际上是一个数字/角度转换器。通过单片机给每相绕组施加有序的脉冲信号，可控制步进电动机的转动。转动角度的大小与施加的脉冲数成正比，转动速度与脉冲频率成正比，转动方向决定于脉冲顺序。

本设计中步进电动机控制板采用四相八拍方式。

正转通电顺序：A→AB→B→BC→C→CD→D→DA→A；

反转通电顺序：A→AD→D→DC→C→CB→B→BA→A。

在四相八拍下，步进电动机的运行平稳柔和，其时序如图 10-16 所示。

从图 10-16 中可以看出，如果给步进电动机发一个脉冲控制信号，它就转一步，再发一个脉冲，它会再转一步。两个脉冲的间隔时间越短，步进电动机就转得越快。因此，CP 脉冲的频率决定了步进电动机的转速。调整单片机发出脉冲的频率，就可对步进电动机进行调速。

步进电动机位置控制的通常做法是步进电动机每走一步，步距数减 1，若没有失步存在，当执行机构到达目标位置时，步距数正好减到 0。故可用步距数是否减到 0 作为步进电动机停止运行的信号。

步进电动机控制系统的接线原理如图 10-17 所示。

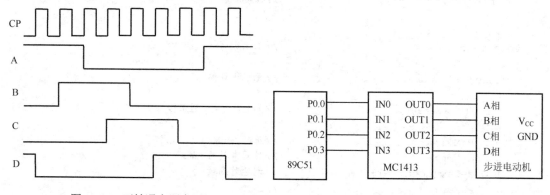

图 10-16　正转通电顺序　　　　　　图 10-17　定时器中断服务程序参考框图

2．设计要求

编程并调试出一个实现控制步进电动机的转向和速度的程序。转向指步进电动机的正反转，而速度可由程序设定为高、中、低三个挡位。

3．程序设计流程图

设单片机通过 P1.6 口向步进电动机发出脉冲控制信号，则流程图如图 10-18 所示。

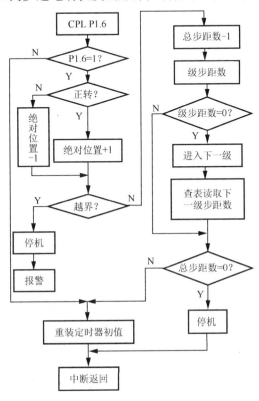

图 10-18　步进电动机控制系统的接线原理

4．汇编语言设计源程序

```
       ORG 0000H
       LJMP START


       ORG 0100H
START: MOV DPTR,#TAB
       MOV R2,#00h
       MOV R7,#08H
LOOP:  MOV A,R2
       MOVC A,@A+DPTR
       MOV P2,A
       INC R2
       LCALL DELAY
       DJNZ R7,LOOP
       SJMP START
```

```
DELAY: MOV R3,#20;2ms
DEL:MOV R4,#50
    DJNZ R4, $
   DJNZ R3,DEL
   RET

TAB:DB 00000100B;A
   DB 00001100B;AB
   DB 00001000B;B
   DB 00011000B;BC
   DB 00010000B;C
   DB 00110000B;CD
   DB 00100000B;D
   DB 00100100B;DA
   END
```

思考：请用 C 语言完成此例的程序编写。

习 题 10

10-1 参照图 10-1 的硬件电路，自己设计一流水灯，要求两位两位地左移一周后再右移一周，一直循环。试写出设计思路，画出流程图，并编写相应程序。

10-2 参照图 10-9 的硬件电路，设计内容：当按下 S1 键时，P3 口的 8 位 LED 循环从左右两边向中间逐一点亮；按下 S2 键时，P3 口的 8 位 LED 循环从中间向左右两边逐一点亮；按下 S3 键时，P3 口的 8 位 LED 从左到右两盏循环点亮；按下 S4 键时，P3 口的 8 位 LED 从右到左两盏循环点亮。

10-3 参照图 10-2 的硬件电路，用定时器中断的方式来产生 1kHz 和 500Hz 的音频输出信号，画出流程图，并编写相应程序。

10-4 参照图 10-7 的硬件电路，设计一个 60s 的马表，试编写相应的程序。

10-5 将图 10-10 的硬件电路改成从 IN7 通道进行采样，试编写相应的程序。

10-6 参照图 10-2 的硬件电路，用 AT89S51 单片机产生"嘀、嘀……"报警声从 P1.0 端口输出，产生频率为 1kHz。编程思路：1kHz 方波从 P1.0 输出 0.2s，接着从 P1.0 输出 0.2s 的低电平信号，如此循环下去，就形成我们所需的报警声了。

10-7 参照图 10-16，修改图 10-17 所示的流程图，使步进电动机的步距数也能实现控制。即步进电动机每输出一步，步距数减 1，当步距数为 0 时，步进电动机停止工作。

10-8 试编程，使步进电动机的步距数、速度参数和方向参数均可由应用板上的键盘设定。

第11章 单片机应用系统设计

▶ 学习目标 ◀

了解单片机设计开发的步骤，通过本章给出的系统设计实例，学习分析单片机应用系统的设计方法及过程。掌握在实际应用系统中单片机设计的基本方法。

11.1 单片机应用系统的基本结构

单片机应用系统是指以单片机为核心，配以一定的外围电路和软件，能实现某种功能的应用系统。它由硬件部分和软件部分组成。

11.1.1 单片机应用系统的硬件组成

单片机的硬件系统是指单片机，以及扩展的存储器、I/O 接口、外围扩展的功能芯片及其接口电路。单片机主要应用于工业测控，典型的单片机应用系统包括单片机系统和被控对象，如图 11-1 所示。

单片机应用系统的硬件电路设计包括两部分内容：一是单片机系统扩展。当单片机内部功能单元（如存储器、I/O 接口等）的容量不能满足系统的要求需外扩时，要选择适当的芯片，设计相应的扩展连接电路；二是系统配置。按照系统功能的要求配置外围设备，如键盘、显示器、A/D 和 D/A 转换器等，并设计合适的接口电路。

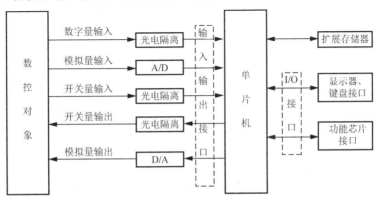

图 11-1 典型单片机应用系统结构

1．前向通道的组成及其特点

前向通道是单片机与测控对象相连的部分，是应用系统的数据采集的输入通道。

来自被控对象的现场信息有多种多样。按物理量的特征可分为模拟量和数字、开关量两种。

对于数字量（频率、周期、相位、计数）的采集，输入比较简单。它们可直接作为计数输入、测试输入、I/O 接口输入或中断源输入来进行事件计数、定时计数，以实现脉冲的频率、周期、相位及记数测量。对于开关量的采集，一般通过 I/O 口线或扩展 I/O 口线直接输入。一般被控对象都是交变电流、交变电压、大电流系统。而单片机属于数字弱电系统，因此在数字量和开关量采集通道中，要用隔离器件进行隔离（如光电耦元器件）。

前向通道具有以下特点：

（1）与现场采集对象相连，是现场干扰进入的主要通道，是整个系统抗干扰设计的重点部位。

（2）由于所采集的对象不同，有开关量、模拟量、数字量，而这些都是由安放在测量现场的传感、变换装置产生的，许多参量信号不能满足单片机输入的要求，故有大量的、形式多样的信号变换调节电路，如测量放大器、I/F 变换、A/D 转换、放大、整形电路等。

（3）前向通道是一个模拟、数字混合电路系统，其电路功耗小，一般没有功率驱动要求。

2．后向通道的组成与特点

（1）后向通道是应用系统的输出通道，大多数需要功率驱动。

（2）靠近伺服驱动现场，伺服控制系统的大功率负荷易从后向通道进入单片机系统，故后向通道的隔离对系统的可靠性影响很大。

（3）根据输出控制的不同要求，后向通道电路有多种多样，如模拟电路、数字电路、开关电路等，输出信号形式有电流输出、电压输出、开关量输出及数字量输出等。

3．人机通道的结构及其特点

（1）由于通常的单片机应用系统大多数是小规模系统，因此，应用系统中的人机对话通道，以及人机对话设备的配置都是小规模的，如微型打印机、功能键、LED/LCD 显示器等。若需高水平的人机对话配置，如通用打印机、CRT、硬盘、标准键盘等，则往往将单片机应用系统通过外总线与通用计算机相连，享用通用计算机的外围人机对话设备。

（2）单片机应用系统中，人机对话通道及接口大多采用内总线形式，与计算机系统扩展密切相关。

（3）人机通道接口一般都是数字电路，电路结构简单，可靠性好。

11.1.2　硬件系统设计原则

一个单片机应用系统的硬件电路设计包括三个部分内容：一是单片机芯片的选择；二是单片机系统扩展；三是系统配置。在硬件系统的设计中一般应遵循以下几项原则。

（1）尽可能选择典型通用的电路，并符合单片机的常规用法。为硬件系统的标准化、模块化奠定良好的基础。

（2）系统的扩展与外围设备配置的水平应充分满足应用系统当前的功能要求，并留有适当余地，便于以后进行功能的扩充。

（3）硬件结构应结合应用软件方案一并考虑。硬件结构与软件方案会产生相互影响，考虑的原则：软件能实现的功能尽可能由软件实现，即尽可能地用软件代替硬件，以简化硬件结构，降低成本，提高可靠性。但必须注意，由软件实现的硬件功能，其响应时间要比直接用硬件来得长。因此，某些功能选择以软件代替硬件实现时，应综合考虑系统响应速度、实时要求等相关的技术指标。

（4）整个系统中相关的器件要尽可能做到性能匹配，例如，选用晶振频率较高时，存储器的存取时间就短，应选择允许存取速度较快的芯片；选择 CMOS 芯片单片机构成低功耗系统时，系统中的所有芯片都应该选择低功耗产品。如果系统中相关的器件性能差异很大，系统综合性能将降低，甚至不能正常工作。

（5）可靠性及抗干扰设计是硬件设计中不可忽视的一部分，它包括芯片、器件选择、去耦滤波、印制电路板布线、通道隔离等。如果设计中只注重功能实现，而忽视可靠性及抗干扰设计，到头来只能是事倍功半，甚至会造成系统崩溃，前功尽弃。

针对可能出现的各种干扰，应设计抗干扰电路。在单片机应用系统中，一个不可缺少的抗干扰电路就是抗电源干扰电路。最简单的实现方法是在系统弱电部分（以单片机为核心）的电源入口对地跨接 1 个大电容（100μF 左右）与一个小电容（0.1μF 左右），在系统内部芯片的电源端对地跨接 1 个小电容（0.01~0.1μF）。

另外，可以采用隔离放大器、光电隔离器件抗共地干扰，采用差分放大器抗共模干扰，采用平滑滤波器抗白噪声干扰，采用屏蔽手段抗辐射干扰等。

（6）单片机外接电路较多时，必须考虑其驱动能力。驱动能力不足时，系统工作不可靠。解决的办法是增加驱动能力，增强总线驱动器或者减少芯片功耗，降低总线负载。

11.1.3 单片机应用系统的软件设计

整个单片机应用系统是一个整体。在进行应用系统总体设计时，软件设计和硬件设计应统一考虑，相结合进行。当系统的硬件电路设计定型后，软件的任务也就明确了。

一个应用系统中的软件一般是由系统的监控程序和应用程序两部分构成的。其中，应用程序是用来完成如测量、计算、显示、打印、输出控制等各种实质性功能的软件；系统监控程序是控制单片机系统按预定操作方式运行的程序，它负责组织调度各应用程序模块，完成系统自检、初始化、处理键盘命令、处理接口命令、处理条件触发和显示等功能。

系统软件设计时，应根据系统软件功能要求，将系统软件分成若干个相对独立的部分，并根据它们之间的联系和时间上的关系，设计出合理的软件总体结构。通常在编制程序前，先根据系统输入和输出变量建立起正确的数学模型，然后画出程序流程框图。要求流程框图结构清晰、简捷、合理。画流程框图时还要对系统资源作具体的分配和说明。编制程序时一般采用自顶向下的程序设计技术，先设计监控程序再设计各应用程序模块。各功能程序应模块化，子程序化，这样不仅便于调试、连接，还便于修改和移植。

应用软件设计的特点如下：

应用系统中的应用软件是根据系统功能设计的，应可靠地实现系统的各种功能。应用系统种类繁多，应用软件各不相同，但是一个优秀的应用系统的软件应具有以下特点：

（1）软件结构清晰、简捷、流程合理。

（2）各功能程序实现模块化，系统化。这样，既便于调试、连接，又便于移植、修改和维护。

（3）程序存储区、数据存储区规划合理，既能节约存储容量，又能给程序设计与操作带来方便。

（4）运行状态实现标志化管理。各个功能程序运行状态、运行结果，以及运行需求都设置了状态标志以便查询，程序的转移、运行、控制都可通过状态标志条件来控制。

（5）经过调试修改后的程序应进行规范化，除去修改"痕迹"。规范化的程序便于交流、借鉴，也为今后的软件模块化、标准化打下基础。

（6）实现全面软件抗干扰设计。软件抗干扰是计算机应用系统提高可靠性的有力措施。

（7）为了提高运行的可靠性，在应用软件中设置自诊断程序，在系统运行前先运行自诊断程序，用以检查系统各特征参数是否正常。

11.2 数字电子钟/日历系统设计实例

用单片机设计电子时钟通常有两种方法：一是通过单片机内部的定时器/计数器。这种方法硬件线路简单，采用软件编程实现时钟计数，一般称为软时钟。系统的功能一般与软件设计相关，通常用在对时间精度要求不高的场合；二是采用时钟芯片，它的功能强大，功能部件集成在芯片内部，自动产生时钟等相关功能。硬件成本相对较高，软件编程简单。通常用在对时钟精度要求较高的场合。

11.2.1 电子时钟/日历系统要求与设计方案

1. 设计要求及硬件电路设计

用单片机及键盘、LED 数码管显示器构成一个单片机应用硬件系统，在此硬件系统上设计一个时间可预制的数字电子钟，用 8 个数码管显示小时、分钟和秒，另用 8 个数码管显示年月日（要求能区分大、小月和闰月）。显示部分与键盘合用部分 I/O 接口，显示采用动态显示，键盘为矩阵式。简单的仿真电路接口如图 11-2 所示。

图中，显示年月日的 8 个数码管的字段码输入端（ABCDEFG ）及小数点输入端（DP）接单片机的 P3 口，8 个数码管的 8 根位线接单片机的 P2 口。显示小时、分钟和秒的 8 个数码管的字段码输入端（ABCDEFG）及小数点输入端（DP）接单片机的 P0 口，8 根位线也接单片机的 P2 口。矩阵式键盘的 16 个按键的行列接单片机的 P1 口。

软时钟利用单片机内部的定时器/计数器来实现，它的处理过程如下：首先设定单片机内部的一个定时器/计数器工作于定时方式，设单片机晶振频率为 12MHz，对机器周期计数形成基准时间（如 50ms）。然后采用中断的方式，每 50ms 中断一次，累计中断 20 次记为 1s，秒计 60 次形成分，分计 60 次形成小时，小时计 24 次则计满一天。最后通过数码管把它们的内容在相应位置显示出来即可。

在设计软件时，LED 采用动态显示方式，键盘采用行列式扫描工作方式，键盘程序中的去抖动延时程序可改用显示子程序来代替。键盘扫描子程序一般具有以下几个功能：判断键盘上有无键按下；去键抖动影响；逐列扫描键盘以确定被按键的位置号，键号=行号+列号；判断闭合的键是否释放等。键盘中的 0 号、1 号键为小时、分钟的调整键，2 号、3 号键为月、日的调整键。本例中只介绍了几个调整键的设计，在此基础上，有兴趣者可将其余键增设所需的功能。

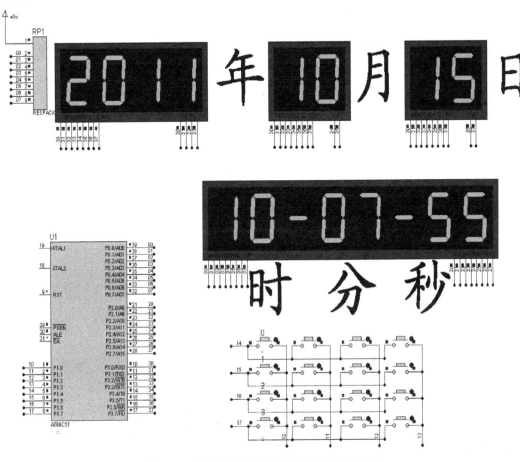

图 11-2　数字电子钟/日历系统单片机接口电路

2. 软件设计（用 C 语言程序设计）

```c
#include<reg51.h>
#define uchar unsigned char
#define uint unsigned int
uchar  code  led_7seg[11]={0xC0,0xF9,0xA4,0xB0,0x99,0x92,0x82,0xF8,0x80,0x90,
0xBF};
/*显示 0 1 2 3 4 5 6 7 8 9 '-' */
uchar hour=23,minute=59,second=58,month=2,day=28,n=0;  //初始化显示
uint count=0,year=2011,a,b;
void init_timer0(void)                              //定时 50ms
{
 TMOD=0x01;
 TH0=(65536-50000)/256;
 TL0=(65536-50000)%256;
 ET0=1;
 TR0=1;
```

```
    EA=1;
    }
    void runnian(void)                    //闰年的判断和大、小月份天数的判断
    {
     if((year%4==0)&&(year%100!=0)||(year%400==0))
     {
     if((month==1)||(month==3)||(month==5)||(month==7)||(month==8)||(month==
10)||(month==12))
       {b=32;}
     if((month==4)||(month==6)||(month==9)||(month==11))
       {b=31;}
     if(month==2)
       {b=30;}}
    else
    {
    if((month==1)||(month==3)||(month==5)||(month==7)||(month==8)||(month==
10)||(month==12))
       {b=32;}
     if((month==4)||(month==6)||(month==9)||(month==11))
       {b=31;}
     if(month==2)
       {b=29;}
    }}

    void dl_10ms(void)                    //延时函数
    {
     uchar i;
     for(i=100;i>0;i--){}
    }


    //*****************************
    uchar kbscan(void)                    //键盘扫描函数
    {
     uchar sccode,recode;
     P1=0xF0;
     if((P1&0x0F)!=0XF0)                   //判断是否有键按下
     {
      dl_10ms();                          //延时去抖动
      if((P1&0xF0)!=0XF0)
      {
       sccode=0xFE;                       //先判断第一行有没有键按下
       while((sccode&0x10)!=0)            //最多只能左移 4 次
       {
         P1=sccode;
         if((P1&0xF0)!=0xF0)              //判断行
         {
         recode=(P1&0xF0)|0x0F;
         return((~sccode)+(~recode));     //返回按键值
         }
         else
         {
         sccode=(sccode<<1)|0x01;         //如果没有键按下,移动行再次扫描
```

```
            }
         }
      }
   }
   return(0);
}

//******************************
void timer0_int(void) interrupt 1 using 1       //中断函数,50ms 中断一次
{
THO=(65536-50000)/256;
TLO=(65536-50000)%256;
count++;
for(n=0;n<20;n++)                               //判断是否到 1s
switch(n&0x07)
{
 case 0:{P0=0XFF; P2=0x00; P3=0xFF;
         P0=led_7seg[hour%10];
         P3=led_7seg[year/100%10];P2=0x02;}break;//2011 中'0'的显示,小时的低位
 case 1:{P0=0XFF;P2=0X00;P3=0xFF;
         P0=led_7seg[hour/10];
         P3=led_7seg[year/1000];P2=0x01;}break; //2011 中'2'的显示,小时的高位
 case 2:{P0=0XFF;P2=0X00;P3=0xFF;
         P0=led_7seg[10];
         P3=led_7seg[year%100/10];P2=0x04;}break; //2011 中第一个'1'的显示,'-'显示
 case 3:{P0=0XFF;P2=0X00;P3=0xFF;
         P0=led_7seg[minute%10];
         P3=led_7seg[month/10];P2=0x10;}break; //09 中'9'的显示,分钟的低位
 case 4:{P0=0XFF;P2=0X00;P3=0xFF;
         P0=led_7seg[minute/10];
         P3=led_7seg[year%10];P2=0x08;}break;     //2011 中第二个'1'的显示,分钟的高位
 case 5:{P0=0XFF;P2=0X00;P3=0xFF;
         P0=led_7seg[10];
         P3=led_7seg[month%10];P2=0x20;}break; //09 中'0'的显示,'-'显示
 case 6:{P0=0XFF;P2=0X00;P3=0xFF;
         P0=led_7seg[second%10];
         P3=led_7seg[day%10];P2=0x80;}break;   //20 中'0'的显示,秒的低位
 case 7:{P0=0XFF;P2=0X00;
         P0=led_7seg[second/10];
         P3=led_7seg[day/10];P2=0x40;}break;   //20 中'2'的显示,秒的高位
 default:break;
}
 if(count==20)
 {
 count=0;
 second++;
 if(second==60)
 {
  second=0;
  minute++;
  if(minute==60)
  {
```

```
             minute=0;
             hour++;
             if(hour==24)
             {
              hour=0;
              day++;
              runnian();                    //判断几月是最多几天
              if(day==b)
              {
               day=1;
               month++;
               if(month==12)
               {
                year++;
               }
              }
             }
            }
           }
          }
         }
void main(void)
{
 uchar key;
 init_timer0();
 while(1)
 {
  key=kbscan();
  switch(key)
  {
   case 0x11:
   {
    if(hour<23)hour++;
    else hour=0;
    while(key==0x11){key=kbscan();}       //确定按键是否按下,小时加1,'0'号键
   }
   break;
   case 0x21:
   {
    if(minute<59)     minute++;
    else minute=0;
    while(key==0x21){key=kbscan();}    //分钟加1,'1'号键
   }
   break;
   case 0x41:
   {
    if(day<=(b-1))    day++;
    else day=0;
    while(key==0x41){key=kbscan();}    //日数加1,'2'号键
   }
   break;
   case 0x81:
```

```
    {
     if(month<=11)      month++;
     else month=0;
      while(key==0x81){key=kbscan();}    //月数加1,'3'号键
       }
      break;
   default:break;
  }
 }
}
```

11.3 单片机遥控系统的应用设计

目前市场上一般设备系统均采用专用的遥控编码及解码集成电路。虽具有制作简单、容易等特点，但由于功能键数及功能受到特定的限制，只适合用于某一专用电器产品的应用，应用范围有限。而采用单片机进行遥控系统的应用设计，具有编程灵活多样、操作码个数可随意设定等优点。

11.3.1 系统要求与设计方案

该系统采用红外线脉冲个数编码、单片机软件解码实现了对一个交流电动机的开启及转速控制。系统用了两个单片机，用一个 AT89C2051 单片机作为控制芯片制作一个遥控器，用另一个 AT89C52 单片机控制系统能被遥控操作。图 11-3 和图 11-4 为该应用系统的遥控器设计原理框图及接收控制系统设计原理框图。

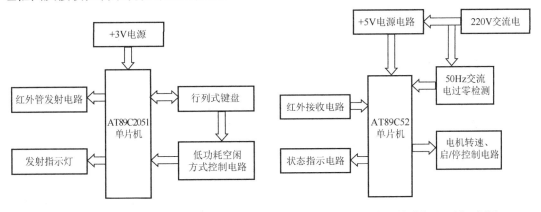

图 11-3 单片机遥控器设计原理框图   图 11-4 接收控制系统设计原理框图

11.3.2 系统硬件电路的设计

单片机遥控应用系统电路分遥控发射器电路和遥控接收系统电路。

1. 遥控发射器的电路设计

图 11-5 为单片机遥控器的电路设计原理图，电路主要由 AT89C2051 单片机、行列式操作

键盘、低功耗空闲方式控制电路、红外发射电路、电源等部分组成。单片机平时都处于低功耗空闲状态，一旦有键按下，就会通过中断唤醒单片机，进行键盘查询；并由查询的键号控制红外管发射电路发射相应的脉冲，发射完毕后再进入低功耗空闲状态。

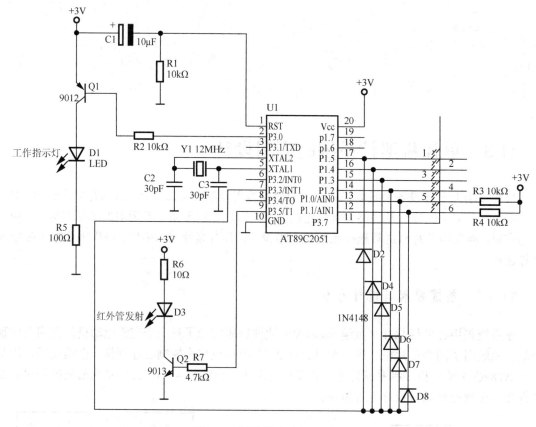

图 11-5　遥控器电路设计原理

1）AT89C2051 单片机

遥控电路的主芯片采用美国 ATMEL 公司的 AT89C2051 FLASH 单片机，引脚如图 11-6 所示。它具有 2KB 字节可重编程闪速存储器、2.7～6V 的电源使用电压、128×8 位的内部 RAM、两个 16 位定时器/计数器，5 个中断源，直接 LED 驱动输出，以及空闲和掉电方式等功能。遥控器采用两节 1.5V 电池串联提供 3V 电源供电。

AT89C2051 单片机 20 个引脚介绍如下所述。

P1 口：8 位双向 I/O 接口，引脚 P1.2～P1.7 有内部上拉电阻。P1.0、P1.1 要求外部上拉电阻。P1.0、P1.1 还分别作为片内精密模拟比较器的同相输入（AIN0）和反相输入（AIN1）。P1 口输出缓冲口可吸收 20mA 电流并能直接驱动 LED 显示。

P3 口：P3.0～P3.5、P3.7 是带有内部上拉电阻的 7 个双向 I/O 引脚。P3.6 用于固定输入片内比较器的输出信号，它作为一个通用 I/O 引脚而不可访问。

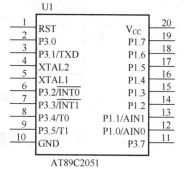

图 11-6　AT89C2051 引脚

省电工作方式：AT89C2051 的 CPU 有两种节电工作方式即空闲方式和掉电方式，由 SFR 中的电源控制寄存器 PCON 的控制位来定义。遥控器采用了空闲节电工作方式。PCON 不可位寻址。其控制格式为

SMOD	—	—	—	GF1	GF0	PD	IDL

GF1、GF0：通用标志位。

PD：掉电方式控制位。PD=1，系统进入掉电工作方式。

IDL：空闲方式控制位。IDL=1，系统进入空闲工作方式。

空闲工作方式：

当 CPU 执行完置 IDL=1（PCON.0 =1）指令后，系统进入了空闲工作方式，这时内部时钟不向 CPU 提供，而只供给中断、串行口、定时器部分。退出低功耗空闲方式有两种：一是任何中断请求被响应后都由硬件将 IDL 清零，终止空闲工作方式。当执行完中断服务程序返回时，从置空闲工作方式指令的下一条指令开始继续执行程序；二是硬件复位退出空闲工作方式。

本电路中，遥控器退出低功耗空闲方式电路由 IN4148 二极管组成与门实现。当有键按下时，由与门触发外部中断 1 发生中断，单片机退出空闲工作方式，进入键盘和红外发射程序，结束后又进入低功耗空闲方式待机。使用过程中单片机基本上都处于空闲工作方式，功耗相当低，从而为使用电池电源提供保障。

掉电工作方式：

当 CPU 执行完置 PD=1（PCON.1 =1）指令后，系统进入掉电工作方式。在这种工作方式下，内部振荡器停止工作。但内 RAM 和特殊功能寄存器的内容保留。退出掉电工作方式的唯一方法是由硬件复位。

2）行列式操作键盘

行列式操作键盘又称矩阵式键盘。用 I/O 线组成行、列结构，按键设置在行列的交点上，行列线分别连接到按键开关的两端，键盘中有无按键按下是由列线送入扫描字、行线读入行线状态来判断的。为了提高 CPU 效率，同时也为了节约电池电源能量，遥控器采用按键中断扫描方式。无键按下时，单片机处于低功耗空闲待机方式；有键按下时，触发外部中断实现查键及执行键功能程序。

3）红外线发射和指示灯电路

遥控器信息码由 AT89C2051 单片机的定时器 1 调制成 38.5kHz 红外线载波信号，由 P3.5 口输出，经过三极管 9013 放大，由红外线发射管发送。电阻 R1 的大小可以改变发射距离。按键的操作指示灯使用一个 LED 发光二极管。

2. 电动机控制系统的电路设计

图 11-7 为单片机电动机控制系统电路设计原理图，控制系统主要由 AT89C52 单片机、+5V 电源电路、红外接收电路、50Hz 交流电过零检测电路、电动机转速及启/停控制电路等部分组成。遥控器发射的信号经红外接收处理传送给单片机，单片机根据不同的信息码进行电动机转速控制或电动机启/停控制等操作，并完成相应的状态指示。

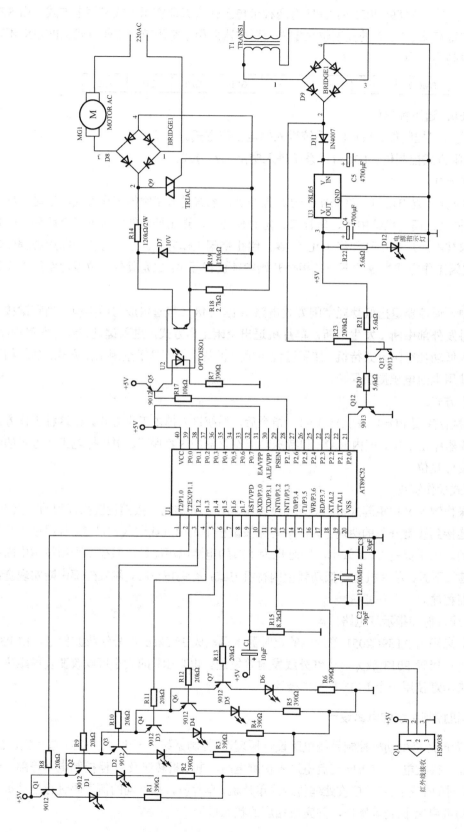

图 11-7 单片机电机控制系统电路原理图

1）AT89C52 单片机

控制芯片采用美国 ATMEL 公司的 AT89C52 FLASH 单片机，它具有 8K 字节可编程闪速存储器、256×8 位内部 RAM、3 个 16 位定时器/计数器、6 个中断源、低功耗空闲和掉电方式等特点。控制系统采用 5V 电源电压，外接 12MHz 晶振。

2）电源电路

电源电路由桥式整流、滤波电容、7805 稳压器及电源指示灯组成。交流电经过桥式整流变成直流电，再经过电容滤波，7805 集成稳压器稳压成为稳定的+5V 电源，用一个发光二极管指示灯指示电源状态。

3）红外接收和状态指示电路

目前市场上红外遥控接收器已集成模块化，一般为三管脚，输出为检波整形过的方波信号。

电动机的状态指示用 LED 发光二极管，采用 9012 晶体管驱动，共有 7 个电动机状态指示灯，其中 2 个为电动机启、停状态提示，另 5 个为电动机 5 挡转速状态指示。

4）50Hz 交流电过零检测电路

交流电过零检测电路如图 11-8 所示。

过零检测电路由桥式整流电路和 2 个 9013 三极管组成。当 $U_A=U_{BE}\geq0.7V$ 时，T1 三极管导通，T2 三极管截止，B 点为低电平，C 点为高电平；当 $U_A=U_{BE}<0.7V$ 时，T1 三极管截止，T2 三极管导通，B 点变高电平，C 点为低电平。

交流电过零检测电路图中各点电压波形如图 11-9 所示。

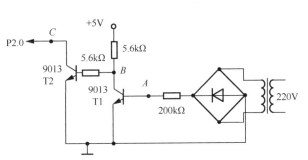

图 11-8　交流电过零检测电路

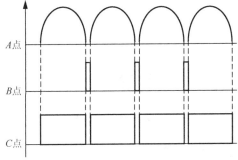

图 11-9　交流电过零检测电路中各点电压波形

5）电动机转速和启/停控制模块

图 11-10 为可控硅电动机控制电路设计原理图。电动机转速和启/停是由可控硅的导通角控制的。AT89C52 产生可控硅控制的移相脉冲，移相角的改变实现导通角的改变，即当移相角较大时，可控硅的导通角较小，输出电压较低，电动机转速较慢；当移相角较小时，可控硅的导通角较大，输出电压较高，电动机转速较快；当导通角不为零时，电动机启动；当导通角为零时，电动机停转。

当 AT89C52 的 P2.7 位低电平时，9012 三极管导通，三极管集电极电流驱动光电耦合器导通，使可控硅的 G 极产生脉冲信号触发可控硅导通；当 AT89C52 的 P2.7 位高电平时，9012 三极管、光电耦合器、可控硅都处于截止状态。可控硅导通角控制电路中各点波形如图 11-11 所示。

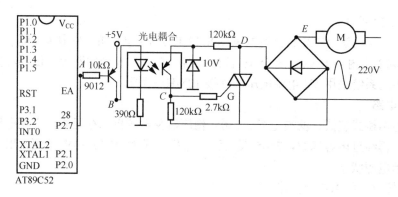

图 11-10　可控硅电机控制电路

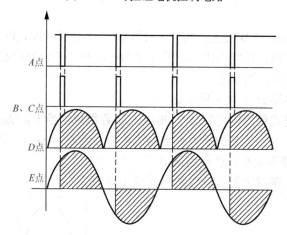

图 11-11　可控硅导通角控制电路中各点波形

11.3.3　系统程序设计

1．遥控器的系统程序设计

1）初始化程序和主程序

初始化程序和主程序流程图如图 11-12 所示。初始化程序主要是设置 P1 口和 P3 口为高电平状态，关 P3.5 遥控输出，设置堆栈 SP，设置中断优先级 IP，选择定时器 / 计数器 1 和设置操作模式为自动 8 位重载模式。

主程序部分首先调用初始化程序，再进入主程序循环状态。在循环中主要有两个任务，即调用键盘程序和进入低功耗空闲待机方式。系统完成键盘查询程序后即进入空闲节电方式，直到外部中断 1 中断或硬件复位而退出，CPU 再次转向循环部分调用键盘程序。

2）外部中断 1 和定时器 1 中断服务程序

外部中断 1 中断服务程序的功能是，当有键按下时，通过与门触发中断 1 中断，IDL 被硬件清零，单片机结束低功耗空闲节电方式，执行进入低功耗空闲方式命令后面的一条指令。所以在外部中断 1 中断服务程序中只需一条中断返回指令。

定时器 1 中断服务程序的功能是，红外管发射的信号需经过高频调制载波才可发射出去，利用定时器 1 的定时作用，在发射高频脉冲时，通过定时对 P3.5 口的取反操作，使发射信号调制成 38.5kHz 高频。

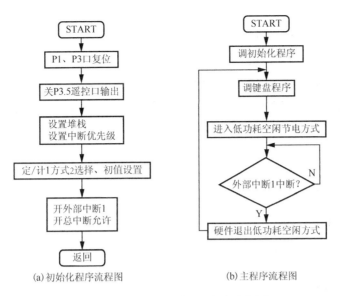

(a) 初始化程序流程图　　　　　(b) 主程序流程图

图 11-12　初始化程序和主程序流程图

3）键扫描、红外发射程序

键扫描和发射程序流程图如图 11-13 所示。

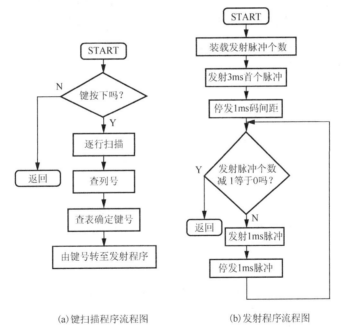

(a) 键扫描程序流程图　　　　　(b) 发射程序流程图

图 11-13　键扫描和发射程序流程图

遥控器的编码采用脉冲个数编码格式，不同的脉冲个数代表不同的操作码，最少为 2 个脉冲，其他信息码的脉冲个数逐个递增。为了使接收可靠，第一位码宽为 3ms，其余为 1ms，码间距为 1 ms，遥控码数据帧间隔大于 10ms。遥控器上每个键都有唯一的一个键号，CPU 通过查得按下键的键值发约定个数的脉冲。遥控器编码格式如图 11-14 所示。

2．接收控制系统的软件设计

1）初始化程序和主程序模块

初始化程序和主程序流程图如图 11-15 所示。初始化程序部分主要使系统进入复位初始化的状态值。具体为 P1 口到 P3 口为高电平状态，选择工作寄存器区，设置堆栈 SP，设置中断优先级 IP，开外部中断 0，设置电动机默认停机标志位。

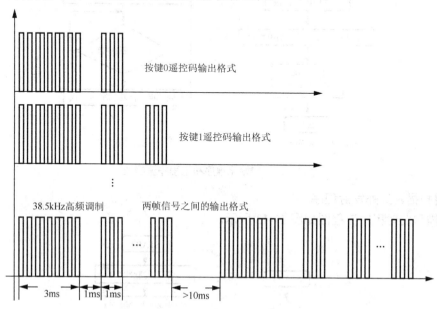

图 11-14　遥控编码格式

主程序部分首先调用初始化程序，再进入主程序循环状态。在循环中主要任务是 50Hz 交流电过零检测和调用移相角控制的延时程序。

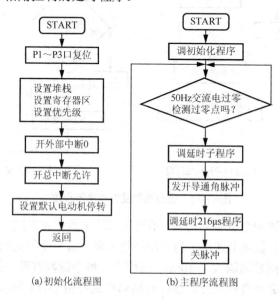

(a)初始化流程图　　(b)主程序流程图

图 11-15　接收控制系统初始化程序和主程序流程图

2）外部中断 0 中断服务程序

当红外接收器输出脉冲帧数据时（红外线接收器输出波形如图 11-16 所示），第一位码的下降沿触发中断程序，实时接收数据帧，并对第一位（起始位）码的码宽进行验证，若第一位低电平码的脉宽小于 2ms，将作为错误帧处理，当间隔位的高电平脉冲宽大于 3ms 时，结束接收，然后根据累加器 A 中的脉冲数，执行相应的功能操作。外部中断 0 中断服务程序流程图如图 11-17 所示。

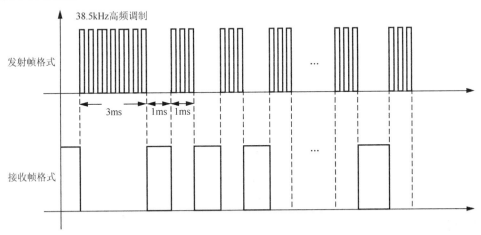

图 11-16　红外线接收器输出波形

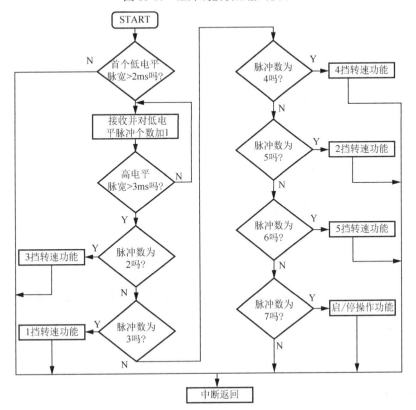

图 11-17　外部中断 0 中断服务程序流程图

3）移相角控制用延时程序

通过改变移相角的大小，可以改变可控硅导通角的大小，从而改变输出电压的高低，所以移相角的变化控制着电动机转速的变化。移相角是利用软件延时的长短来改变的，当延时长时，移相角大，导通角小；当延时程序短时，移相角小，导通角大；当导通角为零时，电动机停转。

11.3.4 调试及性能分析

1．调试

系统在完成硬件的检查后主要进行软件的调试，对遥控器的调试主要是用示波器观察能否在遥控接收器中输出图11-16所示的波形，另外调整发射电阻的大小可以改变红外线发射的作用距离。电动机控制系统的调试主要是对可控硅延时时间的调整，电动机停机和5挡转速的移相角控制延时经调试后确定如下：

停机时的移相角控制延时：256μs×26H=9728μs

1挡转速（默认、最慢转速），移相角控制延时：256μs×1CH=7168μs

2挡转速，移相角控制延时：256μs×19H=6400μs

3挡转速，移相角控制延时：256μs×16H=5632μs

4挡转速，移相角控制延时：256μs×12H=4608μs

5挡转速（最快转速），移相角控制延时：256μs×0EH=3584μs

另外遥控接收头在安装时应注意尽量靠表面，以扩大接收的角度，不同厂家的遥控接收头的灵敏度也不一致，应选择确定。

2．性能指标

调试后系统性能指标测试如下：

① 最大遥控距离：10s

② 发射接收角：水平最大90°

③ 遥控器发射时工作电流：8 mA

④ 遥控器静态电流：0.6 mA

⑤ 电动机控制系统最大输出电压（5挡转速）：交流200V

⑥ 电动机控制系统最慢输出电压（1挡转速）：交流50V

⑦ 电动机控制系统停止输出电压：0V

采用红外线遥控方式时，距离、角度等使用效果受一定的限制，若采用调频或调幅发射接收，则发射距离会更远，接收将不受角度的影响。本单片机遥控编码及解码方案适合一切需要应用到遥控的电器系统，是自行设计带遥控功能的控制系统的首选理想方案。

11.3.5 控制源程序清单

用C语言编程实现发送与接收

```
/*****遥控器系统软件程序(IRAD TX.c)***
IRAD TX
6MHz
********************************************/
```

```c
#include <reg51.h>
#include <intrins.h>
#include <IRAD_TX.h>

/*********************
 延时
 ********************/
void Delay (uchar N)
{
  uchar i;
  for(i=0;i<N;i++)
    {
      nop();
      nop();
    }

}

/*********************
  键扫描函数 Key_Work()
 ********************/
void Key_Work (void)
{
KeyBufA = KeyBufB = 0xff;
P1 = 0XFF;
KeyRow = 0;
KeyBufA = P1;
if (KeyBufA == 0xFF)
  {
    return;                     //没有按键按下,返回
  }
Delay(250);                     //5ms delay
KeyBufB = P1;
  if (KeyBufA != KeyBufB)       //键盘消抖
   {
    return ;
   }
switch (KeyBufB)
 {
  case 0xfe://key0
    RFCount = 2 ;
    break;
    case 0xfd://key1
    RFCount = 3 ;
    break;
    case 0xfb://key2
    RFCount = 4 ;
    break;

      case 0xf7://key3
        RFCount = 5 ;
          break;
```

```
            case 0xef://key4
              RFCount = 6 ;
                break;
            case 0xdf://key5
              RFCount = 7 ;
                break;
            case 0xbf:
                //key6 no use
                break;
            case 0x7f:
                //key7 no use
                break;
            case 0xff:
                RFCount = 0;
                break;
            default: //err
        }
}   //*** end of the "Key_Work"
/********************
 发射函数 RF_Send ()
********************/
void RF_Send (void)
{
 uchar i,rf_i;
 rf_i = 0;
  while (RFCount != 0)
    {
      RFCount--;                      //发送码数递减
    if (rf_i == 0)
      {
      rf_i = 1;                       //第一个码
        for (i=0;i<45;i++)     //3ms
          {
            ET1 = 1;
            TR1 = 1;
              }
          }
        else
          {
        for (i=0;i<15;i++)       //1ms
            {
              ET1 = 1;
              TR1 = 1;
                }
            }
        for (i=0;i<13;i++)       //1ms
          {
            TR1 = 0;
            ET1 =0;
            RFOut = 0;
          }
        }
```

```
 Led = 0;
 for (i=0; i<100;i++)                    //500ms
  {
   Delay(82);
  }
 Led = 1;
}//*** end of the "RF_Send"

/*******************
初始化函数 Start_Ram()
*******************/
void Start_Ram (void)
{
P1 = 0XFF;
P3 = 0XFF;
RFOut = 0;
IE = 0;
IP = 4;
TMOD = 0X20;
TH1 = 0XF3;
TL1 = 0XF3;
EX1 = 1;
IT1 = 1;
EA = 1;
}//*** end of the "Start_Ram"

/*******************
  主函数 main
*******************/
void main (void)
{
SP = 0X70;
Start_Ram();
while(1)
  {
   Key_Work ();
   nop();
   PCON |= 0;
   RF_Send ();

  }
}//*** end of the "main"
/*******************
 中断处理

*******************/
void Int1Int(void) interrupt 3 using 0
{
IE1 = 0;
PCON &= 0;
}//*** end of the "Int1Int"
/*******************
```

```
   Timer1Int
*******************/
void Timer1Int(void) interrupt 4 using 0
{
TF1 = 0;
RFOut = ~RFOut;
}//*** end of the "Int1Int"
/*******接收控制系统软件程序(IRAD_RX.c)*****************
   IRAD_RX.c
   12MHz
*****************************************/
#include <reg52.h>
#include <intrins.h>
#include <IRAD_RX.h>
/********************
 延时函数 Delay
*******************/
void Delay (uchar N)
{
 uchar i;
 for (i = 0 ;i<N ;i++)
   {
    nop();
    nop();
    nop();
   }
}//*** end of the "Delay"


/********************
 初始化 Start_Ram
*******************/
void Start_Ram (void)
{
P0 = 0XFF;
P1 = 0XFF;
P2 = 0XFF;
P3 = 0XFF;
P1 = 0XFE;
motorb = 1;
IE = 0;                    //关中断
IP = 1;                    //优先级别
EX0 = 1;                   //外中断 1 开
IT0 = 1;
TMOD = 0X10;
TH1 = 0X3C; TL1 = 0XB0;    //定时器 1 设定
ET1 = 1;
TR1 = 1;
EA = 1;
}//*** end of the "Start_Ram"


/********************
 主函数 main()
```

```
*******************/
void main (void)
{
SP = 0X60;
  Start_Ram ();
while (1)
 {
    while(zerob == 1)                //过零检测等待
      {;
        }
      for(;on_time > 0;on_time--)
        {
          Delay(23) ;
          }
      motorb = 0;
        Delay (23);
          motorb = 1;
    }
}//*** end of the "main"

/*******************
 中断函数 Int1Int
*******************/
void Int0Int(void) interrupt 0 using 1
{
uchar i =0;
EX0 = 0;                    //关中断
if (irad_sig == 1)
{
Int0Ret:
   EX0 = 1;                  //开中断
     return;
       }
while(irad_sig == 0)
 {                          //10μs
  nop();
  irad_time++;
 }
if (irad_time <200)
    {                       //干扰<2ms
      EX0 = 1;
      return;
      }
     //判断脉冲个数
     RFCount = 0;
     RFGOCount:
     RFCount++;
     while(irad_sig == 0)
       {
        ;
        }
       i=6;
```

```
        if (irad_sig == 1)
         {
           for(;i>0 ;i--)
             {
                Delay(46);       //513μs
           if (irad_sig == 0)
            {
              goto RFGOCount;
            }
         }
       }
  else
   {
      goto RFGOCount;
      }
  switch (RFCount)
      {
      case 2:
             if(motor_sig == 0)
                 {
                    goto Int0Ret;
                 }
             else
                 {
                    on_time = 0x16;
                    P1 = 0xed;
                    }
             break;
      case 3:
             if(motor_sig == 0)
               {
                  goto Int0Ret;
                 }
             else
                {
                   on_time = 0x1c;
                   P1 = 0xf9;
                   }
             break;
      case 4:
             if(motor_sig == 0)
               {
                  goto Int0Ret;
                  }
               else
                  {
                     on_time = 0x12;
                     P1 = 0xdd;
                     }
               break;
      case 5:
             if(motor_sig == 0)
```

```
                    {
                    goto Int0Ret;
                    }
                else
                    {
                    on_time = 0x19;
                    P1 = 0xf5;
                    }
                break;
        case 6:
                if(motor_sig == 0)
                    {
                    goto Int0Ret;
                    }
                else
                    {
                    on_time = 0xe;
                    P1 = 0xbd;
                    }
                break;
        case 7:
                if(motor_sig == 0)
                    {
                    motor_sig = 1;
                    on_time = 0x1c;
                    P1 = 0xf9;
                    goto Int0Ret;
                    }
                else
                    {
                    motor_sig = 0;
                    on_time = 0x26;
                    P1 = 0xfe;
                    }
                break;
            default:
                ;
        }
    EX0 = 1;
}//*** end of the "Int1Int"
/********************
  Timer1Int
********************/
void Timer1Int(void) interrupt 4 using 1
{
TR1 = 0;
ET1 = 0;
for(;r7data>0;r7data--)
    {;}
r7data = 0xa;
if(motor_sig == 1)                          // =1 开机
 {
```

```
    p11 = ~p11;
   }
 else
   {
     p10 = ~p10;
   }
 TH1 = 0XB0;
 TL1 = 0XB0;
 ET1 = 1;
 TR1 = 1;
 }//*** end of the "Int1Int"
```

附录 A　MCS-51系列单片机指令表

助记符		指令说明	字节数	周期数
		（数据传递类指令）		
MOV	A，Rn	寄存器传送到累加器	1	1
MOV	A，direct	直接地址传送到累加器	2	1
MOV	A，@Ri	累加器传送到外部 RAM（8 地址）	1	1
MOV	A，#data	立即数传送到累加器	2	1
MOV	Rn，A	累加器传送到寄存器	1	1
MOV	Rn，direct	直接地址传送到寄存器	2	2
MOV	Rn，#data	累加器传送到直接地址	2	1
MOV	direct，Rn	寄存器传送到直接地址	2	1
MOV	direct，direct	直接地址传送到直接地址	3	2
MOV	direct，A	累加器传送到直接地址	2	1
MOV	direct，@Ri	间接 RAM 传送到直接地址	2	2
MOV	direct，#data	立即数传送到直接地址	3	2
MOV	@Ri，A	直接地址传送到直接地址	1	2
MOV	@Ri，direct	直接地址传送到间接 RAM	2	1
MOV	@Ri，#data	立即数传送到间接 RAM	2	2
MOV	DPTR，#data16	16 位常数加载到数据指针	3	1
MOVC	A，@A+DPTR	代码字节传送到累加器	1	2
MOVC	A，@A+PC	代码字节传送到累加器	1	2
MOVX	A，@Ri	外部 RAM（8 地址）传送到累加器	1	2
MOVX	A，@DPTR	外部 RAM（16 地址）传送到累加器	1	2
MOVX	@Ri，A	累加器传送到外部 RAM（8 地址）	1	2
MOVX	@DPTR，A	累加器传送到外部 RAM（16 地址）	1	2
PUSH	direct	直接地址压入堆栈	2	2
POP	direct	直接地址弹出堆栈	2	2
XCH	A,Rn	寄存器和累加器交换	1	1
XCH	A, direct	直接地址和累加器交换	2	1
XCH	A, @Ri	间接 RAM 和累加器交换	1	1
XCHD	A, @Ri	间接 RAM 和累加器交换低 4 位字节	1	1

续表

助记符		指令说明	字节数	周期数
（算术运算类指令）				
INC	A	累加器加 1	1	1
INC	Rn	寄存器加 1	1	1
INC	direct	直接地址加 1	2	1
INC	@Ri	间接 RAM 加 1	1	1
INC	DPTR	数据指针加 1	1	2
DEC	A	累加器减 1	1	1
DEC	Rn	寄存器减 1	1	1
DEC	direct	直接地址减 1	2	2
DEC	@Ri	间接 RAM 减 1	1	1
MUL	AB	累加器和 B 寄存器相乘	1	4
DIV	AB	累加器除以 B 寄存器	1	4
DA	A	累加器十进制调整	1	1
ADD	A,Rn	寄存器与累加器求和	1	1
ADD	A,direct	直接地址与累加器求和	2	1
ADD	A,@Ri	间接 RAM 与累加器求和	1	1
ADD	A,#data	立即数与累加器求和	2	1
ADDC	A,Rn	寄存器与累加器求和（带进位）	1	1
ADDC	A,direct	直接地址与累加器求和（带进位）	2	1
ADDC	A,@Ri	间接 RAM 与累加器求和（带进位）	1	1
ADDC	A,#data	立即数与累加器求和（带进位）	2	1
SUBB	A,Rn	累加器减去寄存器（带借位）	1	1
SUBB	A,direct	累加器减去直接地址（带借位）	2	1
SUBB	A,@Ri	累加器减去间接 RAM（带借位）	1	1
SUBB	A,#data	累加器减去立即数（带借位）	2	1
（逻辑运算类指令）				
ANL	A,Rn	寄存器"与"到累加器	1	1
ANL	A,direct	直接地址"与"到累加器	2	1
ANL	A,@Ri	间接 RAM"与"到累加器	1	1
ANL	A,#data	立即数"与"到累加器	2	1
ANL	direct,A	累加器"与"到直接地址	2	1
ANL	direct, #data	立即数"与"到直接地址	3	2
ORL	A,Rn	寄存器"或"到累加器	1	2
ORL	A,direct	直接地址"或"到累加器	2	1
ORL	A,@Ri	间接 RAM"或"到累加器	1	1
ORL	A,#data	立即数"或"到累加器	2	1
ORL	direct,A	累加器"或"到直接地址	2	1
ORL	direct, #data	立即数"或"到直接地址	3	1
XRL	A,Rn	寄存器"异或"到累加器	1	2

续表

助记符		指令说明	字节数	周期数
XRL	A,direct	直接地址"异或"到累加器	2	1
XRL	A,@Ri	间接 RAM "异或"到累加器	1	1
XRL	A,#data	立即数"异或"到累加器	2	1
XRL	direct,A	累加器"异或"到直接地址	2	1
XRL	direct, #data	立即数"异或"到直接地址	3·	1
CLR	A	累加器清零	1	2
CPL	A	累加器求反	1	1
RL	A	累加器循环左移	1	1
RLC	A	带进位累加器循环左移	1	1
RR	A	累加器循环右移	1	1
RRC	A	带进位累加器循环右移	1	1
SWAP	A	累加器高、低 4 位交换	1	1
（控制转移类指令）				
JMP	@A+DPTR	相对 DPTR 的无条件间接转移	1	2
JZ	rel	累加器为 0 则转移	2	2
JNZ	rel	累加器为 1 则转移	2	2
CJNE	A,direct,rel	比较直接地址和累加器，不相等转移	3	2
CJNE	A,#data,rel	比较立即数和累加器，不相等转移	3	2
CJNE	Rn,#data,rel	比较寄存器和立即数，不相等转移	2	2
CJNE	@Ri,#data,rel	比较立即数和间接 RAM，不相等转移	3	2
DJNZ	Rn,rel	寄存器减 1，若不为 0，则转移	3	2
DJNZ	direct,rel	直接地址减 1，若不为 0，则转移	3	2
NOP		空操作，用于短暂延时	1	1
ACALL	add11	绝对调用子程序	2	2
LCALL	add16	长调用子程序	3	2
RET		从子程序返回	1	2
RETI		从中断服务子程序返回	1	2
AJMP	add11	无条件绝对转移	2	2
LJMP	add16	无条件长转移	3	2
SJMP	rel	无条件相对转移	2	2
（布尔指令）				
CLR	C	清进位位	1	1
CLR	bit	清直接寻址位	2	1
SETB	C	置位进位位	1	1
SETB	bit	置位直接寻址位	2	1
CPL	C	取反进位位	1	1
CPL	bit	取反直接寻址位	2	1
ANL	C,bit	直接寻址位"与"到进位位	2	2
ANL	C, /bit	直接寻址位的反码"与"到进位位	2	2

续表

助记符	指令说明	字节数	周期数	助记符
ORL	C,bit	直接寻址位"或"到进位位	2	2
ORL	C，/bit	直接寻址位的反码"或"到进位位	2	2
MOV	C,bit	直接寻址位传送到进位位	2	1
MOV	bit, C	进位位位传送到直接寻址	2	2
JC	rel	若进位位为 1，则转移	2	2
JNC	rel	若进位位为 0，则转移	2	2
JB	bit，rel	若直接寻址位为 1，则转移	3	2
JNB	bit，rel	若直接寻址位为 0，则转移	3	2
JBC	bit，rel	若直接寻址位为 1，则转移并清除该位	2	2
（伪指令）				
ORG		指明程序的开始位置		
DB		定义数据表		
DW		定义 16 位的地址表		
EQU		给一个表达式或一个字符串起名		
DATA		给一个 8 位的内部 RAM 起名		
XDATA		给一个 8 位的外部 RAM 起名		
BIT		给一个可位寻址的位单元起名		
END		指出源程序到此为止		
（指令中的符号标识）				
Rn		工作寄存器 R0-R7		
Ri		工作寄存器 R0 和 R1		
@Ri		间接寻址的 8 位 RAM 单元地址（00H-FFH）		
#data8		8 位常数		
#data16		16 位常数		
addr16		16 位目标地址，能转移或调用到 64KB ROM 的任何地方		
addr11		11 位目标地址，在下条指令的 2KB 范围内转移或调用		
Rel		8 位偏移量，用于 SJMP 和所有条件转移指令，范围-128～+127		
Bit		片内 RAM 中的可寻址位和 SFR 的可寻址位		
Direct		直接地址，范围片内 RAM 单元（00H-7FH）和 80H-FFH		
$		指本条指令的起始位置		